国家级一流本科专业建设成果教材

石油和化工行业"十四五"规划教材

南开大学"十四五"规划核心课程精品教材

固体废物处理与处置

（第三版）

唐雪娇　沈伯雄　王晋刚　主编

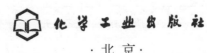

化学工业出版社

·北京·

内容简介

《固体废物处理与处置》（第三版）共 11 章，主要内容包括绪论，固体废物的收集、运输与压实，固体废物的破碎和细磨，固体废物的分选、脱水、焚烧、热解和生物处理，固体废物的处置方法，固体废物制备建筑材料，危险废物的处理与处置。

本书可作为高等院校资源与环境类本科生教材，也可作为其他专业本科生素质教育课程教材，还可供从事环境保护工作的研究人员、技术人员与管理人员参考使用。

图书在版编目（CIP）数据

固体废物处理与处置 / 唐雪娇，沈伯雄，王晋刚主编. -- 3 版. -- 北京：化学工业出版社，2025. 8.
（国家级一流本科专业建设成果教材）. -- ISBN 978-7-122-48293-8

Ⅰ. X705

中国国家版本馆 CIP 数据核字第 20255UP191 号

责任编辑：满悦芝　　　　　　　　文字编辑：张　琳　杨振美
责任校对：王　静　　　　　　　　装帧设计：张　辉

出版发行：化学工业出版社
　　　　　（北京市东城区青年湖南街 13 号　邮政编码 100011）
印　　装：三河市双峰印刷装订有限公司
787mm×1092mm　1/16　印张 16½　字数 396 千字
2025 年 9 月北京第 3 版第 1 次印刷

购书咨询：010-64518888　　　　售后服务：010-64518899
网　　址：http://www.cip.com.cn
凡购买本书，如有缺损质量问题，本社销售中心负责调换。

定　　价：59.80 元　　　　　　　版权所有　违者必究

第三版前言

2022 年以来，中国在世界百年未有之大变局的时代背景下，在经济、政治、文化、社会、生态文明等领域取得了历史性成就。生态文明建设是关系中华民族永续发展的根本大计，党中央持续抓好生态文明建设，坚决打好污染防治攻坚战，蓝天、碧水、净土三大保卫战取得重大战略成果，生态环境持续好转，人居环境更加优美。在党的二十大精神的指引下，全国固体废物处理行业发展增速明显，资源化进程全力提速，技术创新、关键设备国产化等方面更是取得了显著成效，对人才培养的要求也随之发生了变化。

本次再版，以新形态教材模式，增加了辅助学习的视频、微课、虚拟仿真、动画、习题库等多种形式的数字资源，丰富了阅读体验，并附有配套的在线课程、教学课件等，以期更好地服务于广大学生、教师及本领域工程技术人员。在内容上，更新了教材中涉及的政策、法规以及历年统计数据，加入了在互联网、物联网飞速发展背景下衍生的全新技术案例，同时加大了国内应用案例比重；根据新政策要求，对章节内容的偏重也进行了适时的调整，比如对第 9 章固体废物的处置方法弱化了卫生填埋处置，强化了安全填埋处置的内容，更新了标准要求，增加了设计案例，更加符合新时代要求。

本版教材由唐雪娇、沈伯雄、王晋刚担任主编。各章编写分工为：唐雪娇（第 1 章～第 4 章、第 6 章、第 8 章、第 9 章），沈伯雄（第 5 章、第 7 章），王晋刚（第 10 章），王晋刚、胡振磊（第 11 章）。涉及的法律法规、技术标准、统计数据、设备参数、案例等内容更新由唐雪娇、王晋刚、李欣亚、杨贺、刘禹、穆雨哲、郑志鹏完成。

再版已就上版中几处疏漏作出修改，在此对使用本教材的学者和老师们表示诚挚歉意。限于编者知识水平，书中难免仍有纰漏及不妥之处，敬请读者雅正，以便在后续修订中日臻完善。

唐雪娇

2025 年 5 月于南开园

第一版前言

随着社会和经济的发展，能源和资源的消耗量不断增加，中国成为世界最大的固体废物产生国之一。大量生活和工业垃圾如缺少处理而露天堆放，使城市垃圾围城现象严重，有毒物质污染地表水和地下水，严重危害人类的健康。固体废物成了严重的环境污染问题，进行固体废物的处理处置成为环境保护的一个重要方面。

固体废物处理与处置是高等学校环境工程专业重要的专业课程。本教材参照教育部高等院校环境工程类专业教材委员会制定的教学基本要求，结合环境工程注册工程师考试大纲的基本要求编写而成。本教材的主要对象是环境工程专业本科生，建议的教学学时数为40～60学时。本教材也可以供环境工程类研究生参考，以及环境科学、环境监测和环境管理等专业的本科生选用，同时还可供环境机械与环境化工技术工程人员参考。

本教材主要介绍固废的来源、分类、特性及"三化"处理系统等基本知识；以城市生活垃圾、工业固体废物和危险废物为中心，以典型固体废物处理技术工艺和设备为实例，说明固体废物处理处置的基本原理和方法，并简单介绍了近期先进处理处置技术的发展。本教材内容丰富、系统全面、原理简明、案例实用，符合本科教学的基本要求。

本教材由沈伯雄担任主编，唐雪娇担任副主编。本书各章编写人员情况为：唐雪娇（第1章～第4章、第6章、第8章），陈建宏、沈伯雄（第5章），郝小翠、沈伯雄（第7章），马娟、左琛、沈伯雄（第9章），吴丰鹏、沈伯雄（第10章），沈伯雄（第11章）。

由于时间紧迫、编者能力有限，书中不当之处在所难免，诚恳地希望同行在使用本教材的过程中不断提出宝贵意见，以便有机会再版时予以吸纳和改进。

沈伯雄

2010年3月于南开园

第二版前言

2015 年 1 月，新修订的《中华人民共和国环境保护法》正式实施。这部被认为是"史上最严"的环保法，不仅对企业提出了更严苛的要求，在政府责任明确、公众监督机制等方面也做出了许多新的探索。加之国家"十二五"规划顺利收官，固体废物尤其是危险废物污染治理方面的一系列法律法规得到进一步补充和完善。自本教材出版六年以来，全国固体废物污染治理乃至整个环境保护大形势已然发生了更多积极的转变。

本次再版，对教材中涉及新政策、新法规、新技术、新实例的部分做了增删添补，对涉及历年统计数据及反映固体废物治理形势变化的内容做了适时更新，尤其是对第 10 章固体废物制备建筑材料和第 11 章危险废物处理与处置两个章节进行了细致深入的修改，使之契合时势发展，以期更好地供相关专业学生、教师及本领域工程技术人员参考。

本版教材由唐雪娇、沈伯雄担任主编，王晋刚担任副主编。本版各章编写人员情况为：唐雪娇（第 1 章～第 4 章、第 6 章、第 8 章），陈建宏、沈伯雄（第 5 章），郝小翠、沈伯雄（第 7 章），马娟、左琛、沈伯雄（第 9 章），王晋刚、吴丰鹏（第 10 章），马淑红、王晋刚（第 11 章）；历年统计数据及相关内容更新由唐雪娇、薛晶晶完成。

在此对使用本教材的学者和老师们表示诚挚谢意。由于编者知识水平有限，书中难免仍有纰漏及不妥之处，敬请读者雅正，以便在后续修订中日臻完善。

唐雪娇

2017 年 12 月于南开园

目 录

第 3 章　固体废物的破碎和细磨　　35

第 4 章　固体废物的分选　　56

第 7 章　固体废物的热解　136

第 8 章　固体废物的生物处理　152

第 11 章　危险废物的处理与处置　　225

二维码目录

第 **1** 章
绪 论

固体废物（简称固废）是指由人类在生产建设、日常生活和其他活动中产生的丧失原有利用价值，或者虽未丧失利用价值但被抛弃或放弃的固态、半固态物质，以及置于容器中的气态、液态物质，以及法律、法规规定纳入固体废物管理的物品、物质。2020 年最新修订的《中华人民共和国固体废物污染环境防治法》（以下简称新《固废法》）规定，固体废物包括工业固体废物、生活垃圾、建筑垃圾、农业固体废物和危险废物五大类。随着科技的发展，以前被人们认为是无价值的废物，现在可以重新被认识并加以利用，即变废为宝；同样地，一些在某一生产环节中要被丢弃的废料，在另一个生产环节中可作为原料被循环利用，从而延长了该物料的生命周期。固体废物的这种时间性和空间性的特点，决定了其在此处为废物，在彼处可能是宝贵的资源，因此被称为"放错了地方的资源"。例如，燃煤产生的大量粉煤灰对发电厂来说是废物，但是在脱硫厂可以被制成高效的吸附剂、脱硫剂；对于废旧轮胎，不仅可以通过热解技术生产重油、炭黑等重要化工原料，还可以通过新技术掺入沥青用于铺设路面，与常规热拌沥青路面相比，节能减排效果显著。

因此，要遵循循环经济的理念来看待固体废物，这是解决固废污染问题的根本和有效途径。基于这样的理念，"无废城市"模式发展战略应运而生，其要求实现全方位的资源、能源可持续管理。在"十四五"及未来中、长期深入推进"无废城市"建设过程中，一方面要加强顶层设计和统筹协调，重视资源节约与减废、降碳的协同效应，将发展循环经济作为重要路径；另一方面，为了加快形成长效机制，需加强前端减量化、资源化管理的法律法规标准体系建设，综合运用价格机制、财税政策、金融等经济手段建立市场化机制，并加强科技创新及科技成果应用转化，形成可持续的商业模式。"无废"不是城市不产生固废，而是根据不同的经济发展阶段，达到不同的"废物"排放和利用目标。

1.1 固体废物的来源和分类

1.1.1 固体废物的来源

固体废物来自人类活动的许多环节。按其来源一般分为两大类：一类是在生产过程中所产生的固体废物，即生产废物，如工业废渣和尾矿等；另一类是人们在消费过程中产生的固体废物，即生活垃圾，如塑料饭盒、废旧电视和冰箱等。

随着经济的发展、人类消费结构的改变和消费水平的不断提升，固体废物的来源更加多样，品种不断增多，数量不断增大。从各类发生源产生的主要固体废物详见表1-1。

表 1-1　从各类发生源产生的主要固体废物分类及组成

分类	来源	主要组成物
矿业废物	矿山、冶炼厂等	废石、尾矿、煤矸石、金属、废木、砖瓦、灰石、水泥、砂石等
工业废物	冶金、交通、机械、金属结构等工业	金属、矿渣、砂石、模型、芯、陶瓷边角料、涂料、管道、绝热和绝缘材料、黏结剂、废木、塑料、橡胶、烟尘、各种废旧建筑材料等
	食品加工	肉类、谷物、果类、蔬菜、各加工厂污水和污泥等
	橡胶、皮革、塑料等工业	橡胶、皮革、塑料、布、线、纤维、燃料、金属等
	造纸、木材、印刷等工业	刨花、锯木、碎木、化学药剂、金属填料、塑料填料、塑料等
	石油化工	化学药剂、金属、塑料、橡胶、陶瓷、沥青、油毡、石棉、涂料等
	电器、仪器仪表等工业	金属、玻璃、木材、橡胶、塑料、化学药剂、研磨料、陶瓷、绝缘材料
	纺织服装业	布头、纤维、橡胶、塑料、金属等
	建筑材料	金属、水泥、废木、黏土、陶瓷、石膏、石棉、砂石、纸、纤维等
	电力工业	炉渣、粉煤灰、烟灰
城市垃圾	居民生活	食物垃圾、果皮菜叶、纸屑、布料、塑料袋、金属、玻璃、泡沫塑料餐盒、陶瓷、灰渣、碎砖瓦、废电池、废旧家电、电子垃圾、粪便、杂品
	商业、机关	管道、碎砌体、沥青及其他建筑材料，废汽车、废电器、废器具，含有易爆、易燃、腐蚀性、放射性的废物及类似"居民生活"栏内的各种废物
	市政维护、管理部门	碎砖瓦、树叶、死禽畜、金属、锅炉灰渣、污泥、脏土等
农业废物	农、林、畜牧业	稻草、秸秆、蔬菜、水果、果树枝条、糠秕、落叶、废塑料、人畜粪便、禽粪、农药、禽畜加工皮毛、污水、污泥等
	水产	腥臭腐烂的鱼、虾、贝壳，水产加工污水、污泥等，水体富营养化生成的大量藻类
危险废物	核工业、核电站、放射性医疗单位、科研单位	金属、含放射性废渣、粉尘、污泥、器具、劳保用具、建筑材料
	其他有关单位	含有易燃、易爆和有毒性、腐蚀性、反应性、传染性的固体废物

《2022年中国生态环境统计年报》显示，2022年全国一般工业固体废物产生量为41.1亿吨，综合利用量为23.7亿吨，处置量为8.9亿吨；工业危险废物产生量为9514.8万吨，利用处置量为9443.9万吨。

科技创新给人们的生活带来便捷的同时，迭代频繁造成的废弃电器或电子设备（即电子垃圾）也给人类及生存环境带来了恶劣影响。电子垃圾已经成为全球增长速度最快但回收率极低的家庭垃圾。联合国发布的《2020年全球电子废弃物监测》报告显示，2019年全球产生了5360万吨电子废弃物，人均7.3千克，预计到2030年将增长到7400万吨。

随着科技的飞速发展，电气电子产品的平均使用寿命越来越短，加快了"四机一脑"（即电视机、电冰箱、洗衣机、空调器和微型计算机）产品报废量的增长速度。2022年，我国"四机一脑"电子废弃物理论报废量达到了22638.4万台，其中电视机废弃物6745.0万台，电冰箱废弃物4646.7万台，洗衣机废弃物3636.2万台，房间空调器废弃物4973.8万台，微型计算机废弃物2636.7万台。

我国不仅是全球最大的手机生产国和消费国，也是世界上最大的废旧手机产生国。数据显示，近5年来，我国平均每年产生4亿部以上废旧手机。基于隐私安全考虑，大部分用户不会主动进行废旧手机处理。49.5%的废旧手机会存放在家里，27.9%的废旧手机会送给亲戚朋友继续使用，而真正被回收再利用的部分占比很低。

1.1.2　固体废物的分类

固体废物来源广泛，组成复杂，分类方法很多。

按固体废物的化学特性，可分为无机废物和有机废物两大类；有机废物又可分为快速降解有机物、缓慢降解有机物和不可降解有机物。例如食品废物、纸类等属于快速降解有机物，皮革、橡胶和木头等属于慢速降解有机物，而聚乙烯薄膜和聚苯乙烯泡沫塑料餐盒等为不可降解有机物。

按固体废物的物理形态，可分为固体（块状、粒状、粉状）的和泥状（污泥）的废物。有些废物的使用价值与其形状有很大关系。例如，发电厂燃煤产生的粉煤灰，作为脱硫剂原料，颗粒大小、孔隙率、孔径大小及比表面积等都是重要参数。

按固体废物的危害性，可分为一般固体废物和危险废物。

按来源不同，可分为矿业固体废物、工业固体废物、城市垃圾、农业固体废物和危险废物。如表 1-1 所示，根据来源对固体废物进行了分类，并列出了其主要组成。

1.1.2.1　矿业固体废物

矿业固体废物主要是矿业开采和矿石洗选过程中产生的废物，包括煤矸石、废石和尾矿。煤矸石是在成煤过程中与煤层伴生的一种含碳量低、比较坚硬的黑色岩石，是在采煤和洗煤过程中排放出来的固体废物；废石是指各种金属、非金属矿山开采过程中从主矿上剥离下来的各种围岩；尾矿是在选矿过程中提取精矿以后剩下的尾渣。

我国是煤炭生产和消费大国，煤矸石是煤炭生产和加工中必然产生的废物，数量庞大，为煤炭开采量的 $10\%\sim25\%$，是目前我国排放量和堆存量最大的工业固体废物之一。2022年全国煤矸石存量为 60 亿～70 亿吨，且每年新增量为 5 亿～8 亿吨。全国煤矸石山约有2600 座，不但占用大量土地，还直接污染地下水、空气和土壤，是急需治理的重大污染源。

2020 年国家全面禁止填埋煤矸石，要求实现资源化利用。2021 年 3 月 18 日，国家发展改革委、科技部、工业和信息化部、生态环境部等十部门联合印发《关于"十四五"大宗固体废弃物综合利用的指导意见》，要求到 2025 年，煤矸石、粉煤灰、尾矿（共伴生矿）、冶炼渣、工业副产石膏、建筑垃圾、农作物秸秆等大宗固废的综合利用能力显著提升，利用规模不断扩大，新增大宗固废综合利用率达到 60%，存量大宗固废有序减少。目前我国煤矸石的综合利用率不足其排放量的 15%，煤矸石的综合利用是煤炭行业的一大难题，循环利用煤矸石生产绿色节能环保材料将是行之有效的途径。

1.1.2.2　工业固体废物

工业固体废物是指工业生产过程中产生的废渣、粉尘、碎屑、污泥等，主要有下列几种。

（1）冶金固体废物　冶金固体废物主要是指各种金属冶炼过程中排出的残渣，如高炉渣、钢渣、铁合金渣、铜渣、锌渣、铅渣、镍渣、铬渣、镉渣、汞渣、赤泥等。

在铬盐生产中，铬铁矿等经过煅烧、用水浸出铬酸钠后剩下的残渣统称为铬渣。由于其含有大量水溶性六价铬，具有很大毒性，属于有毒固体废物，对环境污染严重。据不完全统计，铬盐行业每年无控制排入环境中的含铬粉尘达 3600t。由于铬渣的极大危害性，铬渣的污染防治工作一直受到重视。据《中国环境状况公报》，截至 2012 年底，全国堆存半世纪的670 万吨历史遗留铬渣已经全部处置完毕，并建立了长效机制，对产生铬渣的单位进行重点监管，每季度现场检查，基本做到了当年产生的铬渣当年处理完毕。

（2）燃料灰渣 燃料灰渣是指煤炭开采、加工、利用过程中排出的煤矸石和燃煤电厂产生的粉煤灰、炉渣、烟道灰、页岩灰等。

（3）化学工业固体废物 化学工业固体废物是指化学工业生产过程中产生的种类繁多的工艺废渣，如硫铁矿烧渣、煤造气炉渣、油造气炭黑、黄磷炉渣、磷泥、磷石膏、烧碱盐泥、纯碱盐泥、化学矿山尾矿渣、蒸馏釜残渣、废母液、废催化剂等。

不同化工生产过程产生的废物差异很大。例如，氯碱化工生产过程产生的固体废物包括燃煤灰渣、废电石渣、废盐泥、含汞废活性炭、吸附器活性炭和废催化剂、水处理废污泥等；纯碱工业固体废物主要有氨碱法生产中产生的蒸氨废液、一次盐泥、二次盐泥、苛化泥及石灰返砂、碎石等，还有联合制碱法生产中产生的洗盐泥、氨泥等。

（4）石油工业固体废物 石油工业固体废物是指炼油和油品精制过程中排出的固体废物，如碱渣、酸渣以及炼油厂污水处理过程中排出的浮渣、含油污泥等。

（5）粮食、食品工业固体废物 粮食、食品工业固体废物是指粮食、食品加工过程中排弃的谷屑、下脚料、渣滓等。

（6）其他 此外，尚有机械和木材加工工业产生的碎屑、边角料、刨花以及纺织和印染工业产生的泥渣、边料等。

1.1.2.3 城市固体废物

城市固体废物是指城市居民生活、商业活动、市政建设与维护、机关办公等过程中产生的固体废物，一般分为以下几种。

（1）生活垃圾 城市是产生生活垃圾最为集中的地方，主要包括厨房废物、废纸、织物、家具、玻璃陶瓷碎片、废电器、废塑料制品、煤灰渣、废交通工具等。地区经济发展水平、气候条件和生活习性等不同，生活垃圾的组成和性状也不同。

（2）城建渣土 城建渣土是城市固体废物的重要组成部分，它与生活垃圾、工业废物有极大的区别，是指施工单位或个人从事建筑工程、装饰工程、修缮和养护工程过程中所产生的建筑垃圾和工程渣土。近年来随着我国城市建设的飞速发展和城市居民住宅面积的提高，我国建筑渣土的产生量大幅度增加，主要包括废砖瓦、碎石、渣土、混凝土碎块（板）等。

（3）商业固体废物 商业活动产生的各种固体废物包括废纸、各种废旧的包装材料（袋、箱、瓶、罐和包装填充物等）、丢弃的小型工具废品、一次性用品残余等。

（4）粪便 粪便是城市固体废物的重要组成部分。城市居民产生的粪便大都通过下水道输入污水处理厂处理。

城市生活垃圾组成复杂，其组成成分受到自然环境、经济发展水平、居民生活水平、城市规模、居民生活习惯等因素的影响。工业发达国家城市生活垃圾的特点如下：①有机物多、无机物少；②纸类含量较高，平均高达 34%；③含水率较低，平均为 28%；④发热量较高，平均为 8727kJ/kg。

1.1.2.4 农业固体废物

农业固体废物是指农业生产、畜禽饲养、农副产品加工以及农村居民生活活动排出的废物，如植物秸秆、腐烂的蔬菜和水果、果树枝、糠秕、落叶等植物废料，以及人和畜禽粪便、农药、农用塑料薄膜等。

1.1.2.5 放射性固体废物

放射性固体废物包括核燃料的生产和加工，同位素的应用，以及核电站、核研究机构、医疗单位、放射性废物处理设施产生的废物。例如，从含铀矿石提取铀的过程中产生的废矿渣；受人工或天然放射性物质污染的废旧设备、器物、防护用品等；放射性废液经过浓缩、固化处理形成的固体废物等。

这些含有放射性物质的固体废物会通过外照射或其他途径进入人体，产生内照射而危害人体健康。随着世界各国大力发展核电能源技术，放射性固体废物的产量迅速增加，控制和防治环境中放射性固体废物的污染已成为环境保护的一项重要内容。

1.1.2.6 有害固体废物

有害固体废物，国际上称为危险固体废物（hazardous solid waste）。这类废物泛指除具有放射性以外，还具有毒性、易燃性、反应性、腐蚀性、爆炸性、传染性而可能对人类的生活环境和健康产生危害的废物。基于环境保护的需要，许多国家将这部分废物单独列出加以管理。1983 年，联合国环境规划署已经将有害废物污染控制问题列为全球重大的环境问题之一。

1.2 固体废物的污染及其控制

1.2.1 固体废物的特点和特性

（1）"资源"和"废物"的相对性 由固体废物定义可知，它是在一定时间和地点被丢弃的物质，是"放错地方的资源"。因此，此处的"废物"，具有明显的时间和空间的特征。

（2）成分的多样性和复杂性 固体废物成分复杂、种类繁多、大小各异，既有无机物又有有机物，既有非金属又有金属，既有无味的又有有味的，既有无毒物又有有毒物，既有单质又有化合物，既有小分子又有聚合物，既有边角料又有设备配件。

（3）危害的潜在性、长期性和灾难性 固体废物对环境的污染不同于废水、废气和噪声，其危害具有滞后性、隐蔽性和灾难性。它对环境的影响主要是通过水体、大气和土壤进行的。其中污染成分的迁移转化，如浸出液在土壤中的迁移，是一个比较缓慢的过程，其危害可能在数年甚至数十年后才能发现。从某种意义上讲，固体废物，特别是危险废物，对环境造成的危害可能要比废水、废气严重得多。

（4）污染"源头"和富集"终态"的双重性 废水和废气既是水体、大气和土壤环境的污染源，又是接受污染物的环境。固体废物则不同，它们往往是许多污染成分的终极状态。例如一些有害气体或飘尘，通过大气污染处理技术最终被富集成废渣；一些有害溶质和悬浮物，通过水处理技术最终被分离出来成为污泥或残渣；一些含重金属的可燃固体废物，通过焚烧处理将有害金属浓集于灰烬中。但是，这些"终态"物质中的有害成分，在长期的自然因素作用下，又会流入水体、进入大气和渗入土壤中，成为水体、大气和土壤环境污染的"源头"。许多固体废物因毒性集中和危害性大，暂时无法处理，对环境和人类健康有很大的潜在威胁。

固体废物的这些特点和特性决定了其对环境和人类的危害性及危害途径，同时，人类也可以此为依据对其进行有效的控制和管理。

1.2.2 我国固体废物污染

1.2.2.1 我国固体废物产生情况

经济不断增长，生产规模不断扩大，人类需求不断增加，随之而来的是固体废物生成量也不断增加。表 1-2 为我国近几年（2017—2021 年）工业固体废物及危险废物产生量的统计数据，由表可知，我国一般工业固体废物近五年的产生量增速较快，2020 年下降后，2021 年开始回升。但危险废物的年产生量总体仍呈上升态势。

表 1-2　我国工业固体废物和危险废物产生量（2017—2021 年）

年份	2017	2018	2019	2020	2021
一般工业固废/万吨	387000	408000	441000	368000	397000
工业危险废物/万吨	6581.3	7470.0	8126.0	7281.8	8653.6

注：数据来源于生态环境部《中国生态环境统计年报》（2017—2021 年）。

1.2.2.2　我国固体废物污染现状

总体来说，我国固体废物污染情况已经得到显著遏制，但依然面临挑战。一般工业固体废物产生量不再大幅增长，综合利用率连续数年稳定在 60%～80%；全国城市生活垃圾无害化处理率从 2007 年的 62% 大幅提升至 2022 年的 99.9%；危险废物的综合利用水平显著提升；随着美丽乡村建设的推进，农村环境卫生水平显著提升，农村生活垃圾的处理与处置问题也得到了有效的解决。

然而，我国工业固体废物综合利用和垃圾无害化情况仍具有一定的地域性，各地区的经济发展水平为主要影响因素。我国大宗工业固废的累计堆存量仍较高，占用大量土地。

1.2.3　固体废物污染途径

固体废物在一定条件下会发生化学的、物理的或生物学的转化，对周围环境造成一定的影响，如果采取的处理方法不当，其中的有毒有害物质就会通过环境介质——大气、土壤、地表或地下水进入生态系统，破坏生态环境，甚至通过食物链等途径危害人体健康。

通常，工矿业固体废物和电子垃圾等所含化学成分能形成化学物质型污染；人畜粪便和有机垃圾是各种病原微生物的滋生地和繁殖场，能形成病原体型污染。化学物质型污染的途径见图 1-1；病原体型污染的途径见图 1-2。

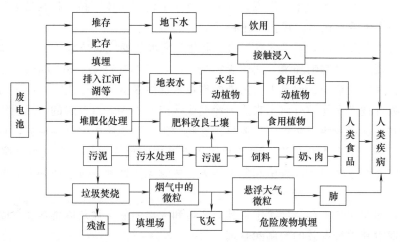

图 1-1　化学物质型固体废物致病的途径

1.2.4　固体废物污染危害

鉴于固体废物的特点和特性，其对环境和生态的污染主要表现在以下几个方面。

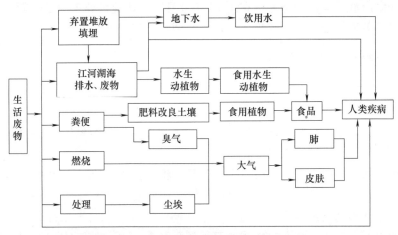

图 1-2　病原体型固体废物传播疾病的途径

（1）**污染水体**　不少国家把固体废物直接倾倒于河流、湖泊、海洋中，甚至以海洋投弃作为一种处置方法。固体废物进入水体，不仅减少江湖面积，而且严重影响水生生物的生存和水资源的利用，投弃到海洋中的废物会在一定海域范围内造成生物的死区。

（2）**污染大气**　固体灰渣中的细粒、粉末经风吹日晒产生扬尘，污染周围大气环境。粉煤灰、尾矿堆放场遇 4 级以上风力可剥离 1~41.5cm，灰尘飞扬高度达 20~50m，在多风季节平均视程降低 30%~70%。固体废物中的有害物质经长期堆放会发生自燃，向大气中散发出大量有害气体。长期堆放的煤矸石中如含硫量达 1.5% 即会自燃，达 3% 以上即会着火，散发出大量的二氧化硫。多种固体废物本身或在焚烧时会散发毒气和臭味，恶化环境。

（3）**侵占土地**　固体废物如不加利用则需占地堆放，堆积量越大，占地越多。截至 2020 年底，我国仅大宗工业固废的累计堆存量就已经超过 600 亿吨，年新增堆存量近 30 亿吨。我国许多城市在市郊设置垃圾堆场，也侵占了大量农田。

（4）**污染土壤**　固体废物堆置或垃圾填埋处理后经雨淋，渗出液及沥滤液中含有的有害成分会改变土质和土壤结构，影响土壤中的微生物活动，妨害周围植物的根系生长。一般，受污染的土地面积往往大于堆渣占地面积的 1~2 倍。城市固体废物堆置在城郊使土壤碱度增高、重金属富集，过量堆置会使土质和土壤结构遭到破坏。一般的有色金属冶炼厂附近的土壤铅含量为正常土壤的 10~40 倍，铜含量为 5~200 倍，锌含量为 5~50 倍。这些有毒物质一方面通过土壤进入水体，另一方面在土壤中发生积累而被植物吸收，毒害农作物。

（5）**影响环境卫生**　固体废物如果在城市中大量堆放而且处理不妥，不仅妨碍市容，而且有害城市卫生。城市堆放的生活垃圾非常容易发酵腐化，产生恶臭，招引蚊蝇、老鼠等滋生繁衍，污染人类生活环境，危害人体健康。

（6）**对人体的危害**　生活在环境中的人，可以将环境中的有害废物直接由呼吸道、消化道或皮肤摄入体内，从而患病。美国的拉夫运河（Love Canal）污染事件就是一个典型的事例。20 世纪 40 年代，美国一家化学公司利用拉夫运河废弃的河谷填埋生产有机氯农药、塑料等产生的残余有害废物 2 万吨。10 多年后在该地区陆续发生了一些如井水变臭、婴儿畸形、人患怪病等现象。经化验研究，当地空气、用作水源的地下水和土壤中都含有六六六、三氯苯、三氯乙烯、二氯苯酚等 82 种有毒化学物质，其中列入美国环保署优先控制污染物清单的就有 27 种，被怀疑是人类致癌物质的多达 11 种。许多住宅的地下室和周围庭院里渗进了有毒化学浸出液，迫使美国总统在 1978 年 8 月宣布该地区处于"卫生紧急状态"，先后两次近千户居民被迫搬迁，造成了极大的社会问题和经济损失。

1.2.5　固体废物污染控制

面对日趋增多的固体废物，如果处理不当，势必造成严重的环境污染和重大的经济损失，所以一定要对其进行严格的控制和管理。根据固体废物的特点和特性，对其进行污染控制主要从两个方面着手：一是控制固体废物的产生，即"源头控制"；二是综合利用废物资源，即资源化利用。主要措施有以下几项。

（1）采用清洁的生产工艺　"清洁生产"是指将综合预防的环境保护策略持续应用于生产过程和产品中，以期减少对人类和环境的风险。该定义包含了两个全过程控制：生产全过程和产品整个生命周期全过程。

对生产过程而言，清洁生产包括节约原材料和能源，淘汰有毒有害的原材料，在全部排放物和废物离开生产过程以前，尽最大可能减少它们的排放量和毒性。如无氰电镀工艺取代氰化物电镀工艺，从源头淘汰有毒氰化物的使用；流化床气化加氢制苯胺工艺代替铁粉还原工艺，避免了铁泥废渣的产生，固体废物排出量减少 99.8%，还大大降低了能耗，真正实现节能减排。

对产品而言，清洁生产旨在减少产品整个生命周期过程中从原料的提取到产品的最终处置对人类和环境的影响，通过采用清洁生产工艺、选用可再生材料、生产质量高和使用寿命长的产品来实现。

（2）发展物质循环利用工艺　传统的物质生产是一种"原材料—产品—污染排放"单向流动的线性过程，其特征是高开采、低利用、高排放。在这种工艺中，对物质的利用是粗放的和一次性的，物质经过一次生产过程就成为废物被抛弃，进入环境中。与此不同，物质循环利用倡导的是一种与环境和谐的生产模式。它要求生产过程组成一个"原材料—产品—再生资源"的反馈式流程，第一种产品的废物可以被资源化利用成为第二种产品的原料，第二种产品的废物又可成为第三种产品的原料，以此类推，经过多个流程，最后只剩下少量废物进入环境中，其特征是低开采、高利用、低排放。所有物质和能源都能在这个不断进行的物质循环中得到合理和持久的利用，该生产工艺对自然环境的影响可以降低到尽可能小的程度。

（3）开发废物资源综合利用技术　世上本没有废物，只有"放错地方的资源"，开发废物资源的综合利用技术具有很重要的战略意义。利用高炉水渣制水泥和混凝土，高炉重矿渣作骨料和路材，磷石膏制造半水石膏和石膏板，粉煤灰制备化肥，煤矸石发电，等等，都是废物资源化利用的典型例子。再如，硫铁矿烧渣、废胶片、废催化剂中含有 Au、Ag、Pt 等贵金属，只要采取适当的物理、化学熔炼等加工方法，就可以将其中有价值的物质回收利用。

（4）进行无害化处理与处置　通过焚烧、热解、氧化-还原等方式或利用改进技术等，改变废物中有害物质的性质，可使之转化为无害物质或使有害物质含量达到国家规定的排放标准。

塑料在传统的焚烧处理过程中会产生大量有毒气体，污染环境。而利用现有成熟的焦化工艺和设备大规模处理废塑料，可以使废塑料在高温、全封闭和还原气氛下转化为焦炭、焦油和煤气，使废塑料中的有害元素氯以氯化铵可溶性盐的方式进入炼焦氨水中，不产生剧毒物质二噁英（dioxin）和腐蚀性气体，不产生二氧化硫、氮氧化物及粉尘等常规燃烧污染物，彻底实现废塑料大规模无害化处理和资源化利用。目前该技术已实现商业化。

1.3　固体废物处理处置方法

1.3.1　固体废物处理

固体废物处理是指将固体废物转变成适于运输、利用、贮存或最终处置的形态的过程。固体废物处理的目的是实现固体废物的减量化、资源化和无害化。固体废物的处理方法有物理处理、化学处理、生物处理、热处理、固化处理。

（1）物理处理　物理处理是通过浓缩或相变改变固体废物的结构，使之成为便于运输、贮存、利用或处置的形态。物理处理方法包括压实、破碎、分选、增稠、吸附、萃取等。物理处理也往往是回收固体废物中有价值物质的重要手段。

（2）化学处理　化学处理是采用化学方法破坏固体废物中的有害成分从而达到无害化的目的，或将其转变成适于进一步处理、处置的形态。由于化学反应条件复杂、影响因素较多，故化学处理方法通常只用在所含成分单一或所含几种化学成分特性相似的废物处理方面。对于混合废物，化学处理可能达不到预期的目的。化学处理方法包括氧化、还原、中和、化学沉淀和化学溶出等。有些有害固体废物经过化学处理，还可能产生富含毒性成分的残渣，还须对残渣进行无害化处理或安全处置。

（3）生物处理　生物处理是利用微生物分解固体废物中可降解的有机物，从而实现无害化或综合利用。固体废物经过生物处理，在容积、形态、组成等方面均发生重大变化，从而便于运输、贮存、利用和处置。生物处理方法包括好氧处理、厌氧处理和兼性厌氧处理。与化学处理方法相比，生物处理成本一般比较低廉，应用也相当普遍，但处理过程所需时间较长，处理效率有时不够稳定。

（4）热处理　热处理是通过高温破坏和改变固体废物的组成和结构，同时达到减量化、无害化和资源化的目的。热处理方法包括焚烧、热解、湿式氧化以及焙烧、烧结等。焚烧法是利用燃烧反应使固体废物中的可燃性物质发生氧化反应，从而达到减容并利用其热能的目的。焚烧法可以消灭细菌和病毒，而且占地面积小，还可利用其热能发电等。目前日本等发达国家的城市生活垃圾多采用焚烧法来处理。热解处理是指将固体废物中的有机物在高温下裂解，可获取轻质燃料，如废塑料、废橡胶的热解等。

（5）固化处理　固化处理是采用一种惰性的固化基材将废物固定或包裹起来以降低其对环境的危害，从而能较安全地运输和处置的一种处理过程。固化处理的对象主要是有害废物和放射性废物。由于处理过程需加入较多的固化基材，固化体的容积远比原废物的容积大。

1.3.2　固体废物处置

固体废物处置是指最终处置（final disposal）或安全处置，是固体废物污染控制的末端环节，解决固体废物的归宿问题。一些固体废物经过处理和利用，由于技术原因或其他原因，总还会有部分残渣很难或无法再加以利用，这些残渣往往又富集了大量有毒有害成分，将长期地保留在环境中，是一种潜在的污染源。为了控制其对环境的污染，必须进行最终处置，使之最大限度地与生物圈隔离，故又称安全处置。

固体废物处置方法包括海洋处置和陆地处置两大类。海洋处置方法包括深海投弃和海上焚烧；陆地处置包括土地耕作、工程库或贮留池贮存、土地填埋等几种。

1.4 控制固体废物污染的技术政策

1.4.1 我国控制固体废物污染技术政策的产生

20 世纪 60 年代中期，环境保护在国际上开始受到重视，污染治理技术迅速发展，人们开发了一系列处理方法。70 年代以后，一些工业发达国家开始出现废物处置场地紧张、处理费用巨大、资源短缺等一系列问题，因此为寻求一条可持续发展的道路，提出了"资源循环"口号，着手开发从固体废物中回收资源和能源的技术，逐步发展成为控制废物污染的途径——"资源化"。

我国固体废物污染控制工作起步较晚，开始于 20 世纪 80 年代初期。由于技术力量和经济实力有限，短期内还不可能在较大的范围内实现"资源化"。因此，必须寻找一条适合我国国情的固体废物处理的途径。为此，我国于 20 世纪 80 年代中期提出了以"资源化""无害化""减量化"作为控制固体废物污染的技术政策，并确定今后较长一段时间内应以"无害化"为主。

随着改革开放的不断推进，我国社会经济进入高速发展阶段。1995 年我国制定发布了《中华人民共和国固体废物污染环境防治法》，标志着我国第一部专门针对固体废物管理的法律法规的诞生。进入 21 世纪后，城镇化速度明显加快，城镇居民数量快速增长的同时，生产、建设、生活、医疗等垃圾产生量逐渐增加，为此国家颁布了一系列政策、方案，提出了针对城市固体废物处理的技术要求以及管理措施。随着 2018 年"生态文明"被写入宪法，我国从根本大法角度把生态文明纳入中国特色社会主义总体布局，并为其建设发展提供了根本的法律保障。2017 年发布的《生活垃圾分类制度实施方案》推动了全国范围内的垃圾分类工作，为固体废物管理提供了重要指导意见。到 2020 年，我国修订了《中华人民共和国固体废物污染环境防治法》，体现了"用最严格制度最严密法治保护生态环境"的思路，从城镇到农村关于固体废物处理利用的制度更加完善。

总之，党的十八大以来，各地区各部门认真贯彻党中央决策部署，坚定不移地贯彻新发展理念，针对固体废物所产生的污染，国家加大力度进行处理，出台相关法律法规政策，完善从企业到个人的一系列举措，有力推动预期目标的实现。综合我国实际国情来看，我国固体废物处理利用的发展趋势必然是从"无害化"走向"资源化"，"资源化"是以"无害化"为前提的，"无害化"和"减量化"则应以"资源化"为条件。在党的领导和国家政策的指引下，我国固体废物处理与资源化行业产业链发展已经开启新的篇章。

1.4.2 "无害化"

固体废物的"无害化"处理是指通过现代工程技术处理，将固体废物中的有害成分转变为不损害人体健康、不污染周围环境的无害物质。常用的方法有焚烧、热解、堆肥等。

目前，废物"无害化"处理工程已经发展成为一门崭新的工程技术。例如，垃圾的焚烧、卫生填埋、堆肥，粪便的厌氧发酵，有害废物的热处理和解毒处理等。其中，"高温快速堆肥处理工艺""高温厌氧发酵处理工艺"在我国都已达到实用水平，"厌氧发酵工艺"用于废物"无害化"处理工程的理论也已经基本成熟，具有我国特点的"粪便高温厌氧发酵处理工艺"在国际上一直处于领先地位。

然而，各种"无害化"处理工程技术的通用性有限，这往往不是由技术、设备条件本身决定的。以生活垃圾处理为例，焚烧处理确实是一种较理想的"无害化"处理方法，但是它必须以垃圾含有高热值和可能的经济投入为条件，否则便失去应用意义。我国大多数城市生活垃圾的平均可燃成分含量偏低，在近期内，着重发展卫生填埋和高温堆肥处理技术是适宜的。特别是卫生填埋，处理量大，投资少，见效快，可以迅速提高生活垃圾处理率，以解决当前带有"爆炸性"垃圾的出路问题。总之，卫生填埋和堆肥是必不可少的方法，具有一定的长远意义。至于焚烧处理方法，只能有条件地采用。

1.4.3 "减量化"

"减量化"是指通过适宜的手段减少固体废物的容积。一般通过两条途径来实现：一是对已产生的固体废物通过压缩、打包、焚烧和处理利用来减少其容积；二是通过工艺改革、产品设计或社会消费结构和废物发生机制的改变来减少废物的产生量，从生产源头上将废物"减量化"。

对固体废物进行处理利用属于物质生产过程的末端，即通常人们所理解的"废物综合利用"，我们称之为"固体废物资源化"。例如，生活垃圾采用焚烧法处理后体积可减少80%～90%，余烬则便于运输和处置。固体废物采用压实、破碎等方法处理也可以达到减量及方便运输和处理处置的目的。

减少固废的产生属于物质生产过程的前端，需从资源的综合开发和生产过程中物质资料的综合利用着手。当今世界各国都面临"资源不足"和"垃圾过剩"两大问题，因此越来越重视资源的合理利用。人们对综合利用范围的认识，已从物质生产过程的末端（废物利用）向前延伸了，即从物质生产过程的前端（自然资源开发）起，就考虑和规划如何全面合理地利用资源。把综合利用贯穿于自然资源的综合开发和生产过程中物质资料与废物综合利用的全程，我们称之为"资源综合利用"，亦即"废物最小化"与"清洁生产"。实现固体废物"减量化"，必须从"固体废物资源化"延伸到"资源综合利用"上来，其工作重点包括采用经济合理的综合利用工艺和技术、制定科学的资源消耗定额等。

1.4.4 "资源化"

固体废物的"资源化"是指通过各种方法从固体废物中回收有用组分和能源，达到提高资源利用率、减少资源消耗、保护环境的目的。"资源化"是固体废物的主要归宿。

自然资源中，有些是不可再生的，如一些金属和非金属矿物，并非取之不尽、用之不竭，一经用于生产和消费，将从生物圈中永久消失。固体废物具有两重性，它虽占用大量土地，污染环境，但本身又含有多种有用物质，是一种资源。相对自然资源来说，固体废物属于二次资源或再生资源范畴，虽然它一般不具有原使用价值，但是通过回收、加工等途径可以获得新的使用价值。

固体废物资源化是应对"资源短缺"和"垃圾过剩"两大世界性难题的重要渠道之一。20世纪70年代以前，世界各国对固体废物的认识还只是停留在处理和防止污染上。20世纪70年代以后，由于能源危机和资源短缺，以及对环境问题的认识逐步加深，人们对固体废物资源化的紧迫感和重要性的认识日益增强。欧洲国家把固体废物资源化作为解决固体废物污染和能源紧张问题的方式之一。日本由于资源贫乏，将固体废物资源化列为国家的重要政策，当作紧迫课题进行研究。日本科技人员从含油量为 2% 的下水道污泥中回收油。德国拜耳公司每年焚烧 2.5 万吨工业固体废物用于产生蒸汽。有机垃圾、植物秸秆、人畜粪便中的含碳化合物、蛋白质、脂肪等经过发酵可生成可燃性的沼气，其原料来源广泛、工艺简单，是从固体废物中回收生物能源、保护环境的重要途径。

资源有限，再生无限。从资源开发过程看，再生资源和原生资源相比，可以省去开矿、采掘、选矿、富集等一系列复杂程序，保护和延长原生资源寿命，弥补资源不足，保证资源永续，且可以节省大量的投资，降低成本，减少环境污染，保持生态平衡，具有显著的社会效益。以开发 1t 有色金属为例，我国每获得 1t 有色金属，平均要开采出 33t 矿石，剥离出 26.6t 围岩，消耗上百吨水和 8t 左右的标煤，产生几十吨的固体废物以及相应的废气和废水。据统计，目前我国废有色金属积蓄量超过两亿吨，已成为一座储有优势矿产资源的"城市矿山"，如将这些废有色金属加以利用，"变废为宝"，大力发展再生金属产业，就可以节约大量的资源和能源。

1.5　固体废物管理

我国固体废物管理工作起步较晚，1984 年制定了第一个专门性固体废物管理标准《农用污泥中污染物控制标准》（GB 4284—84），这标志着我国固体废物管理工作开始走上法制化的道路。随着国家《大宗工业固体废物综合利用"十二五"规划》《"十二五"危险废物污染防治规划》等一系列规划任务的顺利实施，我国固体废物管理工作以建立健全法律法规、政策和制度为基础，以污染防治能力建设和处理处置设施建设为重点，取得了积极的进展，固体废物综合利用产业也随之进入黄金发展期。

党的十八大以来，党中央、国务院把生态文明建设摆在更加重要的战略位置，纳入"五位一体"总体布局，陆续发布了《"十三五"生态环境保护规划》《"十三五"全国城镇生活垃圾无害化处理设施建设规划》和《"十三五"节能环保产业发展规划》等一系列规划部署文件，强调"必须坚持节约资源和保护环境的基本国策"，把发展观、执政观和自然观内在统一起来，生态文明建设的认识高度、实践深度、推进力度前所未有。《"十三五"生态环境保护规划》对固体废物污染治理相关方面提出的主要目标有：到 2020 年底，全国工业固体废物综合利用率提高到 73%，建立全国工业企业环境监管信息平台；实现城镇垃圾处理设施全覆盖，全国城市生活垃圾无害化处理率达到 95% 以上，90% 以上村庄的生活垃圾得到有效治理，垃圾焚烧处理率达到 40%；动态修订国家危险废物名录，开展全国危险废物普查，力争基本摸清全国重点行业危险废物的产生、贮存、利用和处置状况；扩大医疗废物集中处置设施服务范围，建立区域医疗废物协同与应急处置机制等。固体废物管理工作和资源化利用产业机遇与挑战并存。

《中华人民共和国国民经济和社会发展第十四个五年规划和 2035 年远景目标纲要》中要求：

① 建设分类投放、分类收集、分类运输、分类处理的生活垃圾处理系统。以主要产业基地为重点布局危险废弃物集中利用处置设施。加快建设地级及以上城市医疗废弃物集中处理设施，健全县域医疗废弃物收集转运处置体系。

② 加强大宗固体废弃物综合利用，规范发展再制造产业。加强废旧物品回收设施规划建设，完善城市废旧物品回收分拣体系。推行生产企业"逆向回收"等模式，建立健全线上线下融合、流向可控的资源回收体系。

《"十四五"时期"无废城市"建设工作方案》提出以下工作目标：推动 100 个左右地级及以上城市开展"无废城市"建设，到 2025 年，"无废城市"固体废物产生强度较快下降，综合利用水平显著提升，无害化处置能力有效保障，减污降碳协同增效作用充分发挥，基本实现固体废物管理信息"一张网"，"无废"理念得到广泛认同，固体废物治理体系和治理能力得到明显提升。

1.5.1　固体废物管理理念与原则

1.5.1.1　循环经济理念

循环经济（circular economy）是对物质闭环流动型经济的简称，它按照自然生态系统物质循环和能量流动规律重构经济系统。循环经济本质上就是一种生态经济，是在可持续发展的思想指导下，按照清洁生产的方式，对能源及其废弃物实行综合利用的生产活动过程。它要求把经济活动组成一个"资源—产品—再生资源"的反馈式流程，其特征是低开采、高利用、低排放；把传统物质与能量使用方法从过去的"摇篮"到"坟墓"转变为现在的从"摇篮"到"摇篮"，以此来保护日益减少的资源，提高资源的配置效率。

在固体废物管理过程中，遵循循环经济理念，将清洁生产和综合利用有效融为一体，促进整个生产和消费的过程基本不产生或者只产生很少的废弃物，可以从根本上消解长期以来环境与发展之间的尖锐冲突。

1.5.1.2　固体废物管理原则

（1）全过程管理原则　固体废物全过程管理是指在固体废物的产生、收集、贮存、运输、利用、处置等全过程的各个环节进行监管，制定明晰的固体废物管理策略和适合实际情况的固体废物处理处置技术路线，防止固体废物对环境产生一次污染和二次污染，即"从摇篮到坟墓"的管理原则。实施全过程管理原则，可避免或减少固体废物从产生到处置全生命周期对环境的负面影响。

（2）"3R"和"3C"原则　减量化（reduce）、再利用（reuse）和资源化循环（recycle）（"3R"原则）是循环经济操作的基本原则，也是固体废物管理应遵循的原则，每个原则都是不可缺少的。

减量化原则旨在减少废弃物的产生；再利用原则旨在延长产品和服务的时间，要求制造的产品能够以初始的形式被反复使用，抵制当今世界一次性用品的泛滥；资源化原则是要求生产出来的物品在完成其使用功能后能重新变成可以利用的资源，而不是不可恢复的垃圾。按照循环经济的思想，再循环有两种情况：一种是原级再循环，即废品被循环用来生产同种类型的新产品；另一种是次级再循环，即将废物资源转化成其他产品的原料。

"3R"原则是"3C"原则［即避免产生（clean）、综合利用（cycle）和妥善处理（control）］的具体操作与实践。

1.5.2　固体废物管理法规体系

建立固体废物管理法规是废物管理的重要方法。美国的《资源保护和回收法》和《综合环境反应、赔偿和责任法》是迄今世界范围比较全面的关于固体废物管理的法规。前者强调设计和运行必须确保有害废物得到妥善管理，对于废物的资源化也做出了较全面的规定；后者强调处置废物的责任和义务。德国制定了相当完备的各种环境保护法规，要求相当严苛，管理工作完善。英国的《污染控制法》有专门的固体废物条款。日本 1970 年出台的《废弃物处理法》规定了经营者承担工业废弃物的处理责任。1990 年出台的《废弃物扫除法》则规定了市、镇、村等地方政府收集和处理垃圾的义务。

《中华人民共和国固体废物污染环境防治法》于 1995 年 10 月 30 日通过，历经 2004 年、2020 年两次修订，2013 年、2015 年、2016 年三次修正，是生态环境保护领域法律中修改次数最多的一部法律。该法在生态环境领域具有重要地位。

新《固废法》是贯彻落实习近平生态文明思想和党中央关于生态文明建设决策部署的重大任务，是依法推动打好污染防治攻坚战的迫切需要，是健全最严格最严密生态环境保护法律制度和强化公共卫生法治保障的重要举措。新《固废法》总结了新形势下固体废物污染环境防治成功经验，突出问题导向，回应公众期待，满足实践需求，健全长效机制，制度规范可行，用最严格制度最严密法治保护生态环境，必将为打赢污染防治攻坚战发挥积极作用。

1.5.3 固体废物环境标准体系

"环境标准"（environmental standards）是为了保护人群健康、防治环境污染、促使生态良性循环、合理利用资源、促进经济发展，依据环境保护法和有关政策，对有关环境的各项工作所做的规定。"固体废物环境标准体系"的建立是固体废物环境立法的一个组成部分，是对固体废物实行全面有效管理的必要条件。

我国的固体废物环境标准体系一般包括以下内容：基础标准；监测方法标准（包括采样方法、特性试验方法和监测分析方法）；标准样品标准；鉴别分类指标标准；容器标准；储存标准；适用于生产者的标准；收集运输标准；污染物排放标准（或污染控制标准）；综合利用标准（包括农用标准、建材标准、能源回收利用标准、资源利用标准）；处理处置标准（包括设施控制标准、卫生填埋标准、安全填埋标准、工业窑炉焚烧标准、专用炉焚烧标准、爆炸物露天焚烧标准、物化解毒标准、生化解毒标准等）。标准体系的有效运作依赖于体系中标准的科学性和标准间的协调性。

随着我国对固体废物管理工作的日渐重视，相关环境标准体系也日臻完善，我国先后颁布和修订了多项标准和技术规范，具体如下。

（1）监测方法标准与技术规范

《生活垃圾采样和分析方法》（CJ/T 313—2009）

《生活垃圾卫生填埋场环境监测技术要求》（GB/T 18772—2017）

《危险废物鉴别标准 通则》（GB 5085.7—2019）

《危险废物鉴别技术规范》（HJ 298—2019）

《危险废物鉴别标准 毒性物质含量鉴别》（GB 5085.6—2007）

《危险废物鉴别标准 反应性鉴别》（GB 5085.5—2007）

《危险废物鉴别标准 易燃性鉴别》（GB 5085.4—2007）

《危险废物鉴别标准 浸出毒性鉴别》（GB 5085.3—2007）

《危险废物鉴别标准 急性毒性初筛》（GB 5085.2—2007）

《危险废物鉴别标准 腐蚀性鉴别》（GB 5085.1—2007）

《工业固体废物采样制样技术规范》（HJ/T 20—1998）

（2）污染控制标准和技术规范

《含多氯联苯废物污染控制标准》（GB 13015—2017）

《生活垃圾焚烧污染控制标准》（GB 18485—2014）

《生活垃圾填埋场污染控制标准》（GB 16889—2024）

《危险废物贮存污染控制标准》（GB 18597—2023）

《危险废物填埋污染控制标准》（GB 18598—2019）

《一般工业固体废物贮存和填埋污染控制标准》（GB 18599—2020）

《危险废物焚烧污染控制标准》（GB 18484—2020）

《废塑料污染控制技术规范》（HJ 364—2022）

《农业固体废物污染控制技术导则》（HJ 588—2010）

《医疗废物处理处置污染控制标准》（GB 39707—2020）

（3）综合利用标准

《固体废物再生利用污染防治技术导则》（HJ1091—2020）

《废矿物油回收利用污染控制技术规范》（HJ 607—2011）

《生物质废物堆肥污染控制技术规范》（HJ 1266—2022）

（4）处理处置标准

《生活垃圾处理处置工程项目规范》（GB 55012—2021）

《生活垃圾卫生填埋处理技术规范》（GB 50869—2013）

《生活垃圾填埋场渗滤液处理工程技术规范（试行）》（HJ 564—2010）

《生活垃圾渗沥液处理技术标准》（CJJ/T 150—2023）

《生活垃圾卫生填埋场填埋气体收集处理及利用工程技术标准》（CJJ/T 133—2024）

《生活垃圾卫生填埋场防渗系统工程技术标准》（GB/T 51403—2021）

《生活垃圾卫生填埋场封场技术规范》（GB 51220—2017）

《化工危险废物填埋场设计规定》（HG/T 20504—2013）

《医疗废物焚烧炉技术要求（试行）》（GB 19218—2003）

《医疗废物转运车技术要求（试行）》（GB 19217—2003）

《粪便无害化卫生要求》（GB 7959—2012）

经过多年来的新标准的颁布和旧标准的修订，我国现行系列环境标准的覆盖范围已大大拓宽，体系日趋完善，环境标准之间的协调性和统一性明显提升，符合我国当前经济可持续发展的需求。

1.5.4　加强危险固体废物管理，控制危险废物越境转移

1.5.4.1　加强危险固体废物管理

我国是一个发展中国家，也是一个危险废物产生大国。改革开放以来，随着城市化和工业化进程的加快，固体废物和危险废物的产生量也迅速增长。我国危险废物具有产生源数量多、分布广泛和产生量相对集中的特点。我国危险废物分布于各行各业，从工业生产到居民生活，从科学研究到教学场所，都有危险废物产生。

我国危险废物管理工作起步较晚，直到 1985 年，国家环境保护局才在污控司内成立化学品和固体废物管理处，开始固体废物（包括危险废物）管理工作。经过十几年的努力，我国危险废物管理工作进展较快，在危险废物的界定和鉴别方面基本适用国际标准；20 世纪90 年代末，我国在管理法规体系和管理机构建设、进出口废物管理等方面已形成基本的法律框架和组织机构，在危险废物综合利用、处理处置技术研究、国际合作等方面也有很大进

展。随着管理的加强、体制的健全、研究的深入以及相关管理和技术标准的制定、颁布和实施，我国危险废物管理工作进一步走上专业化和法制化轨道。

2001年开始，国家环境保护总局陆续颁布了危险废物污染控制系列标准：《危险废物填埋污染控制标准》《危险废物焚烧污染控制标准》和《危险废物贮存污染控制标准》，这三个标准分别从不同的控制指标出发对危险废物的处理处置提出了具体的要求。随后颁布的《危险废物（含医疗废物）焚烧处置设施性能测试技术规范》《危险废物（含医疗废物）焚烧处置设施二噁英排放监测技术规范》等一系列环保行业标准对危险废物处理处置的具体实践进行了更细致的补充。尤其是2007年《危险废物鉴别标准》一系列国家强制性标准的出台，对危险废物的腐蚀性、急性毒性、浸出毒性、易燃性、反应性、毒性物质含量等方面的鉴别及其技术规范都做出了更为明确的规定。其中，《危险废物鉴别标准　通则》（GB 5085.7—2019）（以下简称《通则》）和《危险废物鉴别技术规范》（HJ 298—2019）（以下简称《技术规范》）是危险废物鉴别体系中的两项重要标准。《通则》规定了危险废物的鉴别程序和鉴别规则，是危险废物鉴别标准体系的基础；《技术规范》规定了固体废物的危险特性鉴别中样品的采集、检测和判断等技术要求，是规范鉴别工作的基本准则。这两项标准于2007年制定并首次发布，对规范危险废物鉴别和环境管理工作发挥了重要作用。2019年又对《通则》和《技术规范》进行了修订和完善：一是完善危险废物鉴别程序，精准识别危险废物，有效控制环境风险；二是优化采样、检测等技术要求，进而缩短鉴别周期，降低鉴别成本；三是鼓励危险废物资源化利用，节省危险废物焚烧、填埋处置资源，促进危险废物利用处置方式多元化。总之，我国对危险固体废物的管理日益严苛和重视。

1.5.4.2　控制危险废物越境转移

20世纪80年代开始，随着全球经贸往来的密切，发达国家利用各种方式向发展中国家进行污染转嫁的问题日渐突出。环境污染转嫁已成为全球化的十大环境问题之一，而危险废物越境转移属于污染转嫁范畴。签订国际公约、加强国际合作是遏制危险废物越境转移行为的有效途径。

危险废物的越境转移是指危险废物从一国管辖地区或通过第三国向另一国管辖地区转移。危险废物在国家间的转移，尤其是向发展中国家的转移，会对人类健康和环境造成严重的危害。首先，危险废物在运输过程中可能会发生泄漏或出现其他事故直接释放到环境中，对环境造成直接污染。其次，许多发展中国家没有处理危险废物的必要技术和设施，危险废物得不到完全和适当的处置，不但污染本国，也可能危及邻国。

1989年3月22日在瑞士巴塞尔，联合国环境规划署召开了"关于控制危险废物越境转移全球公约全权代表会议"，通过了《控制危险废物越境转移及其处置的巴塞尔公约》（简称《巴塞尔公约》），这是一部国家间控制有害废物污染转嫁的法律，我国于1990年3月在该公约上签字。1997年我国根据公约缔约方大会第三次会议的决定，由国家环境保护局和清华大学共同组建的巴塞尔公约亚太区域中心正式成立运行；2011年5月我国政府与缔约方大会签订框架协议，进一步确立了亚太区域中心的法律地位。

《巴塞尔公约》旨在遏制越境转移危险废物，特别是向发展中国家出口和转移危险废物。公约要求各国把危险废物数量减到最低限度，用最有利于环境保护的方式尽可能就地贮存和处理。公约明确规定：如出于环保考虑确有必要越境转移废物，出口危险废物的国家必须事先向进口国和有关国家通报废物的数量及性质；越境转移危险废物时，出口国必须持有进口国政府的书面批准书。公约还呼吁发达国家与发展中国家通过技术转让、交流情报和培训技术人员等多种途径在处理危险废物领域中加强国际合作。

1994 年，包括中国在内的 64 个公约缔约方在日内瓦通过一个决议，规定立即禁止向发展中国家出口以最终处置为目的的危险废物越境转移，从 1998 年起，以再循环利用为目的的危险废物出口也被禁止。根据公约，我国已经禁止向《巴塞尔公约》非缔约方出口危险废物，向缔约方出口危险废物须严格按照国家环境保护总局 2008 年发布的《危险废物出口核准管理办法》取得危险废物出口核准。

为贯彻落实新《固废法》有关固体废物进口管理的修订内容，生态环境部等四部门联合发布《关于全面禁止进口固体废物有关事项的公告》，规定 2021 年 1 月 1 日起禁止以任何方式进口固体废物，禁止我国境外的固体废物进境倾倒、堆放、处置。

思考题

1. 概念解释：固体废物，固体废物处理，固体废物处置，危险废物，资源化，无害化，减量化，巴塞尔公约。

2. 略述固体废物分类方法。

3. 略述固体废物污染的危害。

4. 略述固体废物处理和处置方法。

5. 详述我国固体废物污染控制技术政策。

第 **2** 章

固体废物的收集、运输与压实

　　固体废物的收集、运输是一项困难且复杂的系统工程。其产生源分布广泛，成分多样，不仅有固定源，还有移动源，这种空间分散性和时间变化性更增加了收集工作的困难。

　　固体废物收集的原则是：收集方法应尽量有利于固体废物的后续处理，同时兼顾收集方法在技术上和经济上的可行性。一般来说，固体废物的收集应该满足以下几点要求：①危险废物和一般废物分开；②工业废物和生活垃圾分开；③泥状废物和固态废物分开；④污泥应该脱水处理后再收集；⑤可回收利用物质与不可回收利用物质分开；⑥可燃性物质与不可燃性物质分开；⑦根据处理处置方法的相关要求，采取相应的具体收集措施，如需要包装或盛放的废物，应根据运输要求以及废物的特性选择合适的包装设备和容器，并且附以确切明显的标记。本章主要讨论工业固体废物、城市垃圾及危险废物的收集和运输问题。

2.1　工业固体废物的收集及处理模式

　　工业固体废物是指工矿企业在工业生产活动中产生的采矿废石、选矿尾矿、燃料废渣、化工生产及冶炼废渣等固体废物，又称工业废渣或工业垃圾。

　　近些年，我国工业发展取得了举世瞩目的成就，已成为世界工业生产大国，然而也是一个工业固体废物的产生大国。根据生态环境部发布的《2021 年中国生态环境统计年报》，我国一般工业固体废物产生量为 39.7 亿吨，比 2020 年增长约 8%，综合利用量 22.7 亿吨，处置量 8.9 亿吨；工业危险废物产生量为 8653.6 万吨，比 2020 年增长约 19%，利用处置量为 8461.2 万吨。

　　工业固体废物的收集容器种类较多，但主要使用废物桶和集装箱。一般，产生废物较多的工厂在厂内都建有自己的堆场，收集、运输工作由工厂负责；零星、分散的固体废物（工业下脚料及居民废弃的日常生活用品）则由废旧物资系统负责收集；此外，有关部门还组织和鼓励城市居民、农村基层收购站以收购的方式收集废旧物资。大型工厂由回收公司到厂内回收，中型工厂则定人定期回收，小型工厂划片包干巡回回收。

　　长期以来，我国工业固体废物处理的原则是"谁污染，谁治理"。新《固废法》第四十条规定：产生工业固体废物的单位应当根据经济、技术条件对工业固体废物加以利用；对暂时不利用或者不能利用的，应当按照国务院生态环境等主管部门的规定建设贮存设施、场所，安全分类存放，或者采取无害化处置措施；贮存工业固体废物应当采取符合国家环境保护标准的防护措施；建设工业固体废物贮存、处置的设施、场所，应当符合国家环境保护标准。此法明确规定了由企业事业单位负责处理和处置其所产生的工业固体废物，有效地解决了工业固体废物的最终归属问题，是控制工业固体废物污染环境的法律基础和关键。

2014年12月27日，国务院办公厅印发《关于推行环境污染第三方治理的意见》（以下简称《意见》），我国的环境污染治理模式从"谁污染，谁治理"转向"排污者付费，第三方治理"。《意见》指出，要坚持排污者付费、市场化运作、政府引导推动的基本原则，鼓励由专业化环境服务公司对排污企业的污染进行治理。推行环境污染第三方治理主要有三个目的：一是提高污染治理专业化水平和治理效果；二是吸引和扩大社会资本投入环境治理领域；三是推动环保产业特别是环境服务业加快发展。其中PPP（public-private partnership）模式在工业固废处置方面加快了进程。PPP模式即政府与社会资本合作，是公共基础设施领域的一种项目运作模式。2017年3月，固废处理PPP项目在辽宁营口落地，推动了PPP模式在固废处理行业的实质性进步。

2.2　生活垃圾的收集、运输与转运

生活垃圾的收集是指把各贮存点暂存的生活垃圾集装到垃圾收集车上的操作过程；运输是指收集车辆把收集到的生活垃圾运至终点、卸料和返回的全过程。生活垃圾的收集和运输（简称收运）是垃圾处理系统中的第一个环节，其耗资最大，操作过程亦最复杂。一般，垃圾收运费用需要占整个处理系统费用的60%～80%。垃圾的收运首先应满足环境卫生要求，其次应考虑在达到各项卫生目标时费用最低，并有助于降低后续处理阶段的费用。因此，必须科学合理地制订收运计划和提高收运效率。生活垃圾收运并非单一阶段的操作过程，通常由三个阶段构成一个收运系统。第一阶段是垃圾的搬运，是指由垃圾产生者（住户或单位）或环卫系统从垃圾产生源头将垃圾收集起来，然后送至收集容器或集装点的过程。第二阶段是收集与运输，通常指垃圾的近距离运输。一般用垃圾收集车辆沿一定路线清除收集容器或其他收集设施中的垃圾，并运至垃圾中转站，有时也可就近直接送至垃圾处理厂或处置场。第三阶段为转运，特指垃圾的远途运输，即在中转站将垃圾转载至大容量的运输工具（如轮船、火车）上，运往远处的处理处置场。

2.2.1　生活垃圾的搬运

在垃圾收集运输前，垃圾的产生者必须将各自所产生的垃圾短距离搬运并加以收集，这是整个垃圾收运的第一步。从改善垃圾收运整体效益的角度考虑，有必要对垃圾搬运和收集进行科学的管理，以保障居民的健康，并改善城市环境卫生及城市容貌，也为后续阶段操作打下良好基础。

（1）居民住宅区垃圾搬运　由居民负责将各自产生的生活垃圾搬运至楼下公共贮存容器，再由收集工人负责从住宅区将公共收集容器内的垃圾搬运至集装点或收集车。

（2）商业区与企业单位垃圾搬运　商业区与企业单位的生活垃圾一般由各单位自行负责，环境卫生管理部门进行监督管理。当委托环卫部门收运时，各单位使用的收集容器应与

环卫部门的运输车辆相配套，收运地点和时间也应和环卫部门协商而定。

2.2.2 生活垃圾的收集与运输

从处理处置及资源化的角度，对生活垃圾进行分类收集是十分重要的。在发达国家，垃圾收集和加工处理系统已经成为拥有现代化技术装备的重要工业部门，如美国、英国、法国和瑞典等，已经进行了垃圾分类收集，由居民从垃圾中分出玻璃、黑色金属、织物、废纸等，不同成分的垃圾装入不同标识的容器后，分别直接运往垃圾处理厂。目前，我国部分城市已经逐步推行垃圾分类工作，比如上海是国内最早开始实施垃圾分类的城市之一，于2019年7月1日正式实施垃圾分类，主要分为四类垃圾：可回收物、有害垃圾、湿垃圾和干垃圾。随后北京、杭州、广州、南京、成都等城市也推动了垃圾分类工作的开展。垃圾分类是一项长期的、复杂的系统性工作，需要全社会的参与和共同努力。

垃圾资源化处理产业链的规模化发展是推动垃圾分类工作可持续开展的重要条件，二者结合是解决垃圾问题、促进循环经济和无废城市建设的重要途径。随着现代信息技术的发展，我国在垃圾资源化处理模式上取得了重要进展。中新天津生态城从2013年起就开始探索垃圾分类收集研究，借鉴国内外先进理念和技术，按照"减量化、无害化、资源化"原则，建立了"以居民一次分类为基础、专业公司二次分拣为补充、政府部门监管鼓励为保障"的工作机制，构建"互联网＋智慧垃圾分类＋自动气力输送＋资源化利用"的多层次、全方位的全过程管理体系。通过区域内可回收物分拣中心，实现对可回收物的分拣和粗加工，通过区域内再生资源利用工程自主实现对餐厨垃圾、园林垃圾、污泥等固体废物的资源化处置利用（见图2-1）。

二维码2-1 中新天津生态城智慧垃圾分类收集和固废资源化处理模式

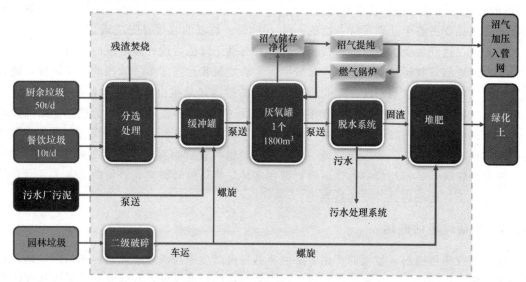

图 2-1　中新天津生态城智慧垃圾分类收集和固废资源化处理模式

2.2.2.1 生活垃圾的收集

（1）收集方式　按收集的程序和所使用工具的不同，收集方式有多种。

① 定点收集。定点收集方式是指收集容器放置于固定的地点，一天中的全部或大部分时间为居民服务。由于城市的居住区基本上都可以达到这些要求，故该收集方式是最普遍的生活垃圾收集方式。

　　采用这种收集方式需要设立垃圾收集点，收集点要求便于车辆经过，使收集到的垃圾被及时清运。一方面，收集容器要求具有较好的密封隔离效果，以避免收集过程中产生环境公共卫生问题；另一方面，采用该收集方法既要找到合适的收集点位置，又要求具有一定的居住密度，否则会使收集容器的容积效率得不到充分利用并且车辆收集运输效率降低。

　　② 定时收集。定时收集方式不设置固定的垃圾收集点，直接用垃圾清运车收集居民区垃圾。目前我国某些住宅小区内主要采用这种方式收集垃圾，生活垃圾袋被装好后，由居民送到每栋楼门口的垃圾桶内，或由小区内清洁工上到每个楼层收集垃圾，环卫工人定时通过垃圾车把垃圾送到周围的垃圾收集站。

　　③ 分类收集。分类收集是指为了便于对生活垃圾进行回收或处理利用，由垃圾产生者自行将垃圾分为不同种类进行收集，即就地分类收集。

　　生活垃圾的分类收集是复杂的工作，是发达国家普遍采用的垃圾收集方法，国外有不同的分类方式。a. 分两类收集：分为可燃垃圾（主要是纸类）和不可燃垃圾。其中塑料通常作为不可燃垃圾，有时也可作为可燃垃圾收集。b. 分三类收集：按可燃物（塑料除外），塑料类，玻璃、陶瓷、金属等不可燃物三类分开收集。c. 分四类收集：按可燃物（塑料除外），金属类，玻璃、塑料、陶瓷及其他不燃物四类分开收集。金属类和玻璃类作为有用物质分别加以回收利用。d. 分五类收集：在上述四类的基础上，再选出含重金属的干电池、日光灯管、水银温度计等危险废物作为第五类单独收集。国外生活垃圾的收集已经市场化、产业化，由获得环保管理部门许可证的专门收集公司、分拣中心和回收利用企业来负责，形成了一套废物收集、回收加工体系。

　　开展城市废物的就地分类，是减少投资和提高回收物料纯度的好方法。适于分类收集的生活垃圾成分主要是纸、玻璃、铁、有色金属、塑料、纤维材料等。实现就地分类收集，需设置（或配给）不同容器（如不同颜色的纸袋、塑料袋或塑胶容器）以便存放不同废物。在美国，大多数城市已规定住户必须放置两个垃圾容器，一个收集厨房垃圾，一个收集其他废物。相应的垃圾收集车辆也有两分类车或三分类车（即同一收集车上将槽分成两格或三格，分别收集废纸、塑料及堆积空瓶）。

　　④ 其他特殊收集方式。某些居民区还有一些特殊的垃圾收运方式，如高层小区的垃圾楼道式收集方式和气力输送垃圾收集方式。

　　垃圾楼道式收集方式实质上是定点垃圾收集方式的一种。垃圾楼道是高层建筑物中的一条垂直通道，每层都开一个倾倒口，底部配有垃圾贮存室，每个贮存室均看成一个垃圾收集点。这种收集方式大大节约了居民的家务劳动量，但是会导致居民楼卫生条件变差，在我国这种方法已很少使用。

　　气力输送垃圾收集系统是 20 世纪 60 年代在瑞典斯德哥尔摩首先应用于医院等小型社区的一种封闭式自动化垃圾收运方法。该系统由投放系统、中央收集站和地下输送管道组成。该系统的管道铺设与自来水管、排水管和煤气管道等城市基础设施类似。与传统人工垃圾收集方式相比，该系统将垃圾的收运由地上转入地下，由暴露转为封闭，由人工转为自动。其主要收集过程为：居民通过室内或室外的投放口投放垃圾后，垃圾会暂时贮存在垃圾贮存节内，当贮存节上方的感应器感应到垃圾已满时，系统的中央控制系统就会启动收集站内的风机，风机运行产生的负压气流以 40～70km/h 的速度将垃圾通过地下管道输送到中央垃圾收集站，再经过垃圾分离器将垃圾和输送垃圾的气流分离，气流在经过除尘、除臭处理后被排到室外，而垃圾则被压实导入密封的垃圾集装箱内，最后由环卫卡车运往垃圾填埋场或焚烧场。该收集系统采用封闭式自动化操作，解决了传统垃圾收集与运送过程中需要大量人力、物力和空间的棘手问题，极大程度地免除了恶臭异味和蚊虫鼠蚁蝇的滋扰，基本杜绝了垃圾收运过程中的二次污染，隔离了疾病传染源，大幅降低了疾病传播的风险，是生活垃圾收集方式革命性的突破，为提高城市规划设计水平、美化城市形象、提升物业价值提供了有力的支持。然而由于其昂贵的投资和运营费用、复杂的设施，目前该系统主要服务于发达城市的高档住宅区、商业区、机场和医院等场所。主要项目有瑞典哈默比湖城、葡萄牙里斯本世博会、西班牙巴塞罗那奥运村、迪拜亚穆纳河海滩、中国台北 101 大楼、中国广州金沙洲生态居住新城、中国上海泰晤士小镇、中国香港科学园以及房屋署葵涌项目等。

目前在我国中新天津生态城建设了国内规模最大、技术先进的气力输送系统，成为建设生态宜居型智慧能源小镇的重要内容。该项目将气力输送投放口与智慧垃圾分类投放深度融合，进行一体化设计、合理化布局，确保居民在享受垃圾气力输送系统环保性、便利性的同时，完成垃圾分类投放，促进源头减量及垃圾资源化。所有气力输送投放口都加装计量装置，与智慧垃圾分类设施的面部识别、自动称重、数据远传等"互联网＋智慧型"多种高科技元素相融合，搭建"无废城市"大数据平台，实时统计城市级宏观数据与居民端微观数据，努力打造一个绿色、智慧、宜居的未来城市。其流程如图 2-2 所示。

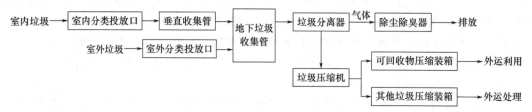

图 2-2 中新天津生态城管道气力输送系统流程

该垃圾收集输送系统兼具高效、智能、环保等多项优点，显著提高了城市垃圾收运智慧化水平，提高了城市居民体验感和幸福感，也成为贯彻习近平总书记"推进城市治理，根本目的是提升人民群众获得感、幸福感、安全感"的重要指示和落实"十四五"规划中"顺应城市发展新理念、新趋势"要求的典范。

（2）收集容器　收集容器是盛装各类固体废物的专用器具，分为城市生活垃圾收集容器和工业废物收集容器两类。城市生活垃圾收集容器主要有垃圾袋、桶、箱，其规格、尺寸应与收集车辆相匹配，以便于机械化操作。由于生活垃圾产生量的不均性及随意性，以及对环境部门收集清除的适应性，需要配备适当的垃圾收集容器。垃圾产生者或收集者应根据垃圾的数量、特性及环卫主管部门的要求确定合适的收集方式，选择合适的垃圾收集容器，规划容器的放置地点并设置足够的数目。

① 生活垃圾收集容器。生活垃圾收集容器类型繁多，可按垃圾收集方式、使用和操作方式、容量大小、容器形状及材质不同进行分类。国外许多城市都制定有当地容器类型的标准和使用要求。用于家庭生活垃圾的收集容器多为塑料和钢制垃圾桶、塑料袋和纸袋。垃圾桶应该用耐腐蚀和不易燃的材料制造。钢制垃圾桶重且价格较高；塑料垃圾桶轻且经济，但不耐热，使用寿命短。为了减少垃圾桶脏污和清洗工作，塑料袋和纸袋被广泛使用。

② 容器数量设置。容器数量设置对收集费用影响甚大，应事先进行科学合理的规划和估算。某地段或服务区需配置多少容器，主要考虑因素为服务范围内居民人数、垃圾人均产量、垃圾容重、容器大小和收集次数等。我国规定容器数量设置按以下方法计算。

首先按下式求出容器服务范围内的垃圾日产生量：

$$W = RCA_1A_2 \qquad (2-1)$$

式中，W 为垃圾日产生量，t/d；R 为服务范围内居住人口数，人；C 为实测的垃圾单位产量，$t/(人 \cdot d)$；A_1 为垃圾日产量不均匀系数，取 $1.1 \sim 1.15$；A_2 为居住人口变动系数，取 $1.02 \sim 1.05$。

按式（2-2）和式（2-3）折合垃圾日产生体积：

$$V_{ave} = W/(A_3 D_{ave}) \qquad (2-2)$$

$$V_{max} = K V_{ave} \qquad (2-3)$$

式中，V_{ave} 为垃圾日平均产生体积，m^3/d；A_3 为垃圾容重变动系数，取 $0.7 \sim 0.9$；D_{ave} 为垃圾平均容重，t/m^3；K 为垃圾产生高峰时体积的变动系数，取 $1.5 \sim 1.8$；V_{max} 为垃圾高峰时日产生最大体积，m^3/d。

最后由式（2-4）和式（2-5）求出收集点所需设置的垃圾容器数量：

$$N_{ave} = A_4 V_{ave}/(EF) \qquad (2-4)$$

$$N_{max} = A_4 V_{max}/(EF) \qquad (2-5)$$

式中，N_{ave} 为平时所需设置的垃圾容器数量，个；E 为单个垃圾容器的容积，$m^3/个$；F 为垃圾容器填充系数，取 $0.75 \sim 0.9$；A_4 为垃圾收集周期，$d/次$，当每日收集 1 次时，$A_4 = 1$，每日收集 2 次时，$A_4 = 0.5$，每两日收集 1 次时，$A_4 = 2$，以此类推；N_{max} 为垃圾产生高峰时所需设置的垃圾容器数量，个。

当已知 N_{max} 时，即可确定服务地段应设置垃圾收集容器的数量，然后适当地配置在各服务地点。容器最好集中于收集点，收集点的服务半径一般不应超过 70m。在规划建造新住宅区时，一般每四幢多层公寓应设置一个容器收集点，并建造垃圾容器间，以利于安置垃圾容器。

二维码2-3　微课：收集系统分析

2.2.2.2　生活垃圾的收集系统

（1）收集系统分类　生活垃圾的收集系统有两种，一种是拖曳式容器系统（hauled container system），一种是固定容器系统（stationary container system）。

拖曳式容器系统分为两种模式。一种是从收集点将装满垃圾的容器用牵引车拖曳到处置场（或转运站），倒空后再送回原收集点，车子再开到第二个垃圾桶放置点，如此重复直至一天工作结束，此为拖曳容器系统的简便模式，如图 2-3（a）所示。拖曳容器系统还可用第二种模式——交换模式表述，如图 2-3（b）所示，该模式的操作过程为：当牵引车去第一个垃圾桶放置点时，同时带去一个空垃圾桶，以替换装满垃圾的垃圾桶，待拖到处置场（或转运站）倒空后又将空垃圾桶带到第二个垃圾桶放置点，重复至收集线路的最后一个垃圾桶被拖到处置场（或转运站）倒空为止，牵引车带着这只空垃圾桶回到调度站。

固定容器系统中，垃圾桶放在固定的收集点，垃圾车从调度站出来将垃圾桶中的垃圾倒空，垃圾桶放回原处，车子开到第二个收集点重复操作，直至垃圾车装满或工作日结束，将垃圾车开到处置场或转运站倒空，开回调度站。图 2-4 为固定容器系统示意图。

（2）收集车辆

① 收集车辆类型。世界各国各城市根据当地的经济、交通、垃圾组成特点等实际情况，开发使用与其相适应的各种类型的垃圾收集车。许多国家与地区都有自己的收集车分类方法和型号。我国传统的垃圾车种类如下：一是简易自卸收集车，适用于固定容器系统；二是活

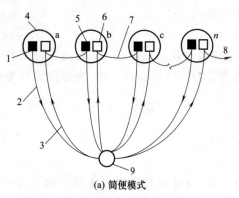
(a) 简便模式

1—牵引车从调度站出发到此收集垃圾，一天的
工作开始；2—拖曳装满垃圾的垃圾桶驶向处置
场或转运站；3—拖曳空垃圾桶返回原放置点；
4—垃圾桶放置点；5—提起装满垃圾的垃圾桶；
6—放回空垃圾桶；7—开车至下一个垃圾桶放置
点；8—牵引车回调度站；9—垃圾处置场或转运站

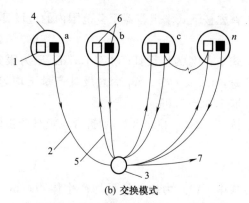
(b) 交换模式

1—从调度站出发并带来空垃圾桶，一天的收集
工作开始；2—拖曳装满垃圾的垃圾桶驶向处置场
或转运站；3—垃圾处置场或转运站；4—垃圾桶
放置点；5—带空垃圾桶到第二个垃圾桶放置点；
6—放下空垃圾桶，再提起装满垃圾的垃圾桶；
7—牵引车带着空垃圾桶回调度站

图 2-3 拖曳式容器系统

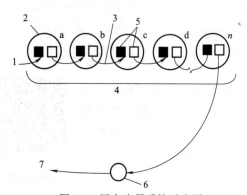

图 2-4 固定容器系统示意图

1—垃圾车从调度站来，开始收集垃圾；2—垃圾桶放置点；
3—垃圾车驶往下一个收集点；4—整个收集线路；
5—放置点上垃圾桶中的垃圾倒在垃圾车上；
6—垃圾处置场或转运站；7—垃圾车回调度站

斗垃圾收集车，适用于拖曳容器系统；三是桶式倒装密封收集车，适用于固定容器系统；四是压缩式垃圾车，适用于分类收集方法。

压缩式垃圾车是我国垃圾车未来发展的重点和方向。压缩式垃圾车是一种高效收集、转运垃圾的城市环卫专用车辆，在垃圾收集、转运过程中可避免沿途撒漏而造成的二次污染，是城市环卫工作的理想设备，是专用汽车行业"十一五"（2006—2010 年）专项发展规划提出的重点发展车型之一。

根据压缩机的工作过程，压缩式垃圾车又分为前装压缩式、侧装压缩式和后装压缩式等。目前，后装压缩式垃圾车已成为我国城市生活垃圾收集、运输的主要工具之一。压缩式垃圾车采用机电液一体化技术，借助"机-电-液"联合控制系统，通过车厢填装器等专用装置，实现垃圾倒入、压碎或压扁和强力装填，把垃圾挤入车厢并压实和推卸，污水进入污水箱，解决了垃圾运输过程中的二次污染问题。

压缩式垃圾车具有压力大、密封性好、装载量大、操作方便、环保性好等优点。国内生产的压缩式垃圾车大多采用各种底盘加装专用上装结构改装而成。

② 收集车数量配备。收集车数量是否得当关系到费用及垃圾收集效率。其数量可参照以下公式求取。

$$简易自卸车数 = \frac{该车收集的垃圾日平均产生量}{车额定吨位 \times 日单班收集次数定额 \times 完好率}$$

式中，日单班收集次数定额按各省、自治区环卫定额计算；完好率按 85% 计。

$$多功能车数 = \frac{该车收集的垃圾日平均产生量}{车厢额定容量 \times 车厢容积利用率 \times 日单班收集次数定额 \times 完好率}$$

式中，车厢容积利用率按 50%～70% 计；完好率按 80% 计；其余同上。

$$桶式侧装密封车数 =$$

$$\frac{该车收集的垃圾日产生量}{桶额定容量 \times 桶容积利用率 \times 日单班装桶数定额 \times 日单班收集次数定额 \times 完好率}$$

③ 收集次数与时间。我国各城市住宅区、商业区基本上要求及时收集垃圾，即日产日清，每周收集几次要根据产生量、气候等确定。垃圾收集时间大致可分为昼间、晚间及黎明三种。住宅区最好在昼间收集，晚间会打扰住户；商业区则宜在晚间收集，此时车辆和行人稀少，可加快收集速度，提高收集效率。总之，收集次数与收集时间应视当地实际情况，如气候、垃圾产生量、垃圾性质、收集方法、道路交通、居民生活习俗等确定。

2.2.2.3 包装容器的选择

生活垃圾的运输要根据废物的特性和数量选择合适的包装容器。包装容器的选择原则为：容器和包装材料应与所盛废物相容，有足够的机械强度，贮存及装卸运输过程中不易破裂，固体废物不扬散、不流失、不渗漏、不释放出有害气体与恶臭。可选择的包装容器有汽油桶、纸板桶、金属桶、油罐等，这些容器在贮存运输过程中应经常检查，以防止其受到损坏，从而导致垃圾泄漏。滤饼、泥渣等焚烧产生的有机废物，可采用纤维板桶或纸板桶作容器，将固体废物和包装容器一起焚烧处理。在实际包装时，由于纤维质容器易受到机械损伤和水的浸蚀而发生泄漏，故可再装入钢桶中成为双层包装，在焚烧处理之前把里面的纤维容器取出即可。

2.2.2.4 生活垃圾的运输方式

生活垃圾的运输方式可以是直接外运，也可以是通过收集站或转运站中转后外运。要根据固体废物的特性和数量、产生地和中转站距处置场地的距离、要采取的处置方法来选择适宜的运输方式，主要有公路、铁路、水运或航空运输。

最终处置场或堆场一般设置在郊区或农村，如果输送距离较远，那么轮船及火车这样大容量的运输工具比较适合。日本开发了新的收集和输送技术，例如单轨火车传送带输送、管道输送、真空或正压输送和水力输送等，这些新技术在自动、省力方面有较大改进，但是可能会产生二次污染，并且使原本占处置费用 60%～70% 的收集运输费用更高。

2.2.3 生活垃圾的转运及中转站设置

2.2.3.1 生活垃圾的转运

随着城市规模化发展，从环境保护和公共卫生角度出发，垃圾处理点或处置场应远离居民区，因此收集的垃圾需要远途运输。而垃圾收集车是为短途收集垃圾而设，不适合远途运输，因此需设立中转站进行垃圾的转运。

转运是生活垃圾收运系统中第三阶段的操作过程，它是指利用中转站将小型收集车从各分散收集点清运的垃圾转载到大型运输工具（如火车或轮船）上，将其远距离输送至垃圾处理处置场的过程。转运站（即中转站）就是指完成上述转运操作过程的建筑设施与设备。一般，垃圾在中转站经分拣、压缩等处理后，再转载到大载重量的运输工具上，运往处理处置场。

2.2.3.2 中转站的设置

当处置场远离收集路线时，就要考虑设置中转站。主要从两方面考虑：一方面是设置中转站有助于垃圾收运总费用的降低，即由于长距离大吨位运输比小车运输的成本低或由于收集车如果取消长距离运输就能够更有效地进行收集操作；另一方面是对中转站、大型运输工具及其他必需的专用设备的大量投资会增加垃圾收运费用。因此，必须结合当地条件和要求进行深入的经济性分析。

2.2.3.3 中转站的类型和转运工艺

中转站规模的大小应根据需要转运的垃圾量确定。根据中转站的规模，可把中转站分为小型、中型和大型中转站三种，如表 2-1 所示。

表 2-1 中转站的类型

中转站的类型	垃圾转运量
小型中转站	<150t/d
中型中转站	≥150t/d，≤450t/d
大型中转站	>450t/d

中转站一般应设置垃圾压实设备，垃圾经压缩后有利于提高运输工具的装载效率；运输工具一般使用最多的是挤压式、拖挂式和半拖挂式转运车辆；如果远距离运送大量的垃圾，铁路运输是较为适宜的方式。

垃圾转运主要有三种工艺，即直接倾卸式、贮存待装式和组合式（直接倾卸与贮存待装）。它们的设备组成和工作过程如下所述。

（1）直接倾卸式 直接倾卸式就是把垃圾从收集车直接倾卸到大型拖挂车上，倾卸装置分无压缩和有压缩装置两种。无压缩时，直接将垃圾倾倒到拖挂车里，不进行压缩处理（图2-5）；有压缩时，首先收集车将垃圾倾卸到卸料斗里，然后液压压实机对料斗里的垃圾进行压缩，并将压缩后的垃圾推入大型垃圾箱中，最后装满压缩垃圾的大型垃圾箱被运输车运走（图 2-6）。

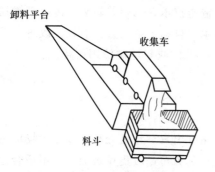 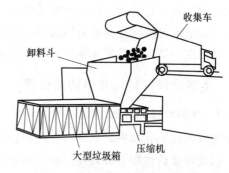

图 2-5　无压缩直接倾卸转运方式　　　　图 2-6　有压缩直接倾卸转运方式

（2）贮存待装式 该种垃圾转运站设有贮料坑，收集车在卸料台上把垃圾倾入低货位的贮料坑中贮存，随后推料装置（如装载机）将垃圾推入压实机的漏斗中，由压实机将垃圾封闭压入大载重量的运输工具内，满载后运走。有些中转站还具有部分垃圾加工功能，可对垃圾进行分离、破碎、回收金属等处理。图 2-7 所示为具有垃圾加工功能的贮存待装式转运方式。

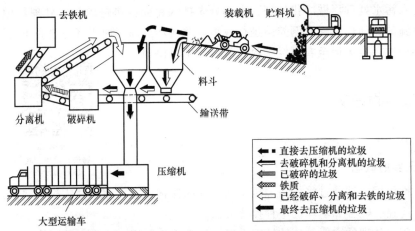

图 2-7　贮存待装式转运方式（具有部分垃圾加工功能）

（3）组合式　所谓组合式是指在同一转运站既设有直接倾卸设施，也设有贮存待装设施（图 2-8）。垃圾既可直接由收集车卸载到拖挂车里运走，也可暂时存放在贮料坑内，随后再由装载机装入拖挂车里转运。它的优点是操作比较灵活，对垃圾数量变化的适应性较强。

2.2.3.4　中转站的选址

中转站选址应注意以下几点：①尽

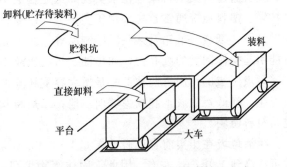

图 2-8　直接倾卸与贮存待装组合转运方式

可能位于垃圾收集中心或垃圾产量多的地方；②靠近公路干线及交通方便的地方；③对居民和环境危害最小的地方；④进行建设和作业最经济的地方。

此外，中转站选址应考虑便于废物回收利用及能源生产的可能性。

2.3　建筑垃圾、农业固体废物等收集、运输

一直以来，商业垃圾、建筑垃圾、污水处理厂的污泥、粪便等的收集工作都是与城市生活垃圾分开进行的，这一原则在新《固废法》中更加明晰。

新《固废法》中明确规定：由各级环境卫生主管部门负责建筑垃圾污染环境防治工作，建立建筑垃圾全过程管理制度，规范工程施工单位的建筑垃圾产生、收集、贮存、运输、利用、处置行为，推进综合利用，工程施工单位不得擅自倾倒、抛撒或者堆放建筑垃圾；各级农业农村主管部门负责指导农业固体废物回收利用体系建设，相关农业单位和其他生产经营者应依法收集、贮存、运输、利用、处置农业固体废物，防止污染环境，对产生的秸秆、废弃农用薄膜、农药包装废弃物等农业固体废物，应当采取回收利用和其他防止污染环境的措施；城镇污水处理设施维护运营单位或者污泥处理单位应当按国家有关标准安全处理污泥，并跟踪掌握污泥的流向、用途、用量等，禁止擅自倾倒、堆放、丢弃、遗撒原污泥和处理后的污泥，禁止重金属或者其他有毒有害物质含量超标的污泥进入农用地。

粪便的收集按其住宅有无卫生设施分成两种情况。具有卫生设施的住宅，居民粪便的小

部分直接进入污水处理厂做净化处理，大部分先排入化粪池再进入污水处理厂做净化处理；没有卫生设施的，利用公厕或倒粪站进行收集，并由环卫部门使用真空吸粪车清除运输，一般每天收集一次，当天运至农村经密封发酵后作肥料使用。

2.4　固体废物压实

2.4.1　概述

2.4.1.1　压实的概念

二维码2-4
微课：垃圾压实
原理与设备

压实亦称压缩，即通过将外力加压于松散的固体物质上，缩小其体积，增大其容重，以便于装卸、运输、贮存和填埋的一种操作方法。

适用于压实处理的主要是压缩性能大而复原性小的物质。作为一种固体废物的预处理技术，压实通过对其实行减容化来实现降低运输成本、延长填埋场服务寿命等目的。如汽车、易拉罐、塑料瓶等通常首先采用压实预处理以提高装载效率。适于压实处理的固体废物还有松散垃圾、纸袋、纸箱及某些纤维制品等。对于那些可能使压实设备损坏的废弃物以及某些可能引起操作问题的废弃物，如焦油、污泥或液体物料，都不宜采用压实处理。

垃圾压实的作用有两种：一是增大容重和减少体积，以便于装卸和运输、确保运输安全与卫生、降低运输成本和减少填埋占地；二是制取高密度惰性块料，便于贮存、填埋或作为建筑材料使用。

生活垃圾在压实前容重通常在 $0.1 \sim 0.6 t/m^3$，经过压实器或一般压实机械压实后，容重可提高到 $1.0 t/m^3$ 左右。因此，固体废物填埋前常进行压实处理，对于大型废物或中空废物，进行压实预处理更重要。压实操作时的具体压力大小可根据废物的物理性质（如易压缩性、脆性等）而定，一般在开始阶段，随压力增加，物料容重增加较迅速，后面这种变化会逐渐减弱，且有一定限度。实践证明，未经过破碎的原状生活垃圾，压实容重极限值约为 $1.1 t/m^3$。比较经济有效的办法是先破碎再压实，可提高压实效率，即用较小的压力取得相同的容重增加效果。

惰性固体废物如建筑垃圾，经压缩成块后，可用作地基或填海造地的材料，上面只需覆盖很薄的土层即可恢复利用，而不必等待其多年沉降后再开发利用。

2.4.1.2　压缩程度的度量

为判断和描述压实效果，比较压实技术与压实设备的效率，常用下述指标来表示废物的压实程度。

（1）空隙比与空隙率

① 空隙比。大多数固体废物都是由不同颗粒及颗粒之间充满气体的空隙共同构成的集合体。由于固体颗粒本身空隙较大，而且许多固体物料有吸收能力和表面吸附能力，因此废物中的水分主要存在于固体颗粒中，而非存在于空隙中，且不占据体积。故固体废物的总体积（V_m）就等于包括水分在内的固体颗粒体积（V_s）与空隙体积（V_v）之和，即 $V_m = V_s + V_v$，则废物的空隙比（e）可定义为：

$$e = V_v / V_s \tag{2-6}$$

② 空隙率。用得更多的参数是空隙率（ε），空隙率可定义为：

$$\varepsilon = V_v / V_m \tag{2-7}$$

空隙比或空隙率越低，表明压实程度越高，相应的容重越大。空隙率在堆肥化工艺供氧、透气性及焚烧过程物料与空气接触效率等方面都是重要的评价参数。

（2）湿密度和干密度　忽略空隙中的气体质量，固体废物的总质量（W_h）就等于固体物质质量（W_s）与水分质量（W_w）之和，即：

$$W_h = W_s + W_w \tag{2-8}$$

① 湿密度。固体废物的湿密度（D_w）可由下式确定：

$$D_w = W_h / V_m \tag{2-9}$$

② 干密度。固体废物的干密度（D_d）可由下式确定：

$$D_d = W_s / V_m \tag{2-10}$$

实际上，固体废物收运及处理过程中测定的物料质量通常都包括水分，故一般容重均是湿密度。压实前后固体废物的密度值及其变化率大小是度量压实效果的重要参数，也容易测定，故比较实用。

（3）压缩比与压缩倍数

① 压缩比（r）。固体废物经压实处理后，体积减小的程度叫压缩比，可用固体废物压实前、后的体积之比来表示：

$$r = V_f / V_i \quad (r \leqslant 1) \tag{2-11}$$

式中，r 为固体废物体积压缩比；V_i 为废物压缩前的原始体积；V_f 为废物压缩后的最终体积。

由式（2-11）可知，r 越小，说明压实效果越好。

废物压缩比取决于废物的种类、性质及施加的压力等，一般压缩比为 1/5～1/3。同时采用破碎与压实两种技术可使压缩比减小到 1/10～1/5。

国外生活垃圾的收集通常都采用家庭压实器来减小垃圾体积、提高垃圾车的收集效率。一般，生活垃圾压实后体积可减小 60%～70%。

体积减小百分比用下式表示：

$$R = (V_i - V_f) / V_i \tag{2-12}$$

式中，R 为体积减小百分比，%；V_i 为压实前废物的体积，m^3；V_f 为压实后废物的体积，m^3。

② 压缩倍数（n）。压缩倍数的计算方法如下式：

$$n = V_i / V_f \quad (n \geqslant 1) \tag{2-13}$$

n 与 r 互为倒数，显然 n 越大，说明压实效果越好，工程上已习惯用 n 来表示压实效果。体积减小百分比（R）与压缩倍数（n）可互相推算。例如，当 $R = 90\%$ 时，可推出 $n = 10$；$R = 95\%$ 时，$n = 20$。其相互关系如图 2-9 所示。由图 2-9 可以看出：体积减小百分比在 80% 以下变化时，压实倍数在 1～5 之间，变化幅度较小；当 R 值越过 80% 时，n 值急剧上升，几乎成直线。

2.4.1.3　压实的原理

压实的原理主要是减小固体颗粒之间的空隙

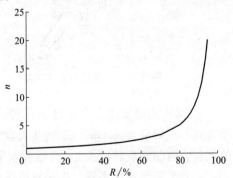

图 2-9　压缩比（n）与体积减小百分比（R）的关系

率，将空隙中的空气挤压掉。

如果采用高压压实，除减少空隙外，在分子之间可能发生晶格的破坏，从而使物质变性。例如，日本采用高压压实的现代化方法处理生活垃圾，压力为 $2530N/m^2$，制成垃圾密度为 $1125.4\sim1380kg/m^3$ 的压实块。压缩过程中挤压及升温使垃圾中 BOD 从 6000mg/L 降到 200mg/L，COD 从 8000mg/L 降到 150mg/L，垃圾块已成为一种均匀的类塑料结构的惰性材料，大大降低了腐化性；不再滋生昆虫，可减少疾病传播与虫害；自然暴露在空气中三年，没有明显的降解痕迹。

2.4.2 压实设备与流程

2.4.2.1 压实设备

对固体废物进行压实的设备称为压实器，压实器有多种类型。以生活垃圾压实器为例，小型的家用压实器可安装在橱柜下面，用以压缩家庭产生的小体积生活垃圾；大型的可以压缩整辆汽车，每日处理上千吨垃圾。

无论何种用途的压实器，其构造主要是容器单元和压实单元两部分。容器单元接受废物，压实单元利用高压（液压或气压）使废物致密化。压实器有固定及移动两种形式。移动式压实器一般安装在收集垃圾的车上，接受废物后即刻压缩，随后运往处理处置场。固定式压实器一般设在废物转运站以及其他需要压实废物的场合。

按固体废物种类的不同，压实器可分为金属类废物压实器和生活垃圾压实器两类。

（1）金属类废物压实器 金属类废物压实器主要有三向联合式和回转式两种。

① 三向联合式压实器。图 2-10 是适于压实松散金属废物的三向联合式压实器。它具有三个互相垂直的压头，金属等被置于容器单元后，依次启动 1、2、3 三个压头，利用压力逐渐使固体废物的空间体积缩小，容重增大，最终达到一定尺寸。利用三向联合式压实器压实后，金属废物的尺寸在 $200\sim1000mm$ 之间。

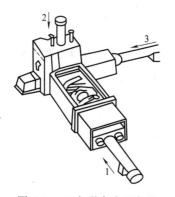
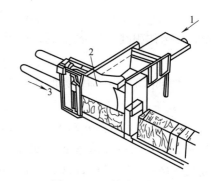

图 2-10　三向联合式压实器　　　　　图 2-11　回转式压实器

② 回转式压实器。图 2-11 是回转式压实器的示意图。该压实器也具有三个压头，但作用方式与三向联合式不同，废物装入容器单元后，先按水平压头 1 的方向压缩，然后按箭头的运动方向驱动旋转压头 2，最后按水平压头 3 的运动方向将废物压至一定尺寸排出。

（2）生活垃圾压实器 生活垃圾压实器常采用与金属类废物压实器构造相似的三向联合式压实器及水平式压实器。为了防止垃圾中有机物腐败，要求在压实器的四周涂覆沥青。图 2-12 为水平压实器示意图。该装置具有一个可水平往复运动的压头，在手动或光电装置控制下将废物压到矩形或方形的钢制容器中，随着容器中废物的增多，压头的行程逐渐变短，装满后压头呈完全收缩状。此时，可将铰接连接的容器更换下来，将另一空容器装好，再进行下一次的压实操作。

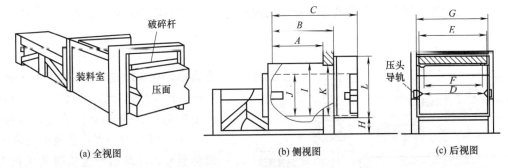

(a) 全视图	(b) 侧视图	(c) 后视图

图 2-12　水平压实器

A—有效顶部开口长度；B—装料室长度；C—压头行程；D—压头导轨宽度；E—装料室宽度；

F—有效顶部开口宽度；G—出料口宽度；H—压面高度；I—装料室高度；

J—压头高度；K—破碎杆高度；L—出料口高度

2.4.2.2　压实器的选择

为了最大限度减容，获得较高的压缩倍数，应尽可能选择适宜的压实器。影响压实器选择的因素很多，除废物的性质外，主要应考虑压实器的性能参数。

(1) 装载面的尺寸　装载面的尺寸应足够大，以便容纳用户所产生的最大尺寸的废物。如果压实器的容器用垃圾车装载，为了操作方便，就要选择至少能够处理一满车垃圾的压实器。压实器装载面的尺寸一般为 $0.765 \sim 9.18 m^2$。

(2) 循环时间　循环时间是指压头的压面从装料箱把废物压入容器，然后完全缩回到原来的位置，准备接受下一次压实操作所需要的时间。循环时间的变化范围很大，通常为 $20 \sim 60s$。如果要求压实器接受废物的速度快，则要选择循环时间短的压实器。这种压实器是按每个循环操作压实较少数量的废物设计的，质量较轻，其成本可能比长时间压实器低，但牢固性差，其压缩倍数也不一定高。

(3) 压面压力　压实器压面压力通常根据某一具体压实器的额定作用力这一参数来确定，额定作用力作用在压头的全部高度和宽度上。固定式压实器的压面压力一般为 $103 \sim 3432kPa$。

(4) 压面的行程　压面的行程是指压面压入容器的深度。压头进入压实器中越深，装填得越有效、越干净。为防止压实废物填埋时反弹回装载区，要选择行程长的压实器，目前使用的各种压实器的实际进入深度为 $10.2 \sim 66.2cm$。

(5) 体积排率　体积排率即处理率，它等于压头每次压入容器的可压缩废物体积与每小时机器的循环次数之积。通常要根据废物产生率来确定。

(6) 压实器与容器匹配　压实器应与容器匹配，最好是由同一厂家制造，这样才能使压实器的压力、行程、循环时间、体积排率以及其他参数相互协调。如果两者不相匹配，如选择不可能承受高压的轻型容器，在压实操作的较高压力下，容器很容易发生膨胀变形现象。

此外，在选择压实器时，还应考虑与预计使用场所相适应，要保证轻型车辆容易进出装料区和容器装卸提升位置等。

为了便于选择，一些国家制定了压实器的规格，如美国国家固体废物管理委员会根据各种标准规定了固体废物压实器的典型规格。

2.4.2.3 压实流程

图 2-13 为近年来日本、美国等一些发达国家的某些城市采用的生活垃圾压实处理工艺流程。

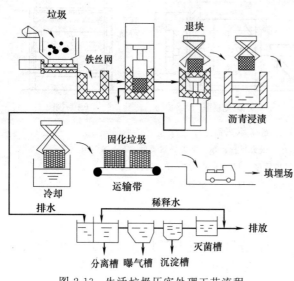

图 2-13 生活垃圾压实处理工艺流程

垃圾装入四周垫有铁丝网的压实容器中，在 16~20MPa 的压力下进行压缩，压缩比达 1/5。压缩后的块体由向上推动的活塞推出压缩腔，然后送入 180~200℃的沥青浸渍池中处理 10s 以防泄漏，冷却后经运输带装入汽车，运往垃圾填埋场。压缩污水经油水分离器进入活性污泥处理池处理后排放，该工艺处理量可达 600t/d。

其他装在垃圾收集车辆上的压实器、废纸包装机、塑料热压机等的结构基本相似，原理相同。在生活垃圾的综合利用中，垃圾压实后产生水分，在风选分离纸时是不利的，因此，是否选用压实装置与后续处理过程也有关，应当综合考虑。

2.5 危险废物的收集、贮存与运输

危险废物固有的属性包括化学反应性、毒性、易燃性、腐蚀性或其他特性，可导致其对人类健康或环境产生危害，因此在其收集、贮存和转运过程中必须注意进行不同于一般废物的特殊管理。

新《固废法》第八十一条明确规定：收集、贮存危险废物，应当按照危险废物特性分类进行；禁止混合收集、贮存、运输、处置性质不相容而未经安全性处置的危险废物。

2.5.1 危险废物的收集容器

危险废物的收集容器往往与运输容器合用，主要是为了避免在收集和运输过程中造成不必要的污染扩散。容器材质的选择，应充分考虑与废物的相容性，同时需具备足够的机械强度。例如，塑料容器不应用于贮存废油和废溶剂；对于反应性固体废物，如含氰化物的固体废物，必须装在防湿防潮的密闭容器中，否则一旦遇水或酸，就会产生氰化氢剧毒气体；对于腐蚀性固体废物，为防止容器泄漏，必须装在衬胶、衬玻璃或衬塑料的容器中，甚至用不锈钢容器；对于放射性固体废物，必须选择有安全防护屏蔽的包装容器。

根据危险废物的性质和形态，可采用不同大小和不同材质的容器。以下是可供选用的容器装置和适于盛装的废物种类。

① $V=200\text{L}$ 带塞钢圆桶或钢圆罐,可供盛装废油和废溶剂。

② $V=200\text{L}$ 带卡箍盖钢圆桶,可供盛装固态或半固态有机物。

③ $V=30\text{L}$、45L 或 200L 塑料桶或聚乙烯罐,可供盛装无机盐液。

④ $V=200\text{L}$ 带卡箍盖钢圆桶或塑料桶,可供盛装散装的固态或半固态危险废物。

⑤ 贮罐的外形与大小尺寸可根据需要设计加工,要求坚固结实、便于检查,避免渗漏或溢出等事故发生,适于贮存那些通过管线、皮带等输送方式送进或输出的散装液态危险废物。

2.5.2　危险废物的收集、贮存

放置在场内的桶装或袋装危险废物可由产生者直接运往场外的收集中心或回收站,也可以通过地方主管部门配备的专用运输车辆按规定路线运往指定的地点贮存或做进一步处理。

典型的收集站由砌筑的防火墙及铺设有混凝土地面的若干库房式构筑物所组成,贮存废物的库房室内应保证空气流通,以防具有毒性和爆炸性的气体积聚产生危险。贮存的废物应翔实准确地登记其类型和数量,并应按不同性质分别妥善存放。

危险废物转运站的位置宜选择在交通便利的地方,由设有隔离带或埋于地下的液态危险废物贮罐、油分离系统及盛装有废物的桶或罐的库房群所组成。站内工作人员应负责办理废物的交接手续,按时将所收存的危险废物如数装进运往处理场的运输车内,并责成运输者负责途中安全。转运站内部的运作方式及程序如图 2-14 所示。

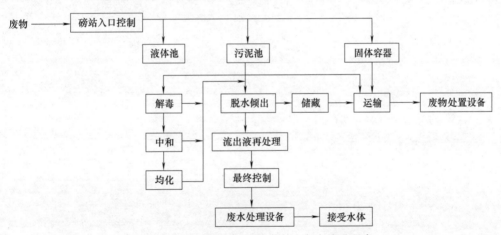

图 2-14　危险废物转运站内部的运行方式及程序

2.5.3　危险废物的运输

对于危险废物的运输,最好使用专用公路槽车或铁路槽车,槽车应设有各种防腐衬里,以防运输过程中的腐蚀泄漏。对于要进行远洋焚烧处置的危险废物,应选择专用的焚烧船运输。此外,负责运输的司机担负着不可推卸的重大责任。对危险废物公路运输系统的控制要求如下。

① 危险废物的运输车辆须经过主管单位检查,并持有有关单位签发的许可证;负责运输的司机应通过培训,持有证明文件。

② 承载危险废物的车辆须有明显的安全警示标志或危险符号,以引起注意。

③ 载有危险废物的车辆在公路上行驶时,需持有通行证,其上应注明废物来源、性质

和目的地。此外，在必要时须有单位人员负责押运工作。

④ 组织危险废物运输的单位，事先需制订完备的运输计划并规划行驶路线，其中包括有效的废物泄漏应急措施。

⑤ 为了保证危险废物运输的安全无误，可采用文件跟踪系统，并应形成制度。在运输开始即由废物生产者填写一份记录废物产地、类型、数量等情况的运货清单，并经主管部门批准；然后交由废物运输承担者负责清点，填写装货日期、签名并随身携带；再按货单要求分送有关处所；最后将剩余一单交由原主管部门检查，并存档保管。

 思考题

1. 固体废物的收集原则是什么？
2. 生活垃圾的收集方式有哪些？
3. 略述收集系统分类。
4. 阐述转运站的类型和转运工艺。
5. 详述压实的目的和原理及压实设备。
6. 阐述危险废物的收集、运输。
7. 气力输送系统发展的优势和局限性是什么？

第 **3** 章

固体废物的破碎和细磨

3.1 破碎

3.1.1 破碎的概念和目的

破碎是固体废物的预处理技术之一。通过破碎对固体废物的尺寸和形状进行控制，有利于实现固体废物的资源化和减量化。

固体废物的破碎是指利用外力克服固体废物质点间的内聚力而使大块固体废物分裂成小块固体废物的过程。对固体废物进行破碎的目的有以下几点。

① 减小固体废物的容积，便于运输和贮存。

② 为固体废物的分选工序提供适合的粒度，从而更有效地回收固体废物中的有用成分。

③ 防止粗大、锋利的固体废物损坏后续处理工序（如分选、焚烧和热解）中的设备或炉膛。

④ 增大固体废物的比表面积，提高焚烧、热解、熔融等工序的稳定性和效率。

⑤ 为后续处理和资源化利用提供合适的尺寸。例如，利用煤矸石制砖、制水泥等，需要把煤矸石破碎到一定粒度。

⑥ 破碎后的生活垃圾压实程度高，密度均匀，在进行填埋处置时，可以加快复土还原。

总之，固体废物的破碎就是把废物转变成有利于进一步加工或能够更经济有效地进行再处理、处置所需要的形状和大小。

3.1.2 破碎理论

3.1.2.1 层压破碎理论

物料破碎的概念历史悠久，早在 20 世纪 50 年代关于破碎的研究工作就开始大规模展开，通过不断地寻求高效率的破碎技术，实现工矿业的节能减耗，降低成本。

20 世纪 80 年代，B. H. Bergstrom 在研究单颗粒破碎时发现，物料在空气中一次破碎产生的碎片撞击到金属板后，会产生二次破碎，并且一次破碎的碎片具有的动能占全部破碎能量的 45%。如果这些能量在二次破碎过程中得以充分利用，便可提高破碎效率。还有人指出，较小的持续负荷比短时间的强大冲击破碎效率更高。国内学者在研究冲击力与挤压力对颗粒层的破碎效果后得出重要结论：静压粉碎效率为 100%，而单次冲击效率仅为 35%～40%。据此，在实际工程中，尽量多用静压粉碎，少用冲击粉碎，可以节约能量，提高粉碎效率。Schonert 研究表明，如果使用 50MPa 以上的压力作用于大批脆性物料颗粒，就能够通过"料层粉碎"形式节约出可观的能量。

基于这两个认识形成的"层压破碎理论"与传统的挤压破碎理论不同，后者认为物料的破碎是基于单颗粒，破碎发生在颗粒与衬板之间。"层压破碎理论"认为物料颗粒的破碎不仅发生在颗粒与衬板之间，同时也大量发生在颗粒与颗粒之间。其特征是在破碎室的有效破碎段形成高密度的多个颗粒层，将充足的破碎功作用于物料颗粒群，在充分发挥层压破碎作用的同时充分利用了物料破碎过程中所产生的强大碎片飞动能，对相邻物料进行撞击再破碎，获得极高的破碎率。颚式破碎机就是基于该理论的代表性破碎设备。

3.1.2.2　自冲击破碎理论

自冲击破碎理论是 20 世纪 80 年代提出的，和传统板锤与物料间发生冲击的破碎方式不同，自冲击破碎是物料与物料之间的冲击破碎。一部分物料通过高速旋转装置获得动能，与另一部分靠自身重力落下的物料产生冲击破碎，在破碎腔内还有一部分物料形成自衬式工作部件，防止机器本身受到磨损。物料自衬不但保护了易损零部件，其本身还是被破碎物料。

自冲击破碎有效避免了传统破碎方式中板锤及设备内部在破碎物料过程中自身发生快速消耗的缺点。

3.1.3　固体废物的机械强度和破碎方法

3.1.3.1　固体废物的机械强度

固体废物的机械强度是指固体废物抗破坏（包括破碎、磨损、挤压、弯曲、变形等）的能力，即固体废物受外力作用时，其单位面积上所能承受的最大负荷。通常用静载下测定的抗压强度、抗拉强度、抗剪强度和抗弯强度来表示。

抗压强度是指所受外力为压力时的强度极限；抗拉强度是指固体废物在拉断前所能承受的应力极限；抗剪强度是指外力与固体废物轴线垂直，并对固体废物呈剪切作用时固体废物的强度极限；抗弯强度是指固体废物抵抗弯曲不发生断裂的强度极限。

各种机械强度由大而小依次是抗压强度、抗剪强度、抗弯强度、抗拉强度。对于固体废物，一般以抗压强度为衡量标准进行分类：抗压强度大于 250MPa 的为坚硬固体废物；40～250MPa 的为中硬固体废物；小于 40MPa 的为软固体废物。

固体废物的机械强度与废物颗粒的粒度大小有一定关系，小粒度废物颗粒的宏观和微观裂缝比大粒度颗粒要少，因而小粒度固体废物的机械强度相对较高。

需要破碎的废物中，那些呈现脆性、在破裂之前的塑性变形很小的废物可以直接进行破碎。但一些在常温下呈现较高的韧性和塑性的废物，用传统的破碎方法难以将其破碎，因此需要采用特殊的破碎手段。例如橡胶在压力作用下能产生较大的塑性变形却不断裂，但可利用它在低温时变脆的特性来有效地破碎；又如破碎金属时切削下来的金属屑，压力只能使其压实成团，但不能破碎成小片、小条或粉末，必须采用特制的金属切削破碎机对其进行有效的破碎。

3.1.3.2　破碎方法

破碎方法有干式破碎、湿式破碎和半湿式破碎三种。干式破碎为通常所指的破碎，湿式破碎和半湿式破碎通常在破碎的同时兼有分级分选的功能。

（1）干式破碎　按破碎固体废物所消耗能量的形式，干式破碎方法可分为机械能破碎和非机械能破碎两类。目前广泛应用的是机械能破碎。

机械能破碎是利用破碎工具（如破碎机的齿板、锤子、球磨机的钢球等）对固体废物施力从而将其破碎的，主要有压碎、劈碎、剪切、磨碎和冲击破碎等几种方式（图 3-1）。非机械能破碎是利用电能、热能等对固体废物进行破碎的新方法，如低温破碎、热力破碎、减压破碎及超声破碎等。

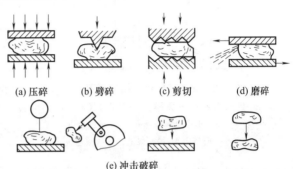

图 3-1　机械能破碎的几种方式

挤压破碎（压碎）是指固体废物在两个沿垂直切面方向相对运动的硬面之间受挤压作用而发生的破碎。

劈裂破碎（劈碎）是通过一个尖棱和一个带有尖棱的工作表面对固体废物进行挤压，使其沿压力作用线的方向劈裂而发生的破碎。

剪切破碎（剪切）是指固体废物在剪切作用（包括劈开、撕破和折断等）下发生的破碎。

摩擦破碎（磨碎）是指废物在两个沿切面方向相对运动的硬面摩擦作用下发生的破碎。如碾磨机是借助旋转磨轮沿环形底盘的碾压作用来连续摩擦、压碎和磨削废物的。

冲击破碎有重力冲击和动冲击两种形式。重力冲击破碎是固体废物在重力作用下，落到一个坚硬的表面上而发生的破碎，如玻璃瓶下落到混凝土地面上发生的破碎；动冲击破碎是具有足够动能的固体废物碰撞到一个比自身坚硬且做快速旋转运动的表面时而产生的冲击破碎。冲击破碎过程中，固体废物是无支撑的，冲击力使破碎后的颗粒向各个方向加速运动，如锤式破碎机的主要原理就是利用动冲击作用破碎固体废物。

低温破碎是指利用塑料、橡胶类废物在低温下易脆化的特性来进行破碎或选择性破碎。

一般破碎机都是由两种或两种以上的破碎方法共同作用对固体废物进行破碎的。例如，锤式破碎机既有冲击破碎，又有剪切破碎和摩擦破碎。

要根据固体废物的机械强度和硬度来选择破碎方法和破碎机。对于坚硬的废物，采用挤压破碎和冲击破碎较好；对于韧性废物，采用剪切破碎和冲击破碎共同作用或者采用剪切破碎和摩擦破碎共同作用较好；对于脆性废物，采用劈碎、冲击破碎较好；对于橡胶类废物，采用低温破碎较好；对于纸类、纤维类废物，采用湿式破碎较好。

（2）湿式破碎　湿式破碎是利用纸类、纤维类废物在水中易调制成浆的特点，对纸类和纤维类垃圾进行回收而发展起来的一种破碎方法。湿式破碎机就是利用剪切破碎和水力机械搅拌作用，使在水中的纸类、纤维类废物被调制成浆液。图 3-2 为典型的湿式破碎机结构原理，该破碎机的圆形槽底上安装有多孔筛，筛上安装有旋转破碎辊，由电动机带动其旋转，辊上装有的 6 把破碎刀也随其做高速旋转，从而将水中的纸类、纤维类废物破碎。破碎后得到的浆液落入筛网下方，便可直接进行分选或利用。

二维码3-1
微课：垃圾的破碎

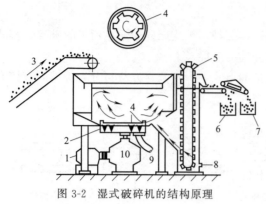

图 3-2　湿式破碎机的结构原理
1—电动机；2—筛网；3—含纸垃圾；
4—转子；5—斗式脱水提升机；6—有色金属；
7—铁；8—循环用水；9—浆液；10—减速机

整个过程如下：以纸类为主的垃圾被传送带送入湿式破碎机的圆形槽内，破碎辊的旋转使投入的纸类垃圾和水一起发生激烈回旋和搅拌作用，废纸被破碎成浆，废纸浆通过筛孔流入筛下由底部排出；难以破碎的物质（主要为金属）成为筛上物从破碎机侧口排出，再用斗式提升机输送至装有磁选器的皮带运输机上，分离出铁和非铁金属等物质。

湿式破碎目前主要用于废纸的再生与利用的前处理，在城市生活垃圾处理中应用还有一定困难，主要是由于污水的处理问题难以得到有效解决。

（3）半湿式破碎　其特点是利用不同物质强度和脆性（耐冲击性、耐压缩性、耐剪切性）的差异，在一定的湿度下将其破碎成不同粒度的碎块，然后通过不同孔径的筛网加以分离回收，该方法具有破碎和筛分两种功能。半湿式破碎机的结构原理如图 3-3 所示。

二维码3-2
动画：湿式破碎机

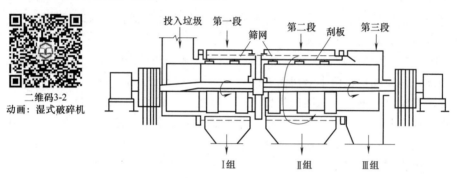

图 3-3　半湿式破碎机结构原理

该装置由两段筛孔尺寸不同的外旋转圆筒筛和其内与其旋转方向相反的破碎板组成。固体废物在圆筒筛首端给入，随筛壁上升，然后又在重力作用下被抛落，抛落时受到反向旋转的破碎板撞击，废物中易碎物质（如玻璃、陶瓷等）首先被破碎，通过第一段筛网分离排出较小尺寸的破碎颗粒。剩余较大尺寸的废物进入第二段筛网，此段喷射水分，此时易碎的纸类废物在水喷射下被破碎板破碎，由第二段筛网排出。最后剩余的废物（主要为金属、塑料、橡胶、木材、皮革等）由不设筛网的第三段排出。

半湿式选择性破碎技术具有以下特点：①在同一设备内可同时实现破碎与分选；②对进料适应性好，易破碎物及时排出，不会出现过粉碎现象；③能充分有效地回收垃圾中的有用物质，如从分选出的第一段物料中可回收玻璃等，从第二段物料中可回收含量为 85%～95% 的纸类，难以破碎的金属、橡胶、木材等废物在第三段经分选后可达到 95% 的纯度，废铁可达 98%；④当投入的垃圾组成发生变化时，可通过改变滚筒长度、破碎板段数、筛网孔径等参数来使处理系统适应不同要求和变化；⑤该技术动力消耗低，磨损小，易维修。

3.1.3.3　破碎比和破碎段

在破碎过程中，原废物粒度与破碎产物粒度的比值称为破碎比。破碎比表示废物粒度在破碎过程中减小的情况，也表征废物被破碎的程度。其计算方法有以下两种。

① 用固体废物破碎前的最大粒度（D_{max}）与破碎后的最大粒度（d_{max}）来计算破碎比 i，即

$$i = D_{max}/d_{max} \tag{3-1}$$

用该法确定的破碎比为极限破碎比，在工程设计中常被采用。根据最大块原料的尺寸来选择破碎机给料口的宽度。

② 用固体废物破碎前的平均粒度（D_{cp}）与破碎后的平均粒度（d_{cp}）来计算破碎比 i，即

$$i = D_{cp}/d_{cp} \tag{3-2}$$

用该法确定的破碎比为真实破碎比，能较真实地反映破碎程度，在科研和理论研究中常被采用。

一般，破碎机的平均破碎比在 3～30 之间，磨碎机的破碎比可达 40～400。

固体废物每经过一次破碎机或磨碎机称为一个破碎段。如果要求的破碎比较大，一段破碎往往不能满足要求，需要把几台破碎机依次串联，对固体废物进行多次破碎，这时的总破碎比等于各段破碎比的乘积：

$$i = i_1 i_2 i_3 \cdots i_n \tag{3-3}$$

破碎段数是决定破碎工艺流程的基本指标，它主要决定破碎废物的原始粒度和最终粒度。破碎段数越多，破碎流程就越复杂，工程投资也相应增加，因此，在可能的条件下，应尽量采用低段数的破碎流程。

3.1.3.4　破碎流程

根据固体废物的物化性质、粒度大小、要实现的破碎比和选用破碎机的类型，每段破碎流程可以有不同的组合方式，破碎机还常和筛子联合组成破碎流程，其基本工艺流程如图3-4 所示。

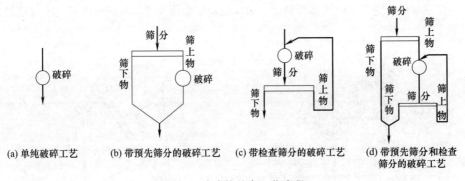

(a) 单纯破碎工艺　　(b) 带预先筛分的破碎工艺　　(c) 带检查筛分的破碎工艺　　(d) 带预先筛分和检查
　　　　　　　　　　　　　　　　　　　　　　　　　　　　　　　　　　　　　筛分的破碎工艺

图 3-4　破碎的基本工艺流程

① 单纯的破碎流程。见图 3-4（a），具有组合简单、操作控制方便、占地面积少等优点，但破碎产品的粒度较大。

② 带有预先筛分的破碎流程。如图 3-4（b）所示，其特点是预先筛分废物中不需要破碎的细粒，相对地减少了进入破碎机的总给料量，避免过度粉碎，有利于节能降耗。

③ 带有检查筛分的破碎流程与同时带有预先筛分和检查筛分的破碎流程。如图 3-4（c）和图 3-4（d）所示，其特点是能够将破碎产物中大于所要求尺寸的产品颗粒分选出来，送回破碎机进行再破碎。因此，该流程可获得完全符合粒度要求的产品。

3.1.4 破碎设备

选择破碎设备的类型时，必须综合考虑下列因素：①破碎设备的破碎能力；②固体废物的性质（如破碎特性、硬度、密度、形状、含水率等）和粒度；③对破碎产品的粒度、组成及形状的要求；④设备的供料方式；⑤安装操作场所情况等。

破碎固体废物常用的破碎机有颚式破碎机、锤式破碎机、冲击式破碎机、剪切式破碎机、辊式破碎机等几种类型。

（1）颚式破碎机　1858 年 E.Blake 制造出最早的双肘板颚式破碎机。该设备虽然是一种古老的破碎设备，但是具有破碎比大、产量高、产品粒度均匀、结构简单、工作可靠、维修简便、运营费用低等特点，至今仍被广泛应用，既可用于粗碎，也可用于中、细碎。大型颚式破碎机广泛适用于矿山、冶炼、建筑、公路、铁路、水利和化学工业等众多行业，用于处理粒度大、抗压强度高的各种矿石和岩石。例如，将煤矸石破碎用作沸腾炉的燃料和制水泥的原料等。

颚式破碎机内有个非常重要的核心部件——可移动式颚板（简称动颚板）。通常按照动颚板的运动特性将颚式破碎机分为简单摆动型和复杂摆动型，这也是目前工业中应用最广的两种破碎机。

① 简单摆动型颚式破碎机。如图 3-5 所示，该设备由机架、工作机构、传动机构、保险装置等部分组成，定颚板、动颚板和边护板构成破碎腔。工作原理如图 3-6 所示，通过电动机带动皮带轮，由三角带和槽轮驱动偏心轴，偏心轴不停地转动，使与之相连的连杆做上下往复运动，带动前肘板做左右往复运动，动颚就在前肘板的带动下呈往复摆动运动形式。此时如果废料由给料口进入破碎腔中，就会受到接近定颚板方向运动的动颚的挤压作用而发生破裂和弯曲破碎。当动颚在拉杆和弹簧的作用下离开固定颚时，破碎腔内下部已破碎到小于排料口的物料靠其自身重力从排料口排出，位于破碎腔上部的尚未充分压碎的料块立即下落一定距离，进一步被动颚挤压破碎。随着电动机连续转动，破碎机动颚做周期性的压碎和排料，实现批量生产。

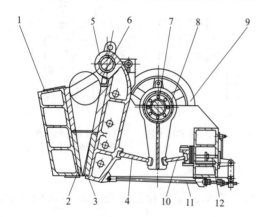

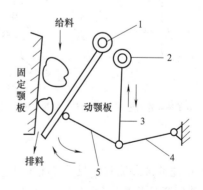

图 3-5　简单摆动型颚式破碎机

1—机架；2—固定齿板；3—动颚齿板；4—前肘板；
5—可动颚板；6—心轴；7—偏心轴；8—连杆；9—飞轮；
10—后肘板；11—拉杆；12—调整千斤顶

图 3-6　简单摆动型颚式破碎机工作原理示意图

1—心轴；2—偏心轴；3—连杆；
4—后肘板；5—前肘板

② 复杂摆动型颚式破碎机。图 3-7 是复杂摆动型颚式破碎机结构图，其工作原理如图

3-8所示。对比复杂摆动型颚式破碎机与简单摆动型颚式破碎机，从构造上看，前者没有动颚悬挂的心轴和垂直连杆，动颚与连杆合为一个部件，肘板只有一块。可见，复杂摆动型颚式破碎机构造简单，但动颚的运动却比简单摆动型破碎机复杂，动颚在水平方向上有摆动，同时在垂直方向也有运动，是一种复杂运动，故称复杂摆动型颚式破碎机。复杂摆动型颚式破碎机的破碎方式为曲动挤压型，电动机驱动皮带和皮带轮通过偏心轴使动颚上下运动，当动颚板上升时，肘板和动颚板间夹角变大，从而推动动颚板向定颚板接近，与此同时发生固体废物被挤压、搓、碾等多重破碎过程；当动颚下行时，肘板和动颚板间夹角变小，动颚板在拉杆、弹簧的作用下离开定颚板，此时破碎产品从破碎腔下口排出，完成破碎过程。

二维码3-3
微课：颚式破碎机

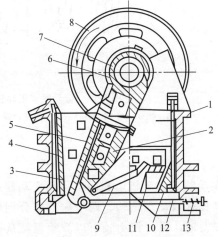

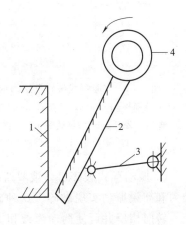

图3-7　复杂摆动型颚式破碎机

1—机架；2—可动颚板；3—固定颚板；4，5—破

碎齿板；6—偏心转动轴；7—轴孔；8—飞轮

9—肘板；10—调节楔；11—模块；

12—水平拉杆；13—弹簧

图3-8　复杂摆动型颚式破碎机工作

原理示意图

1—固定颚板；2—可动颚板；

3—前（后）推力板；4—偏心轴

复杂摆动型颚式破碎机的优点是破碎产品较细，破碎比大（一般可达4~8，简单摆动型只能达3~6）。规格相同时，复杂摆动型颚式破碎机比简单摆动型破碎能力高20%~30%。

③ 新型颚式破碎机。随着破碎技术和制造技术的发展，诞生了几种新型的具有新功能的颚式破碎机。图3-9为一种新型颚式破碎机的构造简图，其工作原理是物料由进料斗落入机内，经分离器分散到四周下落。电动机带动偏心轴，使动颚上下运动而压碎物料，达到一定粒度后进入回转腔。物料在回转腔内受到转子及定颚的研磨而破碎，破碎的物料从下料斗排出。该设备通过松紧螺栓和加减垫片可调整进出料粒度。采用圆周给料，给料范围比传统颚式破碎机大，下料速度快而不堵塞。与同等规格的传统颚式破碎机相比，其生产能力大、产品粒度小、破碎比大。

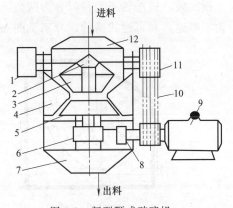

图3-9　新型颚式破碎机

1—飞轮；2—偏心轴；3—动颚；4—定颚（机体）；
5—转子；6—齿轮箱；7—下料斗；8—联轴器；9—电
机；10—三角带；11—皮带轮；12—进料斗

④ 双腔颚式破碎机。传统颚式破碎机最大的弱点之一就是在一个工作循环内只有一半时间进行有效工作，而双腔颚式破碎机（图 3-10）具有两个破碎腔，可在双工作行程状态下运行，不存在空行程的能量消耗，因此大大提高了处理能力，单位功率大幅度降低。

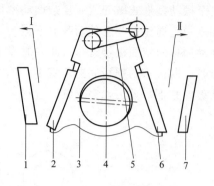

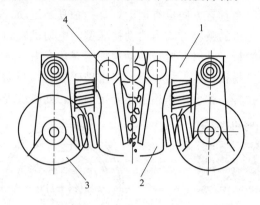

图 3-10　双腔颚式破碎机结构示意图
1—固定颚板 a；2—活动颚板 a；3—动颚；4—偏
心轴；5—连杆；6—活动颚板 b；7—固定颚板 b；
Ⅰ—破碎腔 a；Ⅱ—破碎腔 b

图 3-11　振动颚式破碎机
1—机座；2—颚板；3—不平衡振动器；4—扭力轴

⑤ 振动颚式破碎机。俄罗斯研制的振动颚式破碎机，利用不平衡振动器产生的离心惯性力和高频振动实现破碎。这种破碎机也具有双动颚结构，两个振动器分别作用在两动颚上，转向相反并可使两动颚绕扭力轴同步振动，通过扭力轴可以调整振幅从而控制产品粒度。适用于破碎铁合金、金属屑、砂轮和冶金炉渣等难碎物料，可破碎的物料抗压强度高达 500MPa。设备规格为 80mm×300mm、100mm×300mm、100mm×1400mm、200mm×1400mm 和 440mm×1200mm 等。动颚摆动频率为 13～24Hz，功率为 15～74kW，破碎比可达 4～20，结构见图 3-11。

（2）锤式破碎机　锤式破碎机是利用冲击摩擦和剪切作用将固体废物破碎的。其主要部件有大转子、铰接在转子上的重锤（重锤以铰链为轴转动，并随大转子一起转动）及内侧的破碎板。

锤式破碎机按转子数目可分为两类：单转子锤式破碎机和双转子锤式破碎机。单转子又分为不可逆式和可逆式两种，分别见图 3-12（a）和图 3-12（b）。

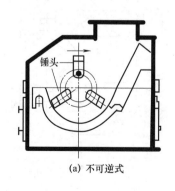
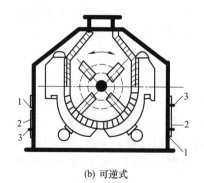

(a) 不可逆式　　(b) 可逆式

图 3-12　单转子锤式破碎机的示意图
1—检修孔；2—盖板；3—螺栓

目前普遍采用可逆式单转子锤式破碎机。其工作原理是固体废物自上部给料口给入机内，立即遭受高速旋转的锤子的打击、冲击、剪切、研磨等作用而被破碎。锤子以铰链方式装在各圆盘之间的销轴上，可以在销轴上摆动。电动机带动主轴、圆盘、销轴及锤子做高速旋转运动，这个由主轴、圆盘、销轴和锤子构成的部件称为转子。在转子的下部设有筛板，破碎物料中小于筛孔尺寸的细粒通过筛板排出；大于筛孔尺寸的粗粒被阻留在筛板上并继续受到锤子的破碎冲击和研磨，最后通过筛板排出。

图 3-12 (a) 是不可逆式锤式破碎机，转子的转动方向如箭头所示，只能向一个方向运动，是不可逆的。图 3-12 (b) 是可逆式锤式破碎机，转子首先向某一个方向转动，该方向的衬板、筛板和锤子端部就受到磨损，磨损到一定程度后，转子改为向另一个方向旋转，利用锤子的另一端及另一个方向的衬板和筛板继续工作，设备核心部件连续工作的寿命几乎提高一倍。

锤子是破碎机的工作机件，通常用高锰钢或其他合金钢等制成。由于锤子前端磨损较快，设计时应考虑到锤子磨损后能上下或前后调头。

锤式破碎机主要用于破碎中等硬度且腐蚀性弱的固体废物。例如，煤矸石经一次破碎后粒度小于 25mm 的碎块占比达 95%。锤式破碎机还可破碎含水分及油质的有机物、纤维结构、弹性和韧性较强的木块、石棉水泥废料，回收石棉纤维和金属切屑等。另外，锤式破碎机在破碎大型固体废物如电冰箱、洗衣机及废旧汽车方面也具有一定的优势。其缺点是噪声大，安装需采取防振、隔声措施。

目前专用于破碎固体废物的锤式破碎机有以下几种类型。

① BJD 型普通锤式破碎机。图 3-13 为 BJD 型普通锤式破碎机的构造图。该设备主要用于破碎废旧家具、厨房用具、床垫、电视机、冰箱、洗衣机等大型废物，破碎产品粒度可以达到 50 mm 左右。不能破碎的废物从旁路排出。

② BJD 型破碎金属切屑的锤式破碎机。图 3-14 是 BJD 型破碎金属切屑的锤式破碎机的构造图。经该设备破碎后，金属切屑的松散体积可以减小至原来的 10%~30%，便于运输至冶炼厂冶炼。锤子呈钩形，对金属切屑施加剪切和撕拉等作用而使其破碎。

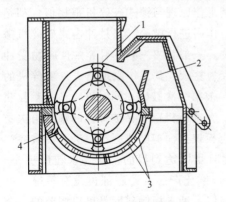

图 3-13　BJD 型普通锤式破碎机
1—锤子；2—旁路；3—格栅；4—测量头

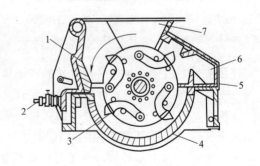

图 3-14　BJD 型破碎金属切屑的锤式破碎机
1—衬板；2—弹簧；3—锤子；4—筛条；5—小门；
6—非破碎物收集区；7—给料口

③ Hammer Mills 型锤式破碎机。Hammer Mills 型锤式破碎机的构造如图 3-15 所示，机体由压缩机和锤碎机两部分组成。大型固体废物先经压缩机压缩，再给入锤碎机破碎。转

子由大小两种锤子组成，大锤子磨损后可转用小锤子进行破碎。锤子通过铰链悬挂在绕中心做高速旋转的转子上，转子下方装有筛板，筛板两端装有固定反击板，使筛上废物受到二次破碎和剪切作用。该设备主要用于破碎废旧汽车等大型固体废物。

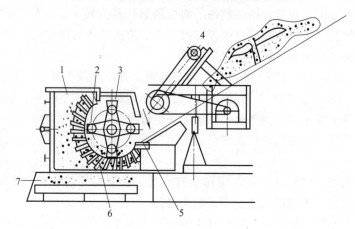

图 3-15　Hammer Mills 型锤式破碎机

1—切碎机本体；2—锤头（小）；3—锤头（大）；4—压缩给料机；5—切断垫圈；6—栅条；7—输送器

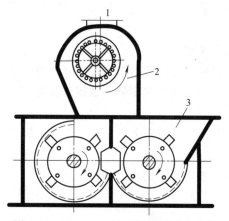

图 3-16　Novorotor 型双转子锤式破碎机

1—细粒级产品出口；2—风力分级器；3—物料入口

④ Novorotor 型双转子锤式破碎机。图 3-16 是 Novorotor 型双转子锤式破碎机的构造图。这种破碎机具有两个旋转方向的转子，转子下方均装有研磨板。物料自右方给料口送入机内，经右方转子破碎后排至左方破碎腔，沿左方研磨板运动 3/4 圆周后，借风力排至上部的旋转式风力分级机。分级后的细粒产品自上方排出机外，粗粒产品返回破碎机再度破碎。该设备破碎比可达 30。

（3）冲击式破碎机　冲击式破碎机大多是旋转式的，其工作原理与锤式破碎机很相似，都是利用冲击力作用进行破碎，只是冲击式破碎机锤子数量较少，一般为 2～4 个不等，且废物受冲击的过程较为复杂。其工作原理是进入破碎机的固体废物受到绕中心轴做高速旋转的转子猛烈冲撞后，被第一次破碎；同时破碎产品颗粒获得一定动能而高速冲向坚硬的机壁，受到第二次破碎；在冲击机壁后又被弹回的颗粒再次受转子破碎；难以破碎的一部分废物颗粒，被转子和固定板挟持而剪断或磨损，破碎后最终产品由下部排出。当要求破碎产品粒度为 40mm 时，此时足以达到目的；若要求粒度更小，如 20mm 时，接下来还需经锤子与研磨板的作用进一步细化产品。若底部再设有算筛，可更为有效地控制出料尺寸。冲击板与锤子之间的距离，以及冲击板倾斜度是可以调节的。合理设置这些参数，使破碎物处于破碎循环中，直至其充分破碎，最后通过锤子与板间空隙或算筛筛孔排出机外。

冲击式破碎机具有破碎比大、适应性强、构造简单、外形尺寸小、操作方便、易于维护等特点，适用于破碎中等硬度、软质、脆性、韧性及纤维状等多种固体废物。典型冲击式破碎机主要有 Universa 型冲击式破碎机和 Hazemag 型冲击式破碎机两种类型，分别如图 3-17

和图 3-18 所示。

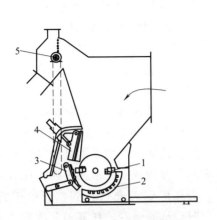

图 3-17　Universa 型冲击式破碎机

1—板锤；2—筛条；3—研磨板；

4—冲击板；5—链幕

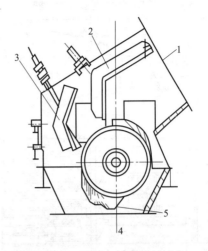

图 3-18　Hazemag 型冲击式破碎机

1—给料口；2——级冲撞板（固定刀）；3—二级

冲撞板（固定刀）；4—排出口；5—旋转打击刀

　　内通道式破碎机是一种新型的冲击式破碎机，其工作原理及结构如图 3-19 所示。块状矿石由进料斗落入上破碎腔内的甩料盘上，被甩料盘的离心力抛向筒体的内壁，与安装在内壁上的反击板猛烈碰撞，同时物料之间也互相撞击，从而使物料破碎或产生大量细微裂纹；接着进入锥形转子腔，并呈螺旋状下落，经冲压和挤压作用，有裂纹的矿石被进一步破碎。锥形转子与衬板间的斜度促使较小的物料向下迁移，达到自动实现由大到小分级破碎的目的。物料在锥形转子腔内受锤头的打击，高速运动的物料再次与反击板碰撞，物料之间相互碰撞，使物料受到打击、撞击、剪切、挤压作用而被粉碎，从而提高破碎效率。从锥形转子腔内落下的物料进入下破碎腔内，再被甩料盘的离心力进一步破碎成更小颗粒。物料最后进入圆柱形转子腔体内，转子腔对已被破碎的物料进行磨削，使物料进一步细碎，直至破碎成所需要的粒度。

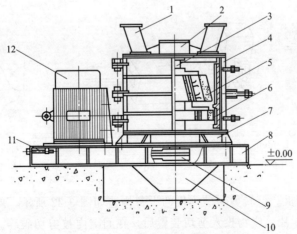

图 3-19　内通道式破碎机结构示意图

1—进料斗；2—机盖；3—主轴；4—筒体；5—上转子；6—下转子；7—底盘；8—机座；

9—带轮；10—下料斗；11—张紧装置；12—电动机

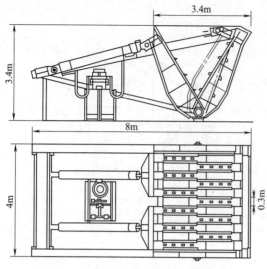

图 3-20　Von Roll 型往复剪切破碎机

（4）剪切式破碎机　剪切式破碎机是以剪切方式为主对物料进行破碎的机械设备。剪切式破碎机通过固定刀和可动刀（往复式刀或旋转式刀）之间的啮合作用，将固体废物切开或割裂成需要的形状和尺寸，特别适合对二氧化硅含量低的松散废物进行破碎。

① Von Roll 型往复剪切破碎机。图3-20 是 Von Roll 型往复剪切破碎机的构造图。该破碎机主要由可动机架和固定框架两部分构成。在框架下面连接着轴，往复刀和固定刀交错排列。当处于打开状态时，从侧面看，往复刀和固定刀呈 V 形，此时可从上部供给大型废物；当 V 形合拢时，废物受到挤压破碎的同时，主要依靠往复刀和固定刀的啮合而被剪切。往复刀和固定刀宽度为 30cm，往复刀靠油泵带动，驱动速度很慢，但驱动力很大。当破碎阻力超过规定的最大值时可动横杆会自动返回，以免损坏刀具。根据破碎废物种类的不同，处理量波动在 $80 \sim 150 m^3/h$，剪切尺寸为 30cm，厚度在 20cm 以下的普通型钢均可用该设备剪切破碎。该设备适用于城市垃圾焚烧厂的废物破碎。

② Lindemann 型剪切破碎机。该设备结构如图 3-21 所示，其由预压缩机和剪切机两部分组成，固体废物先进入预压缩机，通过一对钳形压块的开闭将固体废物压缩至合适体积后送入剪切机。剪切机由送料器、压紧器和剪切刀片组成。固体废物由送料器推到刀口下方，压紧器压紧后由剪切刀将其剪断。

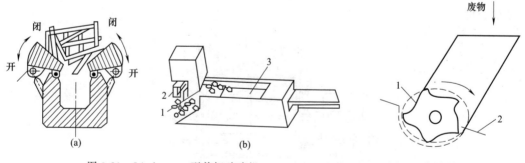

图 3-21　Lindemann 型剪切破碎机
1—剪切刀片；2—压紧器；3—送料器

图 3-22　旋转剪切破碎机
1—旋转刀；2—固定刀

③ 旋转剪切破碎机。旋转剪切破碎机的设备构造如图 3-22 所示，此种剪切机有旋转刀 $3 \sim 5$ 片、固定刀 $3 \sim 5$ 片，废物投入剪切装置后，在间隙内被剪切破碎。该机不适合破碎硬度大的废物。

④ 油压式剪切破碎机。油压式剪切破碎机的构造如图 3-23 所示。该机构造简单，易于维修保养，噪声和振动小，能在良好的操作环境下运转，几乎没有爆炸的危险。该机靠剪切

力破碎废物，适用于对建筑废物、草垫等大块垃圾进行破碎；机内组装有预压缩机，可进行压缩破碎及连续加料；剪切刀用特种钢制成，有两个剪切面，破损后可以经研磨后再使用；由于采用纵向和横向组合刀具进行剪切，可使破碎后物料尺寸变得很小。

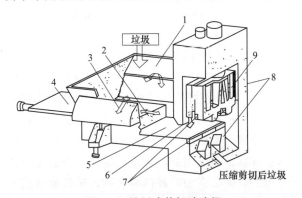

图 3-23 油压式剪切破碎机

1—加料仓；2—推料装置；3—预压缩装置；4—推料板；

5—给料台；6—压紧装置（冲压）；7—横向剪切刀；

8—纵向剪切刀（横切）；9—剪切装置（刀具）

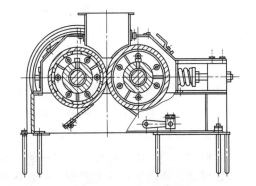

图 3-24 光面双辊式破碎机

（5）辊式破碎机 辊式破碎机具有能耗低、构造简单、工作可靠、产品过度粉碎程度小等特点。按照辊子的特点可分为光辊破碎机和齿辊破碎机两种。光辊破碎机的辊子表面光滑，图 3-24 为光面双辊式破碎机的构造图，该机具有压挤破碎和研磨作用，用于硬度较大的固体废物的中碎和细碎。齿辊破碎机的辊子表面带有齿牙，如图 3-25 所示，主要破碎形式是劈碎，用于破碎脆性和含泥的黏性废物。齿辊破碎机按辊子数目又分为单齿辊破碎机和双齿辊破碎机两种。

① 双齿辊破碎机。该机由两个相对转动的齿辊组成，如图 3-25（a）所示，固体废物由上方给入两齿辊中间，当两齿辊同步相对转动时，辊面上的齿牙将物料咬住并加以劈碎，破碎后的产品随齿辊转动从下部排出。破碎产品粒度由两齿辊的间隙决定。

② 单齿辊破碎机。单齿辊破碎机如图 3-25（b）所示，由一个旋转的齿辊和一个固定的弧形破碎板组成。破碎板与齿辊之间形成上宽下窄的破碎腔。固体废物由上方给入破碎腔，大块物料在破碎腔上部被长齿劈碎，随后继续落在破碎腔下部进一步被齿辊压碎，达到要求的破碎产品从下部缝隙排出。

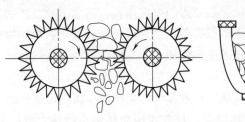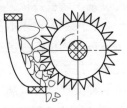

二维码3-4 动画：
双齿辊破碎机

(a) 双齿辊破碎机   (b) 单齿辊破碎机

图 3-25 齿辊破碎机工作原理

③ 颚辊破碎机。将高效节能的颚式破碎机和对辊破碎机有机地结合在一起，研制出了颚辊破碎机，如图 3-26 所示。该设备采用电机或柴（汽）油机驱动。当整机放在拖车上被

牵引拖动时，便成为移动式颚辊破碎机。颚辊破碎机的工作原理是：电机或柴（汽）油机驱动对辊破碎机的主动辊部，主动辊部经过桥式齿轮带动被动辊部反向运转。同时，主动辊部另一端经传动带带动上部颚式破碎机工作。通过对辊破碎机的安全调整装置调整两辊间的间隙，可得到最终要求的粒度。颚辊破碎机具有破碎比大（$i=15\sim16$）、高效节能、体积小、重量轻、驱动方式多样和移动灵活、可整机也可分开单独使用等特点，特别适用于深山区中小型矿山和建筑工地材料的破碎，也可作为"移动式选厂"的配套破碎系统。

（6）自冲击破碎机　自冲击破碎机由涡动破碎腔、进料分料装置、转子旋冲器、动力传动装置、机架等组成。其工作原理如图 3-27 所示，石料通过给料装置进入高速回转的转子中心，在离心力作用下像子弹一样向周围飞溅，与另一部分以伞状瀑落方式分流而下的石料发生碰撞而产生第一次"石打石"自破碎。一次破碎产品由于获得动能共同飞溅到反击石衬环上而产生第二次"石打石"自破碎。设备内壁和转子出流喷射口侧壁在运中形成抛物紧贴自衬层，使设备部件无磨损。石料在相互打击后，又会在破碎腔内再次做回转弧的回流运动，从而形成"石打石"自破碎。破碎过程中，在物料颗粒之间传递能量可使激烈的冲击摩擦转变为温和的研磨。颗粒受到阻力，在消耗能量的同时被击碎，直到能量全部消耗掉为止，最后脱离破碎腔，经排料口排出。

二维码3-5　微课：
自冲击破碎机

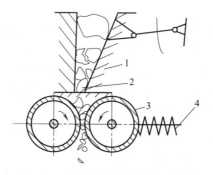

图 3-26　颚辊破碎机破碎原理图
1—颚式破碎机；2—破碎物料；
3—对辊破碎机；4—减振弹簧

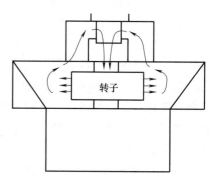
转子

图 3-27　自冲击破碎机原理图

自冲击破碎机最显著的特点是破碎发生在物料与物料之间，大大降低了设备磨损率和能耗，维修次数减少，设备使用寿命延长，此外还具有环境污染小、能量利用率高、可避免物料过粉碎等优点。主要用于路用碎石系统的三级或四级破碎、生产中细碎石和砂等。

（7）废钢破碎机　废钢铁已被公认为是理想的炼钢原料，随着国民经济的发展和人民生活水平的提高，机械设备、汽车、家用电器等不但数量增多，而且更新周期缩短，产生了大量的含有废钢铁的固体垃圾，这也促进了废钢铁加工业的发展。利用废钢破碎生产线进行废钢的加工处理能得到纯净的优质废钢，目前这样的生产线在全世界已有七百多条在运行，但由于废钢破碎生产线是一种大型设备，制造技术复杂，生产成本高，已运行的设备主要集中在欧洲、美国、日本等经济发达地区和国家，目前我国尚属起步阶段。我国要成为钢铁强国，广泛采用废钢破碎线是必然趋势。

废钢破碎机是废钢破碎线的主体设备。废钢破碎加工技术最早是由美国的 Newell 公司于 20 世纪 60 年代开发应用的，旨在改善当时美国废钢市场废旧汽车人工分解效率低、成本高和废钢质量低的现状，由此产生了第一代废钢破碎机。经过多年的发展和技术进步，在废钢破碎机制造方面基本形成了以美国 Newell 公司为代表的美国制造、以德国 Lindemann 公司为代表的欧洲制造、以日本富士车辆等为代表的日本制造的布局。

① Newell 公司的 SHD 型破碎机。Newell 公司是美国最大的废钢破碎机制造商。SHD型破碎机的构造如图 3-28 所示，该机主要有转子、进料滚筒、筛、钢砧等几个部件。主机转子有 11 个分布有销轴的钢盘安于水平轴上，销轴轴向悬有 10 个锤头；主轴用滚珠轴承支撑，并装有温度传感器；超强力双筒加料装置，一高一低同向旋转，将大件物料逐渐压扁，送入机内；进料滚筒的转速决定了送料速度，它受主机电动机负荷电流反馈控制，达到自动调节的效果，确保主机处于最佳负荷状态；不可破碎物从排放门排出机体。

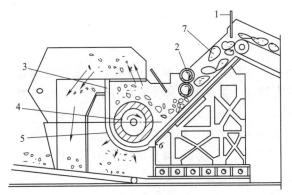

图 3-28　SHD 型破碎机构造图

1—安全帘；2—进料滚筒；3—不可破碎物排放门；

4—转子；5—筛；6—钢砧；7—废钢料

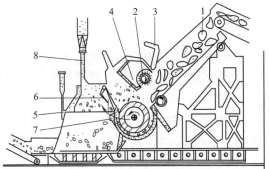

图 3-29　ZK 型破碎机构造图

1—废钢；2—进料辊；3—压盖；4—转动压臂；5—转子；

6—旋转格栅；7—活动铁砧；8—抽尘装置

② Lindemann 公司的 ZK 型破碎机。针对 SHD 型破碎机常因混有大块重型构件而导致破碎机本身或其后的输送设备损坏这一缺点，Lindemann 公司在 20 世纪 80 年代末推出了一种新型的废钢破碎机——康迪拉脱破碎机，即 ZK 型破碎机。

图 3-29 为 ZK 型破碎机的构造示意图，该机型有如下特点。料槽上部设置了压盖、上进料辊和转动压臂，下部给料槽带有下进料辊。上下两部分既可单独也可以复合驱动，改变进料开口高度。两个反向旋转的进料辊，对物料产生压实、挤平、强行拉入的作用。机体左上方悬挂有旋转格栅，可向后方开启；左下方设有可活动的铁砧，可以调节转子锤头与砧之间的间隙，从而获得预期尺寸的破碎钢片。旋转格栅起到筛和不可破碎物排放门的双重作用。转子的旋转方向与供料方向一致，物料进入破碎机后，首先是保持在破碎腔上方。可破碎物进入转子与砧之间后被击破撕裂成小块，不可破碎物（重型废钢等）将在转子的驱动下撞向旋转格栅，向后转动从而离开破碎机，这是 ZK 型破碎机的最大特点。

3.2　细磨

3.2.1　细磨原理和方法

二维码3-6
微课：细磨

细磨是固体废物破碎过程的后续，在固体废物处理与资源化中得到广泛的应用。通常细磨有三个目的：①对废物进行最后一段粉碎，使其中各种成分单体分离，为下一步分选创造条件；②对多种废料原料进行粉磨，同时起到把它们混合均匀的作用；③制造废物粉末，增大物料比表面积，加快物料化学反应的速度。因此，它既是固体废物分选前的准备工序，也是固体废物资源化利用的重要组成部分。例如，用煤矸石生产水泥、砖瓦、矸石棉、化肥和提取化工原料等，用钢渣生产水泥、砖瓦、化肥、溶剂以及垃圾堆肥深加工等过程都离不开细磨工序。

细磨机对垃圾的破碎程度远远超过破碎过程。细磨程序通常在内部装有磨矿介质的磨机中进行。工业上应用的细磨设备类型很多，如球磨机、棒磨机和砾磨机，分别以钢球、钢棒和砾石为磨矿介质；若以自身废物作介质，就被称为自磨机，自磨机中再加入适量钢球，就构成所谓的半自磨机。

细磨程序以湿式细磨为主，但对于缺水地区和某些忌水工艺过程，如水泥厂生产过程、干法选矿过程，则采用干式细磨。

3.2.2 细磨设备

（1）球磨机 圆筒形球磨机在细磨中应用最为广泛。图 3-30（a）为球磨机的构造示意图，球磨机由圆柱形筒体、筒体两端端盖、中空轴颈、端盖轴承和传动大齿轮等主要部件组成。筒体内装有钢球和被磨物料，其装入量为筒体有效容积的 $25\%\sim50\%$。筒体内壁设有衬板，同时起到防止筒体磨损和提升钢球的作用。筒体两端的中空轴颈有两个作用：一是起到支撑作用，球磨机全部重量经中空轴颈传给轴承和机座；二是起到给料和排料的漏斗作用。

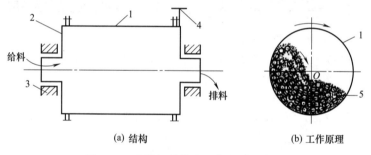

(a) 结构   (b) 工作原理

图 3-30 球磨机结构和工作原理示意图

1—筒体；2—端盖；3—轴承；4—大齿轮；5—钢球

当筒体转动时，钢球和物料在摩擦力、离心力共同作用下，被衬板带动提升。在升到一定高度后，由于自身重力作用，钢球和物料呈抛物线落下或泻落而下，如图 3-30（b）所示，从而对筒体内底角区的物料产生冲击和研磨作用，物料粒径达到要求后由风机抽出。

球磨机中钢球被提升的高度与抛落的运动轨迹主要由筒体的转速和筒内的装载量决定。当装载量一定且球磨机以不同转速回转时，筒体内的磨介可能出现三种基本运动状态（图3-31）。筒体低速转动时，钢球被提升高度较低，随筒体上升一定高度后，钢球便离开筒体向下发生"泻落"，此时，冲击作用小，研磨作用较大，这种细磨过程称为泻落式细磨；当筒体转速提高时，钢球随筒体做圆周运动上升到一定高度后，会以一定的初速度离开筒体，并沿抛物线轨迹向下"抛落"，此时，钢球抛落的冲击作用较强，研磨作用相对较弱，这种称为抛落式细磨，大多数磨机都处于这种工作状态；当筒体转速提高到某个极限数值时，磨介几乎随筒体做同心旋转而不下落，呈离心状态，称为"离心运转"，此时，磨介在理论上已经失去细磨作用，通常生产中将最外层的细磨介质开始"离心运转"时的筒体转速称为磨机的"临界转速"。目前，国内生产的球磨机的工作转速一般是临界转速的 $80\%\sim85\%$，棒磨机的工作转速稍低。

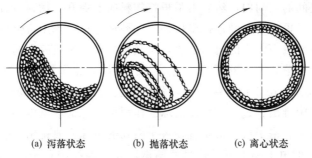

(a) 泻落状态　　　(b) 抛落状态　　　(c) 离心状态

图 3-31　磨介的运动状态

　　球磨机根据规格、卸料和传动方式等不同分为多种类型，如溢流型球磨机、格子型球磨机和风力排料球磨机等，但它们的主要构造大体上是相同的。

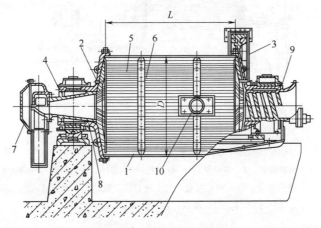

图 3-32　溢流型球磨机构造图

1—筒体；2—端盖；3—大齿圈；4—轴承；5，6—衬板；

7—给料器；8—给料管；9—排料管；10—人孔

　　① 溢流型球磨机。由于筒体的旋转和磨介的运动，物料逐渐向右方扩散，最后从右方的中空轴颈溢流排出，该类型的球磨机称为溢流型球磨机，构造如图 3-32 所示。该机由筒体、端盖、大齿圈、轴承、衬板、给料器、给料管、排料管和人孔等部分组成。筒体为卧式圆筒形，筒体长径比（L/D）较大，给料端中空轴颈有正螺旋以便筒体旋转时给入物料；排料口中空轴颈内有反螺旋以防止筒体旋转时球介质随溢流排出。给料端安装有给料器，排料端安装有传动大齿轮；筒体设有人孔，以便检修。筒体端盖及内壁上铺设衬板；筒体内装入大量研磨介质。由于筒体较长，物料在磨机中的停留时间较长，且排料端排料孔内的反螺旋能阻止球介质排出，故可以采用小直径球介质，因此，溢流型球磨机更适于物料的细磨。

　　② 格子型球磨机。另一种球磨机在筒体右端（排料端）安装有格子板（图 3-33），称为格子型球磨机。该机中右端的格子板由若干块扇形算孔板组成，算孔宽度一般为 7～8mm，物料通过算孔

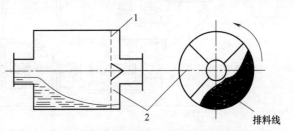

图 3-33　格子型球磨机工作原理示意图

1—格子板；2—举板

进入格子板与端盖之间的空间内，然后由举板将物料向上提升，物料沿着举板滑落经过锥形块面向右至中空轴颈，再由中空轴颈排出机外。这种加速排料作用可保持筒体排料端物料面较低，从而使物料在磨机筒体内的流动加快，可减轻物料的过粉碎和提高磨机生产能力。

格子型球磨机的构造如图3-34所示。生产实践表明，格子型球磨机产量比同规格溢流型球磨机高10%～15%。由于排料端中空轴颈内安装正螺旋，磨机操作过程中被磨损的钢球也能经格孔从磨机中排出；这种"自动清球"作用可以保证磨机内钢球介质多为完整的球体，从而增强研磨效果。格子板能阻止直径大于格孔的钢球介质排出，故其磨介质充填率较溢流型高3%～5%，但由于小于格子孔尺寸的钢球介质能经格孔排出，故不能加小球。因此，格子型球磨机适用于粗磨或易过粉碎的物料的磨碎。

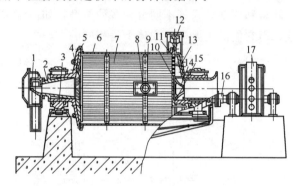

图 3-34　格子型球磨机构造图

1—给料器；2—进料管；3—主轴承；4—端衬板；5—端盖；6—筒体；7—筒体衬板；
8—人孔；9—楔形压条；10—中心衬板；11—排料格子板；12—大齿轮；13—端盖；
14—锥形体；15—楔铁；16—联轴节；17—电动机

③ 风力排料球磨机。第三种方式是采用风力排料，图3-35是风力排料球磨机的构造图。物料从给料口进入球磨机，随着磨机筒体的回转，钢球对物料进行冲击和研磨，机内的介质和物料同时从进口端向右移动，在移动过程中物料也经历破碎、细磨过程。球磨机的出口端与风管相连接，在管路系统中串接着分选机、旋风分离器、除尘器及风机的进口端。当风力系统运行时，球磨机内部呈负压状态，随着磨机筒体回转而呈松散状的物料就会随着风力从出料口进入管道系统，粗颗粒由分选器分离后再送回球磨机，细颗粒由分离器分离回收，气体则由风机排入大气中。

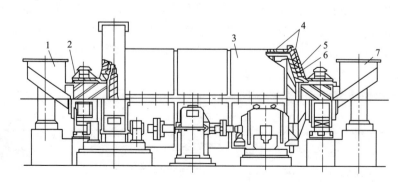

图 3-35　风力排料球磨机构造图

1—给料口；2—密封装置；3—筒体；4—石棉垫；5—毛毡；6—端盖；7—排料口

④ 给料器。给料器是球磨机的一个重要部件，按其结构和用途可分为三种（图 3-36）：鼓式给料器，用以给入原料；蜗式给料器，用以给入分级的返砂；联合式给料器，用于磨机与螺旋分级机闭路工作时给入原料和螺旋分级机的返砂。当球磨机与水力旋流器闭路工作时，因可调整旋流器安装高度以使返砂直接给入第一种给料器内，故不必采用前两种给料器。

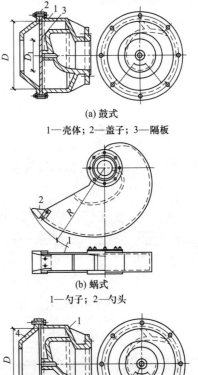

(a) 鼓式
1—壳体；2—盖子；3—隔板

（2）棒磨机　棒磨机和溢流型球磨机的结构基本类似，但是前者采用钢棒作为细磨介质。为了防止筒体旋转时钢棒歪斜而产生乱棒现象，棒磨机的锥形端盖加上衬板后，内表面是平直的。钢棒长度一般比筒体长度短 20～50mm。

棒磨机的钢棒通过"线接触"产生的压碎和研磨作用来粉碎固体废物，因此具有选择性的破碎作用，大大减少了固体废物的过粉碎。其产品粒度均匀，钢棒消耗量低。棒磨机一般用于第一段的粗磨。在钨、锡或其他稀有金属矿的重选厂或磁选厂从尾矿中回收金属时，为了防止固体废物中的金属过粉碎，常采用棒磨机。

棒磨机工作转速通常为临界转速的 60%～70%；充填系数一般为 35%～40%；固体废物粒度不宜大于 25mm。

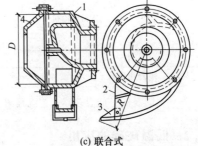

(b) 蜗式
1—勺子；2—勺头

（3）砾磨机　砾磨机是一种用砾石或卵石作细磨介质的细磨设备，是古老的细磨设备之一。由于细磨机的生产率与细磨介质的密度成正比，因此砾磨机的

(c) 联合式
1—壳体；2—勺子；3—勺头；4—盖子
图 3-36　给料器示意图

筒体尺寸要比相同生产率的球磨机大。同时，其衬板一般要求能够夹住细磨介质，形成"自衬"，以减少衬板磨损，加强提升物料的能力和固体废物间的粉碎作用，因此采用网状衬板和梯形衬板，或者两者的组合。使用砾磨机时，转速一般比球磨机略高，常为临界转速的 85%～90%，料浆浓度一般比球磨机低 5%～10%。

砾磨机具有单位处理能耗小、生产费用低、节省金属材料（如细磨介质）、能避免金属对物料的污染等特点，适用于对产品有某种特殊要求的场合。

（4）自磨机　自磨机又称无介质磨机，分干磨与湿磨两种。干式自磨机的物料粒度一般为 300～400 mm，一次磨细到 0.1mm 以下，破碎比可达 3000～4000，比球磨机等有介质的磨机大数十倍。

3.3　低温破碎

3.3.1　低温破碎原理和流程

常温破碎装置噪声大、振动强、产生粉尘多，此外还具有爆炸性、污染环境以及过量消耗动力等缺点。在选用不同类型的机械设备时，需要根据实际情况，通过多种方案的比较，尽量减少弊病，满足处理的需要。

一些特殊的固体废物如汽车轮胎、包覆电线等在常温下很难被破碎，但有一个共同特性，就是在低温时很容易变脆，如果利用这个特性，提供低温环境，就可以有效地对其进行选择性破碎。像这样利用物质在低温下易变脆的特性或者利用不同废物脆化温度的差异，在低温下对其进行选择性破碎的过程，即为低温破碎。

低温破碎通常需要配置制冷系统，液氮具有制冷温度低、无毒、无爆炸危险等优点，常用来作制冷剂。然而，制备液氮需耗用大量能源，且需要量较大，导致费用昂贵。例如，以塑料加橡胶复合制品为例，每吨需要 300kg 液氮，所以在目前情况下，低温破碎的对象仅限于常温难破碎的废物，如橡胶和塑料等。

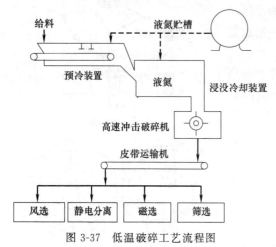

图 3-37　低温破碎工艺流程图

低温破碎的工艺流程如图 3-37 所示。将固体废物如钢丝胶管、汽车轮胎、塑料或橡胶包覆电线电缆、废家用电器等复合制品，先投入预冷装置，然后进入浸没冷却装置，橡胶、塑料等易冷脆物质迅速发生脆化，最后送入高速冲击破碎机破碎，使易脆物质脱落粉碎。破碎产物再进入各种分选设备进行分选。

低温破碎与常温破碎相比，动力消耗可减至 1/4 以下，噪声降低 4dB，振动减轻 1/5～1/4。

3.3.2　低温破碎的应用

（1）塑料低温破碎　有关塑料低温破碎的研究成果如下。

① 各种塑料的脆化点。PVC（聚氯乙烯），$-20\sim-5℃$；PE（聚乙烯），$-135\sim-95℃$；PP（聚丙烯），$-20\sim0℃$。

② 冷冻装置。将塑料放在 4m 长的皮带运输机上，在绝热壁厚为 300mm 的冷却槽内移动。从槽顶喷入液氮，4min 后温度降至 $-75℃$，62min 后温度降至 $-167℃$。

③ 采用仅具有拉伸、弯曲、压缩作用力的简单破碎机时，低温破碎所需动力大于常温破碎。采用冲击式破碎机时，低温破碎所需动力则比常温破碎要小得多。

④ 膜状塑料难以发生低温破碎。

⑤ 根据以上判断，低温破碎应选择以冲击力为主、拉力和剪切力为辅的破碎机。

（2）金属混合物的选择性低温破碎　美国某研究所利用低温破碎技术从有色金属混合物、包覆电线等固体废物中回收铜、铝、锌。多次试验发现，对 25～75mm 大小的混合金属进行低温破碎（$-72℃$，1min）后，从所得 25mm 以下产物中可回收 97％的铜、100％的铝（不含锌），从 25mm 以上产物中可回收 2.8％的铜、100％的锌（不含铝），说明低温破碎能进行选择性破碎分离。

（3）废轮胎低温破碎　图 3-38 为废轮胎低温破碎装置，废轮胎置于传送带上，经压孔机压孔之后进入冷却装置预冷，然后进入浸没冷冻槽冷冻。接着进入冲击破碎机破碎，"轮胎和帘线"与"轮毂"分离。然后"轮毂"送至磁选机分选，"轮胎和帘线"送至锤式破碎

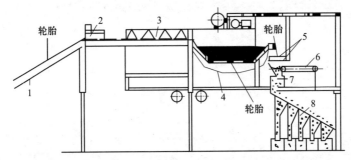

图 3-38　汽车废轮胎低温破碎装置

1—传送带；2—压孔机；3—冷冻装置；4—浸没冷冻槽；5—冲击破碎机；
6—磁选机；7—锤式破碎机；8—粒度分选机

机进行二次破碎，再进入粒度分选机分选成各种粒度级别的产品，最后送至再生利用工序。

（4）废弃电路板的低温破碎　低温破碎技术也是破碎废弃电路板的有效方法。如德国 Daimler-Benz Ulm 研究中心的废电路板机械处理工艺，在破碎阶段用旋转切刀将废弃电路板切成 2cm×2cm 的碎块，磁选后再用液氮冷却，然后送入锤磨机碾压成细小颗粒，从而达到较好的解离效果。

美国 Air Products 公司的低温研磨系统，可以将坚韧物料在低温下脆化后粉碎至 0.075mm，令金属与非金属完全解离。

 思考题

1. 概述对固体废物进行破碎的意义。
2. 固体废物的破碎方法都有哪些？
3. 如何根据固体废物的性质选择合适的破碎方法？
4. 论述破碎比和破碎段及其计算方法。
5. 略述低温破碎的概念和意义。

第 4 章

固体废物的分选

分选是固体废物回收与利用过程中一道重要的操作工序，是实现固体废物资源化、减量化、无害化的重要手段。通过分选可将固体废物中各种有用的资源分门别类回用于不同的生产过程，或将其中不利于后续处理、处置工艺要求的物质分离出来。

4.1　分选方法

分选的方法有很多，可简单概括成两类：人工分选和机械分选。

人工分选是最早采用的方法，适用于废物产源地、收集站、处理中心、转运站或处置场，其成本主要取决于劳动力费用，其效益主要取决于回收物资的市场价格。由于固体废物形式多样、组成复杂，对于难以精确分类的固体废物和有毒有害的物品仍然要使用人工分选。目前，人工分选一般是以分类收集为基础，在流水线上进行：固体废物通过传送带，由分布在传送带两侧的人员按照不同的类别和规格进行分拣，将指定的可回收物资拣出或投入设在传送带下面的专用容器中。这些经过分选的物资经过压缩、包装、称重以后，被送往生产企业回用。人工分选操作简单，不需进行预处理，识别能力强；但适用范围窄（重量过大、含水量过高、对人体有危害的固体废物不宜采用），劳动卫生条件差，操作人员劳动强度大，难以实现产业化和规模化。

机械分选是根据固体废物组成中各种物质的一种或多种性质差异，采用不同的技术手段，设计各种机械装置，将其逐一分离的方法。常见的方法包括：利用粒度差异的筛选（也称筛分）、利用密度差异的重力分选、利用磁性差异的磁力分选、利用导电性差异的电力分选（也称静电分选）、利用表面润滑性差异的浮选、利用光电性（颜色或光泽）差异的光电分选、利用摩擦性差异的摩擦分选、利用弹性差异的弹跳分选等等。机械分选具有成熟的理论基础和丰富的实践经验，是固体废物分选的主要途径。

将可回收利用的物质从固体废物中分选出来的过程可以按不同的级数设置。所谓级数，实际上就是分选装置的出料口数。一般来说，两个出料口为二级，例如一台能够分选磁性金属的磁选机是二级分选装置，能够提取磁性物质；两个以上出料口为多级，例如一台具有一系列不同粒度出口的筛分机是多级分选装置，能够同时提供多种粒径的产品。二级分选机和多级分选机的流程如图 4-1 所示。

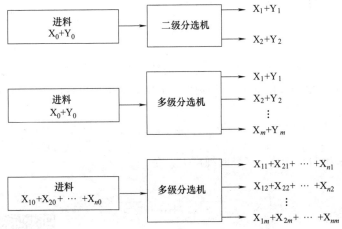

图 4-1　二级分选机和多级分选机流程图

二级分选装置中，假定待分选的固体废物是由 X 物料和 Y 物料组成的混合物，拟将 X 物料选入第一出料口，将 Y 物料选入第二出料口。单位时间内进入分选装置的 X 物料和 Y 物料的量分别为 x_0 和 y_0，相同时间内 X 物料和 Y 物料从第一出料口排出的量分别为 x_1 和 y_1，从第二出料口排出的量分别为 x_2 和 y_2。此时，可以用回收率 R 和纯度 P 表示相应物料的分选效果。

所谓回收率是指单位时间内某种物料在某个出料口的排出量与进入分选装置量之比。X物料在第一出料口的回收率 R_{X_1} 可用下式表示：

$$R_{X_1} = \frac{x_1}{x_0} \times 100\%$$
(4-1)

同样，Y 物料在第二出料口的回收率 R_{Y_2} 可用下式表示：

$$R_{Y_2} = \frac{y_2}{y_0} \times 100\%$$
(4-2)

所谓纯度是指单位时间内某种物料在某个出料口的排出量与该出料口的排出总量之比。X 物料在第一出料口的纯度 P_{X_1} 可用下式表示：

$$P_{X_1} = \frac{x_1}{x_1 + y_1} \times 100\%$$
(4-3)

同样，Y 物料在第二出料口的纯度 P_{Y_2} 可用下式表示：

$$P_{Y_2} = \frac{y_2}{x_2 + y_2} \times 100\%$$
(4-4)

回收率与纯度这两个指标的侧重点不同，通常情况下不存在必然联系。前者侧重于某种物料，不同物料间的回收率是相互独立的；而后者侧重于某个出料口，不同出料口的纯度是相互独立的。

多级分选装置有两个以上出料口，包括两大类。第一类多级分选装置较为简单，其特点是待分选的固体废物只有 X 物料和 Y 物料，每一出料口中都排出 X 物料和 Y 物料，但含量不同。此时，第 i 个出料口中 X 物料的回收率 R_{X_i}：

$$R_{X_i} = \frac{x_i}{x_0} \times 100\%$$ (4-5)

同样，第 i 个出料口中 X 物料的纯度 P_{X_i}：

$$P_{X_i} = \frac{x_i}{x_i + y_i} \times 100\%$$ (4-6)

第二类多级分选装置应用较多，其特点是待分选的固体废物由 N 种物料（X_1、X_2、X_3、…、X_N）组成，要分选出其中 m 种物料。此时，第 i 个出料口中 X_I 物料的回收率 $R_{X_{I_i}}$：

$$R_{X_{I_i}} = \frac{x_{I_i}}{x_{I_0}} \times 100\%$$ (4-7)

同样，第 i 个出料口中 X_I 物料的纯度 $P_{X_{I_i}}$：

$$P_{X_{I_i}} = \frac{x_{I_i}}{x_{1_i} + x_{2_i} + \cdots + x_{N_i}} \times 100\%$$ (4-8)

4.2　筛选

4.2.1　筛选的基本原理

二维码4-1　微课：
筛选工作过程

筛选也称筛分，是指利用固体废物颗粒的粒度差异，使废物中粒度小于筛子孔径的细粒物料透过筛面，而大于筛子孔径的粗粒物料留在筛面上，从而完成粗、细物料的分离过程。

筛选过程分为两个阶段：第一阶段是物料分层，细粒物料通过粗粒物料向筛面运动；第二阶段是细粒透筛，粒度小于筛子孔径的细粒物料透过筛面。物料分层是完成筛选分离的条件，细粒透筛是筛选分离的目的，但它们不是先后的关系，而是相互交错、同时进行的。

要使细粒物料透过筛面从而实现筛选分离，必须使物料与筛面之间具有适当的相对运动。物料与筛面的相对运动一方面使筛面上的物料呈现出具有"活性"的松散状态并按粒度分层，形成粗粒物料位于上层、细粒物料位于下层的规则排列，细粒物料到达筛面并透过；另一方面能使堵在筛孔上的物料颗粒脱离筛面，有利于细粒物料透过筛面。

实际的筛选分离过程是大量粒度不同、粗细混杂的碎散物料进入筛面，其中只有最下层物料颗粒与筛面直接接触。由于物料与筛面做适当的相对运动，筛面上的物料处于一定的松散状态，细小物料穿过粗大物料之间的空隙转移到下层，粗大物料因无法穿过细小物料之间的空隙而在相对运动中位置不断升高。这样，原本杂乱无章的物料颗粒群发生离析，按照粒度分层，形成细小物料在下、粗大物料在上的规则排列。最下层的物料与筛面直接接触，粒度小于筛子孔径的物料透过筛面，粒度大于筛子孔径的物料留在筛面上，最终实现了粗、细物料的分离，完成筛选分离过程。

细粒物料透筛时，尽管其粒度都小于筛子孔径，但它们透筛的难易程度却不同，可大致分成两类：粒度小于筛子孔径 3/4 的细粒物料颗粒，很容易通过粗粒物料形成的间隙到达筛面并透筛，称为"易筛粒"；粒度大于筛子孔径 3/4 的细粒物料颗粒，很难通过粗粒物料形成的间隙到达筛面并透筛，而且粒度越接近筛子孔径就越难到达筛面并透筛，称为"难筛粒"。

物料分层过程中，粒度大于筛子孔径 1.5 倍的粗粒物料对细粒物料自上而下向筛面转移时造成的障碍并不大；粒度在筛子孔径 1～1.5 倍范围内的粗粒物料能使粒度接近难筛粒的颗粒难以接近筛面，称为"阻碍粒"。

颗粒透过筛孔的可能性或机会大小称为透筛概率。影响颗粒透筛概率的因素有：筛孔孔径、颗粒与筛孔的相对尺寸、筛面的开孔率、颗粒的形状、物料的性质（黏性、温度等）、颗粒运动方向与筛面之间的夹角等。可见，筛选过程是许多复杂现象和因素的综合，很难用数学形式全面地加以描述。现从颗粒大小与筛孔孔径的关系出发，分析单个颗粒垂直于筛面运动时的透筛概率。

筛面具有正方形筛孔，筛孔边长为 L，筛丝的直径为 δ，物料颗粒呈球状，直径为 d，且 $d<L$，筛分时颗粒垂直落向筛面。颗粒与筛丝不相碰时，能毫无阻碍地透过筛孔。假定颗粒投到筛面上的次数有 n 次，其中 m 次毫无阻碍地透过筛孔，此时，透筛概率 P 可表示为：

$$P=\frac{m}{n} \tag{4-9}$$

对筛面上的一个筛孔（包括筛丝在内）来说，颗粒全部投在 $(L+\delta)^2$ 面积内，而投在 $(L-d)^2$ 面积内可毫无阻碍地透过筛孔。那么，颗粒投落到筛孔上的次数与面积 $(L+\delta)^2$ 成正比，颗粒毫无阻碍地透过筛孔的次数与面积 $(L-d)^2$ 成正比。透筛概率 P 取决于这两个面积的比值。

$$P=\frac{(L-d)^2}{(L+\delta)^2}=\frac{L^2}{(L+\delta)^2}\left(1-\frac{d}{L}\right)^2 \tag{4-10}$$

此式表明，筛孔孔径越大，筛丝直径和颗粒直径越小，颗粒透过筛孔的可能性就越大。式（4-10）中，$\frac{L^2}{(L+\delta)^2}$ 称为筛面的开孔率，$\frac{d}{L}$ 称为颗粒的相对粒度。因此，透筛概率与筛面的开孔率成正比，与颗粒的相对粒度成反比。

当透筛概率为 P 时，使颗粒透筛成功以概率 P 出现需要重复 N 次，则 N 与透筛概率 P 成反比，即：

$$P=\frac{1}{N} \tag{4-11}$$

也就是说，重复次数（N 值）越多，颗粒透筛概率（P 值）越小。$N\to\infty$，$P\to0$。N 可以理解为颗粒透过筛孔的概率为 P 时必须与颗粒相遇的筛孔数目。

取不同颗粒的相对粒度 d/L，计算出 P、N，列于表 4-1。

表 4-1　颗粒透筛概率 P 与颗粒相对粒度 d/L 的关系

d/L	P	N	d/L	P	N
0.1	0.810	2	0.7	0.090	12
0.2	0.640	2	0.8	0.040	25
0.3	0.490	3	0.9	0.010	100
0.4	0.360	3	0.95	0.0025	400
0.5	0.250	4	0.99	0.0001	10000
0.6	0.160	7	0.999	0.000001	1000000

从表 4-1 可以看出，在颗粒直径 d 小于 $0.7L$ 的范围内，N 值随相对粒度 d/L 的增大稍有增加，透筛概率 P 没有太大变化。当颗粒直径超过 $0.8L$ 以后，N 值急剧增大，透筛概率变得非常小。可见概率理论也能论证为什么在筛分实践中，把 $d<0.75L$ 的颗粒称为易筛粒，把 $d>0.75L$ 的颗粒称为难筛粒。

前面讨论的通常是颗粒不与筛丝相碰而透过筛孔的情况，但实际上还可能有一小部分物料颗粒与筛丝内侧相碰后又折射落入筛孔内。

如果考虑颗粒投落到筛丝上，重新跳起后又落入筛孔的情况，式（4-10）可写成：

$$P = \frac{(L-d+\psi\delta)^2}{(L+\delta)^2} = \frac{\left(1-\dfrac{d}{L}+\psi\dfrac{\delta}{L}\right)^2}{\left(1+\dfrac{\delta}{L}\right)^2} \tag{4-12}$$

$$\psi = e^{-284\left(\frac{d}{L}+0.255\right)} \tag{4-13}$$

式中，ψ 为碰撞系数，表示碰上筛丝后弹跳起来仍能落入筛孔的颗粒数目与投入筛孔面积（含筛丝）的颗粒总数之比，此值恒小于1。当相对粒度 $d/L=0.3$、0.4、0.6 和 0.8 时，碰撞系数 ψ 值分别为 0.2、0.15、0.10 和 0.05。

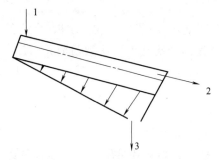

图 4-2　筛选效率的测定

1—入料 Q，入料中小于筛子孔径的细粒物料的质量分数 θ；2—筛上产品 Q_2，筛上产品小于筛子孔径的细粒物料的质量分数 β；3—筛下产品 Q_1，筛下产品小于筛子孔径的细粒物料的质量分数 α

从理论上讲，固体废物中凡是粒度小于筛子孔径的细粒物料应该全部透过筛面成为筛下产品，而粒度大于筛子孔径的粗粒物料应该全部留在筛面上成为筛上产品。但是，实际筛选过程复杂而且受多种因素的影响，总会有一些小于筛子孔径的细粒物料留在筛面上随粗粒物料一起排出成为筛上产品。筛上产品中残留的未透过筛面的细粒物料越多，说明筛选效果越差。通常使用筛选效率来评定筛选设备的分离效果。所谓筛选效率是指实际得到的筛下产品质量与进入筛面的固体废物中所含粒度小于筛子孔径的细粒物料质量之比。筛选效率的测定见图 4-2。

$$E = \frac{Q_1}{Q\theta} \times 100\% \tag{4-14}$$

式中，E 为筛选效率；Q 为进入筛面的固体废物质量；Q_1 为筛下产品质量；θ 为进入筛面的固体废物中小于筛子孔径的细粒物料的质量分数。

实际筛选过程中 Q 和 Q_1 的测量比较困难，必须变换成便于应用的计算式。根据质量守恒定律，可列出如下两个方程式。

① 进入筛面的固体废物质量 Q 等于筛下产品质量 Q_1 与筛上产品质量 Q_2 之和，即

$$Q = Q_1 + Q_2 \tag{4-15}$$

② 固体废物中小于筛子孔径的细粒物料质量等于筛下产品与筛上产品中所含细粒物料质量之和，即

$$Q\theta = \alpha Q_1 + \beta Q_2 \tag{4-16}$$

式中，α、β 分别为筛下产品、筛上产品中小于筛子孔径的细粒物料的质量分数。通常情况下，筛下产品均为细粒物料，即 $\alpha=1$。将式（4-14）、式（4-15）和式（4-16）整理得：

$$E = \frac{\theta-\beta}{1-\beta} \times 100\% \tag{4-17}$$

实际生产中，由于筛子磨损，有部分粒度大于筛子孔径的粗粒物料透筛，进入筛下产品，即 $\alpha<1$。此时，筛选效率采用下式计算：

$$E = \frac{\alpha Q_1}{Q\theta} \times 100\% = \frac{\alpha(\theta-\beta)}{\theta(\alpha-\beta)} \times 100\% \tag{4-18}$$

4.2.2　筛选效率的影响因素

影响筛选效率的因素很多，主要包括固体废物性质、筛选设备性能和筛选操作条件三方面，通常筛选效率在 85%～95%。

（1）固体废物性质的影响　固体废物的粒度及分布对筛选效率影响较大。固体废物中易筛粒含量越高，筛选效率越高；而难筛粒、阻碍粒含量越高，筛选效率则越低。

固体废物的含水量和含泥量对筛选效率有一定影响。颗粒的表面水分为吸附水、薄膜水、毛细水、粗毛细水、内部水和颗粒之间的楔形水六类。当固体废物含水量小于 5% 且含泥质较少时，对筛分效率影响较小，属于干式筛选；当含水量达 5%～8% 且物料较细又含泥质时，颗粒之间以及颗粒与筛网之间产生较大的凝聚力，堵塞筛孔，使筛选无法进行；当含水量达 10%～14% 时，颗粒形成泥浆，凝聚力下降，颗粒团聚体松散成单体颗粒，使筛选效率提高，属湿式筛选。

固体废物的颗粒形状对筛选效率也有较大影响。一般球形、立方形、多边形颗粒的筛选效率相对较高；而呈扁平状、片状、条状或长方块的颗粒难以通过方形或圆形筛孔的筛子，其筛选效率较低。线状的物料，如废电线、管状物质等，必须以一端朝下的"穿针引线"方式缓慢透筛，而且物料越长，透筛越难，在圆盘筛中这种线状物的筛选效率会高些。平面状的物料，如塑料膜、纸、纸板类等会大片覆在筛面上，形成"盲区"从而堵塞大片的筛面。

（2）筛选设备性能的影响　筛子孔径的大小主要取决于筛选分离的目的和要求。当希望筛上产品中含有尽量少的小于筛子孔径的细粒物料时，应采用较大的孔径；当希望筛下产品中尽可能不含有大于规定粒度的粗粒物料时，孔径不宜过大。

筛子孔径相同时，方形筛孔比圆形筛孔的筛选效率高，一般情况下多采用方形筛孔的筛网。当筛选粒度小、含水量高且易发生粘连的物料时，宜采用圆形筛孔的筛子，以避免方形孔筛的四角附近发生颗粒粘连现象；当筛选粒度小且含片状颗粒的细粒物料时，宜采用长方形筛孔的筛子。

筛面的形式对筛选效率也有影响。常见的筛面有棒条筛面、钢板冲孔筛面及钢丝编织筛网三种。其中棒条筛面有效面积小，筛选效率低；钢丝编织筛网则相反，有效面积大，筛选效率高；钢板冲孔筛面介于两者之间。但筛选效率较高的筛子一般寿命比较短。

筛子运动方式对筛选效率有较大影响，同一固体废物采用不同类型的筛子进行筛选，其筛选效率大致如表 4-2 所示。

表 4-2　不同类型筛子的筛选效率

筛子类型	固定筛	滚筒筛（转筒筛）	摇动筛	振动筛
筛选效率/%	50～60	60	70～80	>90

即使同一类型的筛子，如振动筛，其筛选效率也因受运动强度的影响而有差别。如果筛子运动强度不足，筛面上的物料不易松散和分层，细粒物料不易透筛，筛选效率就不高；但运动强度过大又使固体废物很快通过筛面排出，筛选效率也不高。

固体废物处理量及物料沿筛面运动速度恒定时，筛面宽度直接影响筛选效率。过窄的筛面使物料层增厚而不利于细粒物料接近筛面；过宽的筛面又使筛分时间太短。工业上使用的大型筛面长宽比为 2.5～3，手工操作的筛面长宽没有固定的比例，可根据需要确定。

筛面倾角是为了便于筛上产品排出而设计的。倾角过小起不到此作用；倾角过大时固体废物过筛速度过快，筛选时间短，筛选效率低。一般筛面倾角为 15°～25°。

（3）筛选操作条件的影响　在实际操作中应保证连续均匀给料，给料方向与筛面的运动方向保持一致，使固体废物沿整个筛面宽度铺成一薄层，既充分利用筛面，又便于细粒物料透筛，可提高筛子的处理能力和筛选效率。及时清理和维修筛面也是保证筛选效率的重要条件。

筛选设备振动不足时，物料不易松散分层，透筛困难；振动过于剧烈时，物料来不及透筛，便又一次被卷入振动中，使固体废物很快移动至筛面末端并被排出，筛选效率也不高。因此，对振动筛应调节振动频率与振幅等；对滚动筛而言，重要的是转速的调节，应使振动程度维持在最适水平。

根据操作条件，筛选可分为湿筛和干筛两种操作。根据使用目的和在工艺过程中的作用，筛选又分为最终筛选、准备筛选、预先筛选、检查筛选、选择筛选、脱水脱泥筛选六大类。

① 最终筛选。其目的在于获得符合用户要求的最终产品。

② 准备筛选。其目的在于为某个操作过程做准备，满足其粒度要求。

③ 预先筛选。在破碎操作之前进行的筛选，其目的在于预先筛出合格或无须破碎的产品，提高破碎作业的效率，防止过度粉碎并节省能源。

④ 检查筛选。在破碎操作之后进行的筛选，其目的在于检查产品是否达到粒度要求，又称为控制筛选，未达到粒度要求的物料返回破碎机入口进行再破碎。

⑤ 选择筛选。利用物料中有用成分在各粒级中的分布规律或者性质上的显著差异所进行的筛选。

⑥ 脱水脱泥筛选。脱除固体废物中水分或泥的筛选，以便于下一步处理或处置。

4.2.3　筛选设备

适用于固体废物处理的筛选设备种类很多，大体分成固定筛、滚筒筛和振动筛三类。目前应用广泛的是物料运动方向与筛面垂直的振动筛。振动筛的主导产品是圆振动筛和直线振动筛，由此派生的有电磁振动筛、高频振动筛、共振筛、琴弦筛、等厚筛、弛张筛、概率筛等。

（1）固定筛　固定筛是最简单的筛选设备，筛面由许多平行排列的筛条组成，可以水平安装或倾斜安装，筛条由横板连接在一起，位置固定不动。由于构造简单、不耗用动力、设备费用低和维修方便，在固体废物回收与利用中应用广泛。

根据结构、形状和用途的不同，固定筛又分为格筛、棒条筛、条缝筛、弧形筛和旋流筛等。

格筛一般安装在粗碎机之前，起到保证物料块度适宜的作用。对不能通过格筛的块度较大的物料需进行破碎，以保证其能够通过筛格。

棒条筛主要用于粗碎和中碎之前，其筛面由平行排列的钢棒（如圆钢、方钢、钢轨或梯形截面的型钢）用横杆穿在一起组成，筛缝（棒间距）为要求筛下产品粒度的 1.1～1.2 倍，一般不小于 50mm。棒条筛宽度应大于固体废物中最大块度的 2.5 倍。筛面按一定倾角安装，固定不动。物料由筛面的上方进入，靠重力和给料的初速度由上而下沿筛面滑落，同时进行筛选。安装时，需根据实际情况确定筛面的倾角，必须大于固体废物对筛面的摩擦角，以保证固体废物沿筛面下滑。输送机直接给料时，倾角可取 25°～35°；给料速度不大时，倾角可取 35°～40°。棒条筛分为全固定式和悬臂式（即概率棒条筛）两种形式，后一种形式当给料时悬臂部分产生振动，可减少筛缝堵塞，并提高处理能力。

固定筛的缺点是容易堵塞，需经常清扫，筛选效率低，仅有 60%～70%，多应用于筛选粒度大于 50mm 的粗粒固体废物。

（2）滚筒筛　滚筒筛也称转筒筛，其筛面是侧壁设筛孔的圆柱或圆锥形筒，如图 4-3 所示。筛面可用各种构造材料制成编织筛网，但筛分线状物料时会很困难，最常用的是冲击筛板。

滚筒筛在传动装置的带动下以缓慢的速度旋转（10～15r/min）。为使固体废物在筒内沿轴线方向前进，滚筒轴线应倾斜 3°～5° 安装。筛选时，固体废物由稍高一端进入滚筒筛，随即被旋转的滚筒带起，达到一定高度后因重力作用自行落下，如此不断地起落、翻滚运动，使尺寸小于筛孔孔径的细粒物料透筛成为筛下产品，而筛上产品则逐渐移至滚筒的另一端排出。滚筒轴线倾角决定了物料轴向运行的速度，而垂直于滚筒轴的物料行为则由转速决定。图 4-4 是滚筒筛结构示意图。

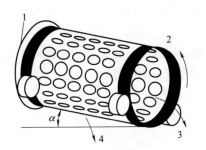

图 4-3　滚筒筛筛面

1—给料；2—运动方向；
3—排出物；4—筛出物

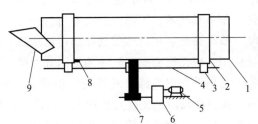

二维码4-2　微课：
滚筒筛的构造及
工作原理

图 4-4　滚筒筛结构示意图

1—滚筒；2—固定在筒体两端外圆上的两个圆滚环；
3—摩擦辊；4—传递杆；5—电动机；6—减速装置；
7—皮带轮；8—轴向止推辊；9—进料斗

物料在筛子中的运动有三种状态，如图 4-5 所示。

① 沉落状态。此时筛子的转速很低，物料颗粒由于筛子的圆周运动而被带起，然后滚落到向上运动的颗粒层上面，物料混合很不充分，不易使中间的物料翻滚物移向边缘而触及筛孔 [图 4-5 (a)]。

② 抛落状态。当转速足够高但又低于临界转速时，颗粒克服重力作用沿筒壁上升，直至到达转筒最高点之前。这时重力超过了离心力，颗粒沿抛物线轨迹落回筛底。这种情况下颗粒以可能的最大距离下落（如转筒直径），翻滚程度最为剧烈，很少有堆积现象发生，筛子的筛分效率最高，物料以螺旋状前进方式移出滚筒筛 [图 4-5 (b)]。

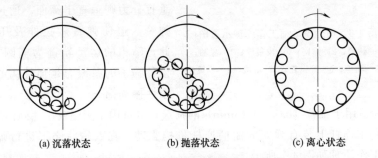

(a) 沉落状态　　　　(b) 抛落状态　　　　(c) 离心状态

图 4-5　滚筒筛内物料颗粒运动状态

③ 离心状态。当滚筒筛的转速进一步提高，达到某一临界速度时，物料由于离心作用附着在筒壁上而无下落、翻滚现象，这时的筛选效率很低 [图 4-5 (c)]。

滚筒筛操作运行时，应尽量控制好滚筒转速，尽可能使物料处于最佳的抛落状态，此时筛选效率达到最高。根据经验，滚筒筛的最佳转速约为临界转速的 45％。临界转速可按下式计算：

$$n_e = \frac{1}{2\pi}\sqrt{\frac{g}{r}} \tag{4-19}$$

式中，n_e 为临界转速；r 为滚筒筛半径。

滚筒筛的筛选效率与物料在筛内的停留时间有关，一般认为物料在滚筒内停留 25～30s 为宜。随着滚筒筛处理量的增加，物料在筒内所占的容积比例也增加，这时，要达到物料的抛落状态对转速以及功率的要求也随之增加，实际上，筛子完全充满时，已不可能进入抛落状态。例如，滚筒筛直径 1.2m、长 1.8m、转速 18r/min，当固体废物处理量为 2t/h 时，筛选效率为 95％～100％；当处理量达到 2.5t/h 时，筛选效率下降至 91％。

滚筒筛的优点是不易堵塞、不需要很大动力。

（3）振动筛　振动筛是利用机械带动筛面运动从而实现物料筛选的一种设备，在固体废物处理中被广泛应用。根据筛面运动轨迹的不同分为圆运动和直线运动两类。

振动筛的特点是振动方向与筛面垂直或近似垂直，振动频率为 600～3600r/min，振幅为 0.5～1.5mm。物料在筛面上发生离析现象，密度大而粒度小的颗粒钻过密度小而粒度大的颗粒之间的空隙，进入下层到达筛面。振动筛的倾角一般为 8°～40°。倾角过小使物料移动缓慢，单位时间内的筛选效率势必降低；但倾角过大也使筛选效率降低，因为物料在筛面上移动过快，还未充分透筛即排出筛外。

振动筛由于筛面强烈振动，消除了堵塞筛孔的现象，有利于湿物料的筛选，可用于粗、中、细粒的筛分，还可以用于脱水振动和脱泥筛分。振动筛主要有惯性振动筛和共振筛两类，其中前者广泛应用于固体废物处理过程。

二维码4-3
微课：惯性振动筛的构造及工作原理

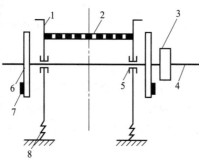

图 4-6　惯性振动筛工作原理示意图
1—筛箱；2—筛网；3—皮带轮；4—主轴；
5—轴承；6—配重轮；7—重块；8—板簧

惯性振动筛是通过不平衡旋转所产生的惯性离心力使筛箱产生振动的一种筛子，如图 4-6 所示。

当电动机带动皮带做高速旋转时，配重轮上的重块即产生惯性离心力，其水平分力使弹簧横向变形，由于弹簧横向刚度大，所以水平分力被横向刚度所吸收。而垂直分力则垂直于筛面，通过筛箱作用于弹簧，迫使弹簧做拉伸及压缩运动。因此，筛箱的运动轨迹为椭圆或近似于圆。该种筛子的激振力是惯性离心力，故称为惯性振动筛。

惯性振动筛适用于细粒（0.1～0.15mm）的筛选，也可用于潮湿或黏性固体废物的筛选。

共振筛是利用连杆上装有弹簧的曲柄连杆机构驱动，在共振状态下进行筛选的一种筛子。其构造及工作原理如图 4-7 所示。

当电动机带动装在下机体上的偏心轴转动时，轴上的偏心力使连杆做往复运动。连杆通过弹簧将作用力传给筛箱，与此同时下机体也受到相反的作用力使筛箱和下机体沿着倾斜方向振动。筛箱、弹簧及下机体组成一个弹性系统，该弹性系统固有的自振频率与传动装置的强迫振动频率接近或相同时，筛子在共振状态下筛选物料，故称为共振筛。

当共振筛的筛箱压缩弹簧而运动时，其运动速度和动能都逐渐减小，被压缩的弹簧所储存的势能却逐渐增加。当筛箱的运动速度和动能等于零时，弹簧被压缩到极限，它所储存的势能达到最大值，接着筛箱向相反方向运动，弹簧便放出所储存的势能，转化为筛箱的动能，因而筛箱的运动速度增加。当筛箱的运动速

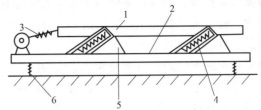

图 4-7　共振筛的构造及工作原理示意图
1—上筛箱；2—下机体；3—传动装置；4—共振弹簧；5—板簧；6—支承弹簧

度和动能达到最大值时，弹簧伸长到极限，所储存的势能也就最小。可见，共振筛的工作过程是筛箱的动能和弹簧的势能相互转化的过程。所以，在每次振动中只需要补充为克服阻尼消耗的能量就能维持筛子的连续振动。因此，这种筛子虽大，但功率消耗却很小。

共振筛具有处理能力大、筛选效率高、耗电少及结构紧凑等优点，应用广泛，不仅适用于固体废物中的细粒筛选，还可用于固体废物的脱水、脱重介质和脱泥筛选，是一种有发展前途的筛选设备；但同时也有制造工艺复杂、机体较重、橡胶弹簧易老化等缺点。

选择筛选设备时应考虑以下因素：首先是待筛选固体废物的特性，包括颗粒的形状、大小、含水率、整体密度、黏结或缠绕的可能等；其次是所选筛选装置的性能，如筛孔孔径、构造材料、筛面开孔率，滚筒筛的转速、长度与直径，以及振动筛的振动频率、长度与宽度等，筛选效率与总体效果是考察筛选装置能否达到要求的重要条件；最后注意运行特征，如能耗、日常维护、运行难易、可靠性、噪声、非正常振动与堵塞的可能性等。

4.3　重力分选

重力分选是根据固体废物中不同物质间的密度差异，在运动介质中所受的重力、介质动力和机械力的作用，使颗粒群松散分层和迁移分离，从而得到不同密度产品的分选过程。在国外，此法用于从废金属混合物中回收铝，已经达到了实用化程度。按介质的不同，固体废物的重力分选可分为重介质分选、跳汰分选、风力分选和摇床分选等。

各种重力分选过程具有的共同工艺条件是：①固体废物颗粒间必须存在密度的差异；②分选过程都是在运动介质中进行的；③在重力、介质动力及机械力的综合作用下，使颗粒群松散并按密度分层；④分好层的物料在运动介质流的推动下互相迁移、彼此分离，并获得不同密度的最终产品。

4.3.1　重介质分选

重介质分选是在重介质（密度大于水的非均匀介质，包括重液和重悬浮液两种流体）中，使固体废物中的颗粒群按其密度的大小分开以达到分离目的的方法。为能达到良好的分选效果，关键是重介质的选择。要求重介质的密度 ρ_C 应介于固体废物中轻物料密度 ρ_L 和重物料密度 ρ_W 之间，即：

$$\rho_L < \rho_C < \rho_W$$

(4-20)

当固体废物浸于重介质的环境中时，颗粒密度大于重介质密度的重物料下沉，集中于分

选设备的底部成为重产物；而颗粒密度小于重介质密度的轻物料则上浮，集中于分选设备的上部成为轻产物。轻、重产物分别排出从而完成分选操作。可见，在重介质分选过程中，重介质的性质是影响分选效果的重要因素。

通常重介质是由高密度的固体微粒和水构成的固液两相分散体系，其特点有两个：一是密度比水大；二是该体系是非均匀介质。高密度固体微粒起着加大介质密度的作用，称为加重质。重介质应具有密度高、黏度低、化学稳定性好（不与处理的废物发生化学反应）、无毒、无腐蚀性、易回收再生等特性。重介质的形式可以是重液和重悬浮液两大类，但重液价格昂贵，只能在实验室中使用。在固体废物分选中只能使用重悬浮液。重悬浮液的加重质在工业上通常是硅铁，其次还可采用方铅矿、磁铁矿、黄铁矿、毒砂、重晶石、高炉灰、石英、黄土、浮选尾煤等，在分选上应用最多的是磁铁矿粉、硅铁等。它们的性质如表 4-3 所示。

表 4-3　重悬浮液加重质的性质

种类	密度/(g/cm³)	摩氏硬度	配成重悬浮液的 ρ_{max}/(g/cm³)	磁性	回收方法
硅铁	6.9	6	3.8	强磁性	磁选
方铅矿	7.5	2.5~2.7	3.3	非磁性	浮选
磁铁矿	5.0	6	2.5	强磁性	磁选
黄铁矿	4.9~5.1	6	2.5	非磁性	浮选
毒砂	5.9~6.2	5.5~6	2.8	非磁性	浮选

虽然固体废物在分选设备中的分层过程主要取决于固体废物的密度和介质的密度，但当它的分层速度慢时，往往有一部分细粒级废物颗粒在分选设备中来不及分层就被排出，降低了分选效率。同时，分选设备中重悬浮液（或重液）的流动和涡流、固体废物之间的碰撞、重悬浮液对废物颗粒运动的阻力以及废物颗粒的粒度和形状等因素的影响，都会降低分选效果。

目前常用的重介质分选设备是重介质分选机 [图 4-8 (a)]，图 4-8 (b) 为重介质分选机的左视图。

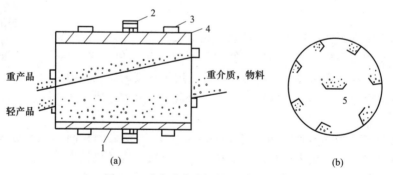

图 4-8　重介质分选机的原理和示意图
1—圆筒形转鼓；2—大齿轮；3—辊轮；4—扬板；5—溜槽

该设备外形为一圆筒形转鼓，由四个辊轮支撑，通过圆筒腰间的大齿轮由传动装置带动旋转（转速为 2r/min）。在圆筒内壁沿纵向设有扬板，用以提升重产品到溜槽内。圆筒水平安装，固体废物和重介质一起由圆筒一端给入。在向另一端流动的过程中，密度大于重介质的颗粒沉于槽底，由扬板提升落入溜槽内，被排出槽外成为重产品；密度小于重介质的颗粒随重介质流入圆筒溢流口排出成为轻产物。

重介质分选机适用于分离粒度较粗（40~60mm）且密度相差较大的固体废物，具有结构简单、便于操作、分选机内密度分布均匀、动力消耗低等优点，但轻重产物量调节不方便。

4.3.2　跳汰分选

跳汰分选是在垂直变速介质流中按密度分选固体废物的一种方法。分选介质是水，故也称为水力跳汰。水力跳汰分选设备称为跳汰机。跳汰机分选固体废物的过程如图 4-9 所示。跳汰分选时，将固体废物给入跳汰机的筛板上，形成密集的物料层，从下面透过筛板周期性地给入上下交变的水流，使床层松散并按密度分层，如图 4-10 所示。分层后，密度大的颗粒群集中到底层，密度小的颗粒群进入上层。上层的轻物料被水平水流带到机外成为轻产物，下层的重物料透过筛板或通过特殊的排料装置排出成为重产物。随着固体废物的不断给入和轻、重产物的不断排出，形成连续不断的分选过程。

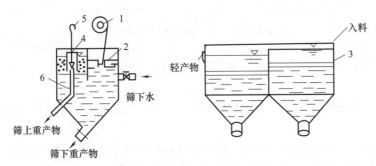

图 4-9　跳汰机分选示意图

1—偏心机构；2—隔膜；3—筛板；4—外套筒；5—锥形阀；6—内套筒

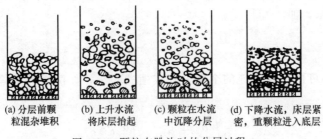

(a) 分层前颗　　(b) 上升水流　　(c) 颗粒在水流　　(d) 下降水流，床层紧
粒混杂堆积　　　将床层抬起　　　中沉降分层　　　密，重颗粒进入底层

图 4-10　颗粒在跳汰时的分层过程

跳汰机按推动水流运动的方式分为隔膜跳汰机和无活塞跳汰机两种。隔膜跳汰机是利用偏心连杆机构带动橡胶隔膜做往复运动，借以推动水流在跳汰室内做脉冲运动，如图 4-11（a）所示；无活塞跳汰机采用压缩空气推动水流，如图 4-11（b）所示。

4.3.3　风力分选

风力分选简称风选，又称气流分选，是以空气为分选介质，在气流作用下使固体废物颗粒按密度和粒度进行分选的一种方法。该方法在城市垃圾、纤维性固体废物、农业稻麦谷类等废物处理和利用中得到了广泛的应用。广义的风力分选还包括集尘。

空气与水相比，其密度和黏度都较小，并具有可压缩性。当压力为 1MPa 及温度为 20℃时，空气密度为 0.00118g/cm^3，动力黏度为 $0.000018\text{Pa}\cdot\text{s}$。因为在风选过程中应用的风压不超过 1MPa，所以，实际上可以忽略空气的压缩性，而将其视为具有液体性质的介质。颗粒在水中的沉降规律同样适用于在空气中的沉降。但由于空气密度较小，与颗粒密度相比可忽略不计，故颗粒在空气中的沉降末速（v_0）为：

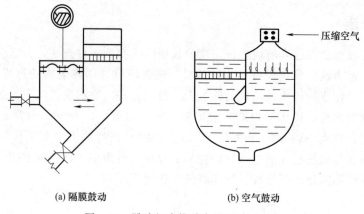

(a) 隔膜鼓动 　　　　　　　　(b) 空气鼓动

图 4-11　跳汰机中推动水流运动的方式

$$v_0 = \sqrt{\frac{\pi d \rho_S g}{6 \psi \rho}} \tag{4-21}$$

式中，d 为颗粒的直径；ρ_S 为颗粒的密度；ρ 为空气的密度；ψ 为阻力系数；g 为重力加速度。

由上式可知，当颗粒粒度一定时，密度大的颗粒沉降末速大；当颗粒密度相同时，直径大的颗粒沉降末速大。由于颗粒的沉降末速同时与颗粒的密度、粒度及形状有关，因而在同一介质中，密度、粒度和形状不同的颗粒在特定的条件下可以具有相同的沉降速度，这样的颗粒称为等降颗粒。其中，密度小的颗粒粒度（d_1）与密度大的颗粒粒度（d_2）之比称为等降比，以 e_0 表示，即：

$$e_0 = \frac{d_1}{d_2} > 1 \tag{4-22}$$

等降比的大小可由沉降末速的个别公式或通式写出，如两颗粒为等降颗粒，则 $v_{01} = v_{02}$，那么：

$$\sqrt{\frac{\pi d_1 \rho_{S1} g}{6 \psi_1 \rho}} = \sqrt{\frac{\pi d_2 \rho_{S2} g}{6 \psi_2 \rho}} \tag{4-23}$$

$$\frac{d_1 \rho_{S1}}{\psi_1} = \frac{d_2 \rho_{S2}}{\psi_2} \tag{4-24}$$

$$e_0 = \frac{d_1}{d_2} = \frac{\psi_1 \rho_{S2}}{\psi_2 \rho_{S1}} \tag{4-25}$$

从公式可知，等降比（e_0）随两种颗粒的密度差（$\rho_{S2} - \rho_{S1}$）的增大而增大；而且 e_0 还是阻力系数（ψ）的函数。理论与实践都表明，e_0 将随颗粒粒度变细而减小。颗粒在空气中的等降比远远小于在水中的等降比，为其 $1/5 \sim 1/2$。所以，为了提高分选效率，在风选之前需要将废物进行窄分级，或经破碎使粒度均匀后，使其按密度差进行分选。

颗粒在空气中沉降时，所受到的阻力远小于在水中沉降时所受到的阻力。所以颗粒在静止空气中沉降达到末速所需的时间和沉降距离都较长。颗粒在上升气流中达到沉降末速时，颗粒的沉降速度（v_0'）等于颗粒对介质的相对速度（v_0）和上升气流速度（u_a）之差，即

$$v_0' = v_0 - u_a \tag{4-26}$$

所以，上升气流可以缩短颗粒达到沉降末速的时间和距离。因此，在风选过程中常采用

上升气流。颗粒在实际风选过程中的运动是干涉沉降。在干涉条件下，上升气流速度远小于颗粒的自由沉降末速时，颗粒群就呈悬浮状态。颗粒的干涉末速（v_{hs}）为

$$v_{hs} = v_0(1-\lambda)^n \tag{4-27}$$

式中，λ 为物料的容积浓度；n 值大小与物料的粒度及状态有关，多为 $2.33 \sim 4.65$。

在颗粒达到末速保持悬浮状态时，上升气流速度（u_a）和颗粒的干涉末速（v_{hs}）相等。使颗粒群开始松散和悬浮的最小上升气流速度（u_{min}）为：

$$u_{min} = 0.125 v_0 \tag{4-28}$$

在干涉沉降条件下，颗粒群按密度分选时，上升气流速度的大小应根据固体废物中各种物质的性质通过实验确定。

在风选中还常应用水平气流。在水平气流分选器中，物料是在空气动压力及本身重力作用下按粒度或密度进行分选的。由图 4-12 可以看出，如在缝隙处有一直径为 d 的球形颗粒，并且通过缝隙的水平气流为 u 时，颗粒将受到以下两个力的作用。

空气的动压力（R）为：

$$R = \psi d^2 u^2 \rho \tag{4-29}$$

式中，ψ 为阻力系数；ρ 为空气的密度；u 为水平气流的速度。

颗粒本身的重力（G）为：

$$G = mg = \frac{\pi d^3 \rho_S}{6} g \tag{4-30}$$

式中，m 为颗粒的质量；ρ_S 为颗粒的密度。

颗粒的运动方向将和两力的合力方向一致，并且由合力与水平夹角（α）的正切值来确定：

$$\tan\alpha = \frac{G}{R} = \frac{\pi d^3 \rho_S g}{6\psi d^2 u^2 \rho} = \frac{\pi d \rho_S g}{6\psi u^2 \rho} \tag{4-31}$$

由上式可知，当水平气流速度一定且颗粒粒度相同时，密度较大的颗粒沿与水平夹角较大的方向运动，密度较小的颗粒则沿与水平夹角较小的方向运动，从而达到按密度差异分选的目的。风选在国外主要用于城市垃圾的分选，将城市垃圾中的有机物与无机物分离，以便分别回收利用或处置。

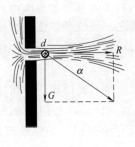
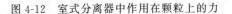
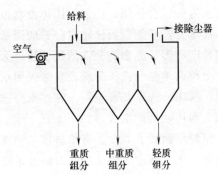

图 4-12 室式分离器中作用在颗粒上的力　　　　图 4-13 卧式风力分选机工作原理示意图

按气流吹入分选设备内的方向不同，风选设备可分为两种类型：水平气流风选机（又称为卧式风力分选机）和上升气流风选机（又称为立式曲折风力分选机）。

（1）卧式风力分选机　图 4-13 是卧式风力分选机的工作原理示意图。该机从侧面送风，固体废物经破碎机破碎和圆筒筛筛分使其粒度均匀后，定量给入机内，当废物在机内下落

时，被鼓风机鼓入的水平气流吹散，固体废物中各种组分沿着不同的运动轨迹分别落入重质组分、中重质组分和轻质组分收集槽中。

当分选城市垃圾时，水平气流速度为5m/s，在回收的轻质组分中废纸约占90%；重质组分中黑色金属占10%；中重质组分主要是木块、硬塑料等。实践表明，卧式风力分选机的最佳风速为20m/s。

卧式风力分选机构造简单、维修方便，但分选精度不高，一般很少单独使用，常与破碎、筛分、立式曲折风力分选机组成联合处理工艺。

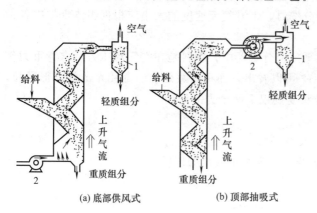

图4-14 立式曲折风力分选机工作原理示意图
1—旋风分离器；2—风机

（2）立式曲折风力分选机　其工作原理如图4-14所示。图4-14（a）是从底部通入上升气流的曲折风力分选机；图4-14（b）是从顶部抽吸的曲折风力分选机。经破碎后的城市垃圾从中部送入风力分选机，在上升气流的作用下，垃圾中各组分按密度分离，重质组分从底部排出，轻质组分从顶部排出，经旋风分离器进行气固分离。

与卧式风力分选机相比，立式曲折风力分选机的分选精度较高。由于沿曲折管路管壁下落的废物可受到来自下方的高速上升气流的顶吹，可以避免直管路中管壁附近与管中心流速不同而降低分选精度的缺点，同时可以使结块垃圾受到曲折处高速气流而被吹散，因此，能够提高分选精度。曲折风路呈Z字形，其倾斜度为60°，每段长度为280mm。

4.3.4　摇床分选

（1）摇床分选原理　摇床分选是在一个倾斜的床面上，借助床面的不对称往复运动和薄层斜面水流的综合作用，使细粒固体废物按密度差异在床面上呈扇形分布而进行分选的一种方法。摇床分选是细粒固体物料分选应用最为广泛的方法之一。该分选法按密度不同分选颗粒，但粒度和形状亦影响分选的精确性。为了提高分选指标和精确性，分选之前需将物料分级，各个粒级单独分选。分级设备常采用水力分级机。

（2）摇床分选设备及应用　在摇床分选设备中最常用的是平面摇床。平面摇床主要由床面、床头和传动机构组成，如图4-15所示。摇床床面近似呈梯形，横向有0.5°～1.5°的倾斜。在倾斜床面的上方设置有给料槽和给水槽，床面上铺有耐磨层（如橡胶等），沿纵向布置有床条，床条高度从传动端向对侧逐渐降低，并沿一条斜线逐渐趋近零。整个床面由机架支撑。床面横向坡度由机架上的调坡装置调节。床面由传动装置带动进行往复不对称运动。

摇床分选过程如下。由给水槽给入冲洗水，布满横向倾斜的床面，并形成均匀的斜面薄层水流。当固体废物颗粒送入往复摇动的床面时，颗粒群在重力、水流冲击力、床层摇动的惯性力以及摩擦力等综合作用下，按密度差异松散分层。不同密度（或粒度）的颗粒以不同的速度沿床面纵向和横向运动，因此，它们的合速度偏离摇动方向的角度也不同，不同密度颗粒在床层上呈扇形分布，从而达到分选的目的，如图4-16所示。

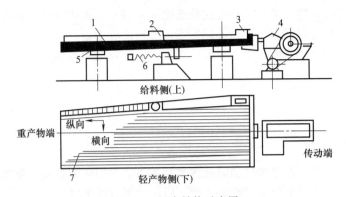

图 4-15　摇床结构示意图

1—床面；2—给水槽；3—给料槽；4—床头；5—滑动支承；6—弹簧；7—床条

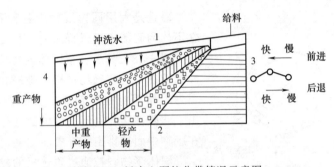

图 4-16　摇床上颗粒分带情况示意图

1—给料端；2—轻产物端；3—传动端；4—重产物端

　　在摇床分选过程中，物料的松散分层及在床面上的分带直接受床面的纵向摇动及横向水流冲洗作用支配。床面摇动及横向水流流经床条所形成的涡流造成水流的脉动，使物料松散并按沉降速度分层。床面的摇动导致细而重的颗粒钻过颗粒的间隙，沉于最底层，这种作用称为析离。析离分层是摇床分选的重要特点，它使颗粒按密度分层更趋完善，分层的结果是粗而轻的颗粒在最上层，其次是细而轻的颗粒，再次之是粗而重的颗粒，最底层是细而重的颗粒。

　　床面上扇形分带是不同性质颗粒横向运动和纵向运动的综合结果，大密度颗粒具有较大的纵向移动速度和较小的横向移动速度，其合速度方向偏离摇动方向的倾角小，趋向于重产物端；小密度颗粒具有较大的横向移动速度和较小的纵向移动速度，其合速度方向偏离摇动方向的倾角大，趋向于轻产物端。大密度粗粒和小密度细粒则介于上述两者之间。不同性质的颗粒在床面上的运动及分离情况如图4-17 所示。

　　床面上的床条不仅能形成沟槽，增强水流的脉动，增加床层松散程度，有利于颗粒分层和析离，而且所引起的涡流能清洗出混杂在大密度颗粒层内的小密度颗粒，改善分选效果。床条高度由传动端向重产物端逐渐降低，使分好层的颗粒依次受到冲洗。处于上层的是粗而轻的颗粒，重颗粒则沿沟槽继续向重产物端迁移。这些特点对摇床分选起很大作用。

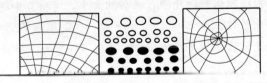

图 4-17　不同性质颗粒在床面上的运动及分离的示意图

　　综上所述，摇床分选具有以下特点：①床面的强烈摇动使松散分层和迁移分离得到加强，分选过程中析离分层占主导，按密度分选更加完善；②摇床分选是斜面薄层水流分选的一种，因此等降颗粒可因移动速度的不同而实现按密度分选；③不同性质颗粒的分离不单纯取决于纵向和横向的移动速度，而主要取决于它们的合速度偏离摇动方向的角度。

4.4 磁力分选

4.4.1 磁力分选原理

磁力分选简称磁选，在固体废物的处理和利用中通常用来分选或去除铁磁性物质。磁流体分选常用来从工厂废料中分离回收铝、铜、铅、锌等有色金属。

磁选有两种类型：一种是传统的电磁和永磁磁系磁选法；另一种是磁流体分选法，是近年发展起来的一种新的分选方法。

二维码4-6 微课：
磁力分选原理

二维码4-7 视频：
磁选机运行实况

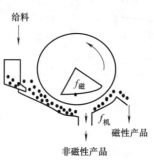

给料

$f_{磁}$

$f_{机}$

磁性产品

非磁性产品

图 4-18 颗粒在磁选机
中分离示意图

磁选是利用固体废物中各种物质的磁性差异，在不均匀磁场中进行分选的一种处理方法。磁选过程（图 4-18）如下：将固体废物输入磁选机后，磁性颗粒在不均匀磁场作用下被磁化，从而受磁场吸引力的作用吸在圆筒上，并随圆筒进入排料端排出；非磁性颗粒由于所受的磁场作用力很小，仍留在废物中而被排出。

固体废物颗粒通过磁选机的磁场时，同时受到磁力和机械力（包括重力、离心力、介质阻力、摩擦力等）的作用。磁性强的颗粒所受的磁力大于其所受的机械力，而非磁性颗粒所受的磁力很小，机械力占优势。作用在各种颗粒上的磁力和机械力的合力不同，使它们的运动轨迹也不同，从而实现分离。

磁性颗粒分离的必要条件是磁性颗粒所受的磁力必须大于与它方向相反的机械力的合力，即

$$F_{磁} > \sum F_{机} \tag{4-32}$$

式中，$F_{磁}$ 为磁性颗粒所受的磁力；$\sum F_{机}$ 为与磁力方向相反的机械力的合力。

该式不仅说明了不同磁性颗粒的分离条件，同时也说明了磁选的实质，即磁选是利用磁力与机械力对不同磁性颗粒的不同作用实现的。

根据固体废物比磁化系数的大小，可将其中的物质大致分为以下三类：强磁性物质，其比磁化系数 $x_0 > 38 \times 10^{-6} \mathrm{m^3/kg}$，在弱磁场磁选机中可分离出这类物质；弱磁性物质，其比磁化系数 $x_0 = (0.19 \sim 7.5) \times 10^{-6} \mathrm{m^3/kg}$，可在强磁场磁选机中回收；非磁性物质，其比磁化系数 $x_0 < 0.19 \times 10^{-6} \mathrm{m^3/kg}$，在磁选机中可以与磁性物质分离。

4.4.2 磁选设备

（1）磁力滚筒 又称磁滑轮，有水磁和电磁两种，应用较多的是永磁磁力滚筒（图 4-19）。这种设备的主要组成部分是一个回转的多极磁系和套在磁系外面的用不锈钢或铜、铝等非导磁材料制成的圆筒。一般磁系包角为 360°。磁系与圆筒固定在同一个轴上，安装在皮带运输机头部（代替传动滚筒）。

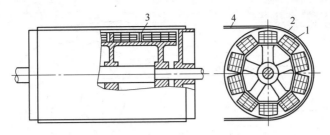

图 4-19　CT 型永磁磁力滚筒

1—多极磁系；2—圆筒；3—磁导板；4—皮带

将固体废物均匀地输送到皮带运输机上，当废物经过磁力滚筒时，非磁性或磁性很弱的物质在离心力和重力作用下脱离皮带面。而磁性较强的物质受磁力作用被吸在皮带上，并由皮带带到磁力滚筒的下部，当皮带离开磁力滚筒伸直时，由于磁场强度减弱而落入磁性物质收集槽中。

这种设备主要用于工业固体废物、城市垃圾的破碎设备或焚烧炉前，以除去废物中的铁器，防止损坏破碎设备或焚烧炉。

（2）湿式 CTN 型永磁圆筒式磁选机　它的构造型式为逆流型（图 4-20），给料方向和圆筒旋转方向或磁性物质的移动方向相反。物料液由给料箱直接进入圆筒的磁系下方，非磁性物质由磁系左边下方底板上的排料口排出。磁性物质随圆筒逆着给料方向移动到磁性物质排料端，排入磁性物质收集槽中。

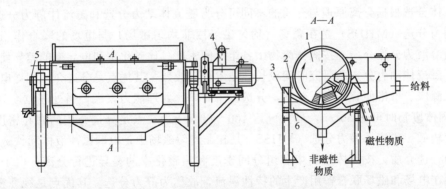

图 4-20　湿式 CTN 型永磁圆筒式磁选机

1—圆筒；2—槽体；3—机架；4—传动部分；5—磁偏角调整装置；6—溢流堰

这种设备适用于粒度小于 0.6mm 的强磁性颗粒的回收，从钢铁冶炼排出的含铁尘泥和氧化铁皮中回收铁，以及回收重介质分选产品中的加重质。

（3）悬吊磁铁器　主要用来去除城市垃圾中的铁器，保护破碎设备及其他设备免受损坏。悬吊磁铁器有一般式除铁器和带式除铁器两种（图 4-21）。当铁物数量少时采用一般式除铁器，当铁物数量多时采用带式除铁器。一般式除铁器通过切断电磁铁的电流排出铁物，而带式除铁器则通过皮带装置排出铁物。

4.4.3　磁流体分选

所谓磁流体是指某种能够在磁场或磁场和电场的联合作用下磁化，呈现似加重现象，对颗粒产生磁浮力作用的稳定分散液。磁流体通常采用强电解质溶液、顺磁性溶液和铁磁性胶

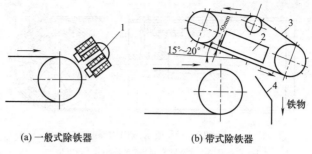

(a) 一般式除铁器　　　　　　　(b) 带式除铁器

图 4-21　悬吊磁铁器的分类及构造示意图

1—电磁铁；2—吸铁箱；3—皮带装置；4—接铁箱

体悬浮液。

磁流体分选是利用磁流体作为分选介质，在磁场或磁场和电场的联合作用下产生"加重"作用，按固体废物各组分的磁性和密度的差异，或磁性、导电性和密度的差异，使不同组分分离。当固体废物中各组分间的磁性差异小而密度或导电性差异较大时，采用磁流体可以有效地进行分离。

似加重后的磁流体仍然具有液体原来的物理性质，如密度、流动性、黏滞性等。似加重后的密度称为视在密度，它可以通过改变外磁场强度、磁场梯度或电场强度来调节。视在密度高于流体密度（真密度）数倍，流体真密度一般为 $1400 \sim 1600 kg/m^3$，而似加重后的流体视在密度可高达 $19000 kg/m^3$。因此，磁流体分选可以分离密度范围宽的固体废物。

磁流体分选根据分离原理与介质的不同可分为磁流体动力分选和磁流体静力分选两种。磁流体动力分选（MHDS）是在磁场（均匀磁场或非均匀磁场）与电场的联合作用下，以强电解质溶液为分选介质，按固体废物中各组分间密度、比磁化率和电导率的差异使不同组分分离。磁流体动力分选的研究时间较长，技术也较成熟，其优点是分选介质即导电的电解质溶液来源广、价格便宜、黏度较低，分选设备简单，处理能力较大，当处理粒度为 $0.5 \sim 6 mm$ 的固体废物时可达 $50 t/h$，最大可达 $100 \sim 600 t/h$；缺点是分选介质的视在密度较小，分离精度较低。磁流体静力分选（MHSS）是在非均匀磁场中，以顺磁性液体和铁磁性胶体悬浮液为分选介质，按固体废物中各组分间密度和比磁化率的差异进行分离，由于不加电场，不存在电场和磁场联合作用产生的特性涡流，故称为静力分选。其优点是视在密度高，如磁铁矿微粒制成的铁磁性胶体悬浮液视在密度高达 $19000 kg/m^3$，介质黏度较小，分离精度高；缺点是分选设备较复杂，分选介质价格较高、回收困难，处理能力较小。

通常，要求分离精度高时，采用静力分选；固体废物中各组分间电导率差异大时，采用动力分选。

磁流体分选是一种重力分选和磁力分选联合作用的分选过程。各种物质在似加重介质中按密度差异分离，这与重力分选相似；在磁场中按各种物质间的磁性（或电性）差异分离与磁选相似。磁流体分选不仅可以将磁性和非磁性物质分离，而且可以将非磁性物质按密度差异分离。因此，磁流体分选法在固体废物处理与利用中占有特殊的地位，不仅可以分离各种工业固体废物，还可以从城市垃圾中回收铝、铜、锌、铅等金属。

理想的分选介质应具有磁化率高、密度大、黏度低、稳定性好、无毒、无刺激味、无色透明、价廉易得等特点。顺磁性盐溶液有 30 余种，Mn、Fe、Ni、Co 盐的水溶液均可作为分选介质。其中 $MnCl_2$ 和 $Mn(NO_3)_2$ 是较理想的分选介质。

图 4-22 为 J.Shimoiizaka 分选槽构造及工作原理示意图。该磁流体分选槽的分离区呈倒梯形,上宽130mm,下宽 50mm,高 150mm,纵向深 150mm,磁系属于永磁。分离密度较高的物料时,磁系用钐钴合金磁铁,每个磁体大小为 40mm×123mm×136mm,两个磁体相对排列,夹角为 30°;分离密度较低的物料时,磁系用锶铁氧体磁体。图中阴影部分相当于磁体的空气隙,物料在这个区域中被分离。

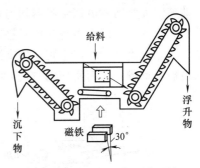

图 4-22　J.Shimoiizaka 分选槽构造及工作原理示意图

这种分选槽使用的分选介质是油基或水基磁流体,可用于汽车的废金属碎块回收、低温破碎物料的分离和从垃圾中回收金属碎块等。

4.5　电力分选

二维码4-8　微课:
电力分选原理

4.5.1　电力分选原理

电力分选简称电选,是利用城市生活垃圾中各种组分在高压电场中电性的差异而实现分选的一种方法。一般物质大致可分为电的良导体、半导体和非导体,它们在高压电场中有着不同的运动轨迹,加上机械力的协同作用,即可将它们互相分开。电力分选对于塑料、橡胶、纤维、废纸、合成皮革、树脂等与某些物料的分离,以及各种导体、半导体和绝缘体的分离等都十分简便有效。

电选分离过程是在电选设备中进行的。废物颗粒在电晕-静电复合电场电选设备中的分离过程如图 4-23 所示。废物由给料斗均匀地送入辊筒上,随着辊筒的旋转,废物颗粒进入电晕电场区,由于空间带有电荷,导体和非导体颗粒都获得负电荷(与电晕电极电性相同),导体颗粒一面荷电,一面又把电荷传给辊筒(接地电极),其放电速度快,因此,当废物颗粒随辊筒旋转离开电晕电场区而进入静电场区时,导体颗粒的剩余电荷少,而非导体颗粒则因放电速度慢而剩余电荷多。导体颗粒进入静电场后不再继续获得负电荷,但仍继续放电,直至放完全部负电荷并从辊筒上得到正电荷而被辊筒排斥,在电力、离心力和重力分力的综合作用下,其运动轨迹偏离辊筒,而在辊筒前方落下。偏向电极的静电引力作用更增大了导体颗粒的偏离程度。非导体颗粒由于有较多的剩余负电荷,将与辊筒相吸,被吸

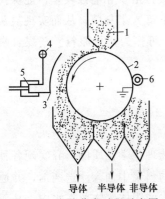

图 4-23　电选分离过程示意图
1—给料斗;2—辊筒电极;3—电晕电极;
4—偏向电极;5—高压绝缘子;6—毛刷

附在辊筒上,带到辊筒后方被毛刷强制刷下。半导体颗粒的运动轨迹则介于导体与非导体颗粒之间,成为半导体产品落下,从而完成电选分离过程。

4.5.2　电选设备及应用

(1)静电分选机及应用　图 4-24 是辊筒式静电分选机的构造和原理示意图。将含有铝

和玻璃的废物通过电振给料器均匀地送到带电辊筒上。铝为良导体，从辊筒电极获得相同符号的大量电荷，因而被辊筒电极排斥落入铝收集槽内；玻璃为非导体，与带电辊筒接触被极化，在靠近辊筒一端产生相反的束缚电荷，被辊筒吸住，被辊筒带至后面被毛刷强制刷落进入玻璃收集槽，从而实现铝与玻璃的分离。

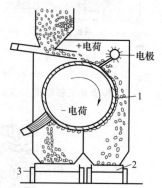
图 4-24　辊筒式静电分选过程示意图
1—转鼓；2—导体产品收集槽；3—非导体产品收集槽

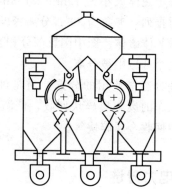
图 4-25　YD-4 型高压电选机结构示意图

（2）YD-4 型高压电选机及应用　其构造如图 4-25 所示。该机特点是具有较宽的电晕电场区、特殊的下料装置和防积灰漏电措施；整机密封性能好；采用双筒并列式，结构合理、紧凑，处理能力大，效率高。可作为粉煤灰专用分选设备。

该机的工作原理是将粉煤灰均匀送到旋转接地辊筒上，带入电晕电场后，炭粒由于导电性良好，很快失去电荷，进入静电场后从辊筒电极获得相同符号的电荷而被排斥，在离心力、重力及静电斥力的综合作用下落入集炭槽成为精煤。而灰粒由于导电性较差，能保持电荷，牢固地吸附在带相反电荷的辊筒上，最后被毛刷强制刷下落入集灰槽，从而实现炭灰分离。粉煤灰经二级电选分离后的脱炭灰，其含炭率小于 8%，可作为建材原料。精煤含炭率大于 50%，可作为型煤原料。

4.6　浮选

浮选是指在气、液、固三相体系中，按照固体废物表面物理化学性质的差异实现各种细粒分离的复杂物理化学过程。其实质是在固体废物与水调制的料浆中加入浮选药剂，并通入空气形成无数细小气泡，疏水的固体废物黏附在气泡上，亲水的固体废物留在水中，从而实现二者的分离。

4.6.1　浮选的基本原理

固体废物表面的性质分为亲水性和疏水性，两种表面与水分子作用的程度不同，也可以说被水润湿的程度不同，即润湿性不同。在固体废物与水调制的料浆中，引起物质颗粒表面润湿性差异的本质是其表面的极性和不饱和键的性质不同：表面是强的离子键或共价键，具有强的亲水性；表面是弱的分子键，具有较强的疏水性。

当疏水性颗粒与气泡发生碰撞时，气泡易于排开其表面薄且易破裂的水化膜，使废物颗粒黏附在气泡的表面，从而随着气泡上浮至料浆表面，形成泡沫层，最后刮出回收；亲水性颗粒表面与气泡碰撞时，颗粒表面的水化膜厚且难破裂，气泡很难附着在颗粒表面上，因此保留在料浆中，对其进行适当处理，可实现不同性质颗粒的分离。

4.6.2　浮选药剂

利用欲分离物料颗粒天然可浮性的差异进行分选，分选效率会很低，往往需要投入浮选药剂，人为改变物质颗粒的可浮性。正确地选择、使用浮选药剂是调整物质颗粒可浮性的主要方法。根据在浮选过程中的作用不同，浮选药剂分为捕收剂、起泡剂和调整剂三大类。

（1）捕收剂　捕收剂的主要作用是增强欲浮废物颗粒表面的疏水性，增加可浮性，增大其向气泡附着的可能性。

效果较好的捕收剂应具备以下特点：①捕收作用强，活性高；②选择性高，最好是专一性强；③易溶于水，无毒、无臭、成分稳定，不易变质；④价格低廉，来源广泛。常用的捕收剂主要有异极性捕收剂和非极性油类捕收剂两类。异极性捕收剂的分子结构中含有两种基团——极性基和非极性基。一般，极性基具有很强的亲水性，非极性基具有很强的疏水性。向料浆中投入捕收剂，经搅拌后，捕收剂活泼的极性基能与废物表面发生作用而吸附于废物表面，满足废物表面未饱和的性能；非极性基则具有石蜡或烃类那样的疏水性，朝外排水而造成废物表面的"人为可浮性"。这就是捕收剂与废物颗粒表面作用的基本原理。典型的异极性捕收剂有黄药、油酸等，图 4-26 为黄药分子与固体颗粒表面作用示意图。

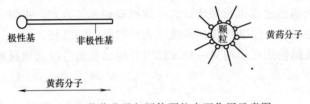

图 4-26　黄药分子与固体颗粒表面作用示意图

从煤矸石中回收黄铁矿时，常用黄药作捕收剂。黄药是工业上的名称，学名是烃基二硫代碳酸盐，通式为 ROCSSMe，其中 R 为烃基，Me 为碱金属离子。烃链越长，捕收能力越强；但烃链过长，药剂的溶解性下降，捕收效果下降。常用的黄药烃链中含碳数为 2～5 个。凡是能与黄药反应生成难溶解盐化合物的废物颗粒都可用黄药作为捕收剂，如含 Hg、Au、Bi、Cu、Pb、Co、Ni 等的废物，它们与黄药生成的化合物的溶度积小于 10^{-10}，都可用黄药作为捕收剂。黄药捕收剂与含铜化合物的反应式为：

$$2R—OCSSNa+CuS \longrightarrow (R—OCSS)_2Cu+Na_2S \tag{4-33}$$

非极性油类捕收剂主要包括脂肪烷烃 C_nH_{2n+2}、脂环烃 C_nH_{2n} 和芳烃三类。这类捕收剂因难溶于水、不能解离为离子而得名，常用的非极性油类捕收剂有煤油、柴油、燃料油、重油、变压器油等。目前，单独使用非极性油类捕收剂的只是一些天然可浮性很好的非极性废物颗粒，如粉煤灰中的未燃尽炭、废石墨等。

（2）起泡剂　起泡剂是一种表面活性物质，主要作用在水-气界面上，使其界面张力降低，促使空气在料浆中弥散，形成小气泡，防止气泡兼并，增大分选界面，提高气泡与颗粒的黏附性和上浮过程中的稳定性，以保证气泡上浮形成泡沫层。起泡剂在气泡表面的吸附形式如图 4-27 所示。常用的起泡剂有松油、松醇油、脂肪醇等。起泡剂与捕收剂之间的相互作用如图 4-28 所示。

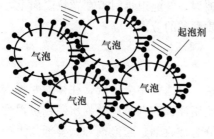

图 4-27 起泡剂在气泡表面的吸附

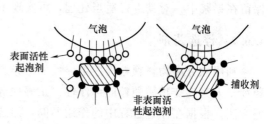

图 4-28 起泡剂与捕收剂的相互作用

（3）调整剂　调整剂的主要作用是调整捕收剂的作用及介质条件。其中促进欲浮废物颗粒与捕收剂作用的称为活化剂，一般为无机盐，如硫化钠、硫酸铜等；抑制非欲浮颗粒可浮性的称为抑制剂，常用的抑制剂有无机盐（水玻璃）和有机物（淀粉、单宁等）；调整介质pH 的称为 pH 调整剂，主要为酸、碱类；促使料浆中的欲浮细粒联合变成较大团粒，以减小细泥对浮选的不利影响，改善和提高浮选效果的调节剂称为絮凝剂，多为石灰、明矾、聚丙烯酰胺等；促使料浆中非欲浮细粒呈分散状态的药剂称为分散剂，常用的分散剂为水玻璃和各类聚磷酸盐等。

4.6.3　浮选设备

目前的浮选设备包括浮选机和浮选柱。浮选机根据充气方式，可以分为机械搅拌式浮选机和非机械搅拌式浮选机。浮选柱包括传统浮选柱和新型浮选柱。

（1）浮选机　我国使用最多的是一种带辐射叶轮的空气自吸式机械搅拌浮选机，其构造如图 4-29 所示。

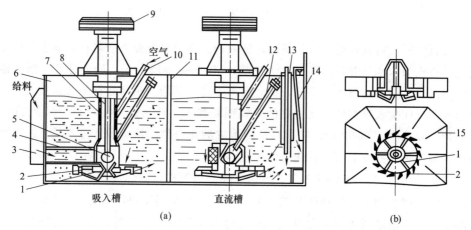

图 4-29　空气自吸式机械搅拌浮选机及其吸气装置构造

1—叶轮；2—盖板；3—受浆箱；4—进浆管；5—循环孔；6—槽子；7—套管；8—轴；9—皮带轮；
10—进气管；11—槽间隔板；12—调节循环量的闸门；13,14—闸门；15—稳流板

该浮选机由两个槽子构成一个机组，第一个槽子带有进浆管，称为抽吸槽或吸入槽，第二个没有进浆管的槽子称为自流槽或直流槽。主轴的下端装有叶轮，上端为皮带轮，在电机的传动下，皮带轮带动下端叶轮高速旋转。叶轮上方装有盖板和空气筒（或称竖管），空气

筒上开有孔，用以安装进浆管、返回管或作料浆循环之用，孔的大小可以调节。闸门用来控制和调节槽内料浆的水平面。

浮选机工作时，料浆由进浆管送入盖板的中心处，叶轮高速旋转产生离心力将料浆甩出，此时在中心处形成一定的负压，外界的空气便经过进气管被吸入，与料浆混合后一起被叶轮甩出。在叶轮的强烈搅拌下，料浆与空气充分混合，同时气流被破碎成细小的气泡，欲选废物颗粒与细小气泡碰撞黏附后，随着气泡浮升至料浆表面形成泡沫层，最后由刮泡机刮出回收。

（2）浮选柱

① 传统浮选柱。国产浮选柱的构造如图 4-30 所示，该浮选柱主体为一圆柱体，底部装有一组由微孔材料制成的充气器，上部设有给矿分配器，给入的料浆均匀分布在柱体的横断面上，并缓缓下降，颗粒在下降过程中与上升的气泡碰撞，实现矿化。浮选柱内浮选区的高度远大于其他浮选设备，因此废物颗粒与气泡碰撞和黏着的概率大。浮选区内料浆气流的湍流强度较低，黏附在气泡上的疏水性废物颗粒不易脱落。浮选柱的泡沫层可达数十厘米，二次富集作用特别显著，且可向泡沫层淋水加以强化，往往一次粗选便可获得高质量的最终精矿。如加拿大研制的浮选柱高达 12～15m，这种浮选柱最显著的特点也是正压微孔充气和气泡与废物颗粒的逆流碰撞矿化。浮选柱在我国已应用多年，选择性好，适于对细粒废物进行有效分选，但是充气器容易堵塞是其推广应用的主要障碍。

② 新型浮选柱。针对传统浮选柱的缺点，新型浮选柱主要是在充气器结构和功能上进行了深入广泛的研究，目前已用于工业生产，比如静态浮选柱、微泡浮选柱和旋流浮选柱等，一直以来最引人注目。

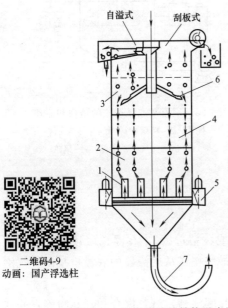

二维码4-9
动画：国产浮选柱

图 4-30　国产浮选柱结构示意图

1—竖管充气器；2—下体；3—上体；

4—中间圆筒；5—风室；

6—给矿器；7—尾矿管

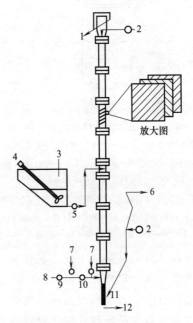

放大图

图 4-31　静态浮选柱结构示意图

1—精矿；2—清水流量计；3—搅拌槽进料；4—搅拌器；

5—泵；6—接矿浆液面控制器；7—压力表；8—压缩空气；

9—减压器；10—流量计；11—阀；12—尾矿

静态浮选柱结构如图 4-31 所示，主要是在柱中充填了波纹板，形成很多孔道，空气通过孔道时被粉碎成气泡。两层波纹板在堆放时呈直角相交，同一层中相邻两块板的波纹又是交叉的，这样可使浆料和空气混合物均匀地分布在整个断面上，延长了废物颗粒和气泡的停留时间。上升的气泡被强制与废物颗粒接触，增加了矿化概率。顶部给入的淋洗水顺着孔道向下流，不断带走杂质，尾矿从底部阀门排出。

微泡浮选柱主要是采用了新型的微泡发生器，图 4-32 为微泡浮选柱结构示意图。这种多孔管微泡发生器是在压力管道上设一微孔材质的喉管，喉管通过密封的套管同压缩空气相连，当料浆快速经过喉管时，压缩空气经过套管从多孔材质的喉管壁进入料浆，形成微泡，并立即被流动的料浆带走。微泡浮选柱的高度与直径的比值由所需的浮选时间而定。料浆由上部柱高 2/3 处给入，泡沫层厚度为 $0.6\sim0.8$m，与柱高和直径无关。淋洗水加入泡沫层中，水量按断面计算时约 $20cm^3/(cm^2 \cdot min)$。

FCMC 型旋流微泡浮选柱在 1992 年投入工业应用以来已形成直径为 1m、1.5m、2m、3m 的系列规格。旋流微泡浮选柱的结构和原理如图 4-33 所示，该浮选柱包括浮选段、旋流段和气泡发生器三部分。

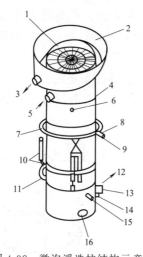

图 4-32 微泡浮选柱结构示意图

1—洗涤水分配器；2—泡沫溜槽；3—泡沫产品；
4—洗涤水入口；5—给矿入口；6—压力传感器；
7—环形矿浆管；8—起泡剂添加管；
9—连接砂泵出口管道；10—微泡发生器；11—环形
空气管；12—尾矿；13—控制阀；14—放矿阀；
15—连接砂泵吸入管道；16—检修孔

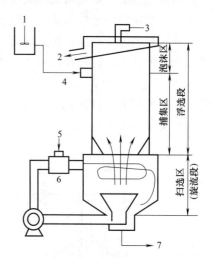

图 4-33 旋流微泡浮选柱的结构和原理

1—搅拌；2—精煤；3—喷水；4—入料；
5—空气；6—气泡发生器；7—尾矿

浮选段又分为捕集区（或称矿化区）和泡沫区（或称精选区）。在浮选段顶部设有冲水装置和泡沫料浆收集槽。给料管位于柱顶约 1/3 处，最终尾矿从旋流器的底流口排出。气泡发生器上设有空气入管和起泡剂添加管。

气泡发生器在循环料浆加压喷射的同时吸入空气与起泡剂，进行混合和气泡粉碎，并通过压力降低释放、析出大量微泡，然后沿切线方向进入旋流段。气泡发生器在产生合适气泡的同时，也为旋流段提供旋流力场。含气、固、液三相的循环料浆沿切线高速进入旋流段后，在离心力作用下做旋流运动，气泡和已矿化的气固絮团向旋流中心运动，并迅速进入浮选段。气泡与从上部给入的料浆反向运动、碰撞并矿化实现分选。旋流段的作用是对在浮选段未分选的废物颗粒进行扫选，以提高回收率。

4.6.4　浮选工艺

浮选工艺过程包括调浆、调药、调泡三个程序。

调浆就是在浮选前对料浆的浓度进行调节，是浮选过程的一个重要工序。料浆浓度是指料浆中固体废物与液体（水）的质量之比，常用固液比或固体含量百分数来表示。一般浮选密度较大、粒度较粗的废物颗粒，往往用较浓的料浆；浮选密度较小的废物颗粒，可用较稀的料浆。浮选的料浆浓度必须符合浮选工艺要求。

调药为浮选过程药剂的调整，包括提高药效、合理添加、混合用药、料浆中药剂浓度调节与控制等。对一些水溶性小或不溶的药剂，可采用配成悬浮液或乳浊液、皂化、乳化等措施来调药。药剂合理添加主要是为了保证料浆中药剂的最佳浓度，一般先加调整剂，再加捕收剂，最后加起泡剂。所加药剂的种类和数量应根据欲选废物颗粒的性质通过试验确定。

调泡为浮选气泡的调节。气泡主要是供疏水颗粒附着，并在料浆表面形成三相泡沫层，不与气泡附着的亲水颗粒则留在料浆中。因此，气泡的大小、数量和稳定性对浮选具有重要影响。气泡越小，数量越多，气泡在料浆中分布越均匀，料浆的充气程度越好，为欲浮颗粒提供的气液界面越充分，浮选效果越好。对机械搅拌式浮选机，当料浆中有适量起泡剂存在时，大多数气泡直径为 0.4~0.8mm，最小 0.05mm，最大 1.5mm，平均 0.9mm 左右。

一般浮选法大多是将有用物质浮入泡沫产品中，而无用或回收经济价值不大的物质仍留在料浆中，这种浮选法称为正浮选；但也有将无用物质浮入泡沫层中，将有用物质留在料浆中的，这种浮选法称为反浮选。当固体废物中有两种或两种以上的有用物质需要浮选时，通常可采用优先浮选或混合浮选方法。优先浮选是将固体废物中的有用物质依次浮出，成为单一物质产品的浮选方法。混合浮选是将固体废物中的有用物质共同浮出为混合物，再把混合物中的有用物质依次分离的方法。

浮选是固体废物资源化的一种重要技术。我国已经将浮选应用于从粉煤灰中回收炭、从煤矸石中回收硫铁矿、从焚烧炉灰渣中回收金属等。但在浮选前有些工业固体废物需要破碎和磨碎到一定细度，浮选时需要消耗一定数量的浮选药剂，且易造成环境污染或需要增加相配套的净化设施，另外还需要一些辅助工序如浓缩、过滤、脱水、干燥等。因此，在生产实践中究竟采用哪种分选方法，应根据固体废物的性质，经技术经济综合比较后确定。

4.7　其他分选方法

4.7.1　摩擦与弹跳分选

摩擦与弹跳分选是根据固体废物中各组分的摩擦系数和碰撞系数的差异，在斜面上运动或与斜面碰撞弹跳时，产生不同的运动速度和弹跳轨迹而实现彼此分离的一种处理方法。

固体废物从斜面顶端送入，并沿着斜面向下运动时，其运动方式因颗粒的性质或密度不同而不同。其中纤维状废物或片状废物几乎全靠滑动，球形颗粒废物有滑动、滚动和弹跳三种运动方式。当颗粒单体（不受干扰）在斜面上向下运动时，纤维状体或片状体的滑动运动和速度较小，运动速度不快，所以脱离斜面抛出的初速度较小；而球形颗粒由于是滑动、滚动和弹跳相结合的运动，其加速度较大，运动速度较快，因此脱离斜面抛出的初速度也较大。

当废物离开斜面抛出时，又因受空气阻力的影响，抛射轨迹并不严格沿着抛物线前进。

其中纤维状废物由于形状特殊，受空气阻力影响较大，在空气中减速很快，抛射轨迹严重不对称（抛射开始时接近抛物线，其后接近垂直落下），因此抛射不远。而颗粒废物接近球形，受空气阻力影响较小，在空气中运动减速较慢，抛射轨迹对称，抛射较远。因此，在固体废物中，纤维状废物与颗粒废物、片状废物与颗粒废物因形状不同，在斜面上运动或弹跳时产生不同的运动速度和运动轨迹，因而可以彼此分离。

　　城市垃圾自一定高度送到斜面上时，其中废纤维、有机垃圾和灰土等近似塑性碰撞，不产生弹跳；而砖瓦、铁块、碎玻璃、废橡胶等则属弹性碰撞，产生弹跳，跳离碰撞点较远。两者运动轨迹不同，因而得以分离。

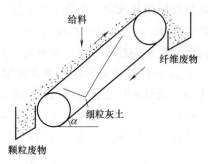

图 4-34　带式筛示意图

　　摩擦与弹跳分选设备有带式筛、斜板运输分选机、反弹滚筒分选机等。带式筛是一种倾斜安装、带有振打装置的运输带，如图 4-34 所示。其带面由筛网或刻沟的皮带制成。带面安装倾角（α）大于颗粒废物的摩擦角，小于纤维废物的摩擦角。

　　废物从带面的下半部由上方给入，由于带面的振动，颗粒废物在带面上做弹性碰撞，向带的下部弹跳，又因带面的倾角大于颗粒废物的摩擦角，所以颗粒废物还有下滑的运动，最后从带的下端排出。纤维废物与带面为塑性碰撞，不产生弹跳，并且带面倾角小于纤维废物的摩擦角，所以纤维废物不沿带面下滑，而随带面一起向上运动，从带的上端排出。在向上运动过程中，带面的振动使一些细粒灰土透过筛孔从筛下排出，从而使颗粒废物与纤维废物分离。

　　图 4-35 是斜板运输分选机的工作原理示意图。城市垃圾由给料皮带运输机从斜板运输到分选机的下半部的上方送入，其中砖瓦、铁块、玻璃等与斜板板面产生弹性碰撞，向板面下部弹跳，从斜板分选机下端排入重的弹性产物收集仓，而纤维织物、木屑等与斜板板面为塑性碰撞，不产生弹跳，因而随斜板运输板向上运动，从斜板上端排入轻的非弹性产物收集仓，从而实现分离。

　　反弹滚筒分选机由抛物皮带运输机、回弹板、分料滚筒和产品收集仓组成，如图 4-36 所示。其工作过程是将城市垃圾由倾斜抛物皮带运输机抛出，与回弹板碰撞，其中铁块、砖瓦、玻璃等与回弹板、分料滚筒产生弹性碰撞，被抛入重的弹性产品收集仓，而纤维废物、木屑等与回弹板为塑性碰撞，不产生弹跳，被分料滚筒抛入轻的非弹性产品收集仓，从而实现分离。

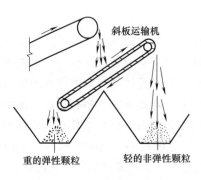

图 4-35　斜板运输分选机

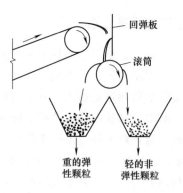

图 4-36　反弹滚筒分选机

4.7.2　光电分选

光电分选系统包括以下三个部分。

（1）给料系统　固体废物分选前，需要预先进行筛分分级，使之成为窄粒级物料，并清除废物中的粉尘，以保证信号清晰，提高分离精度。分选时，使预处理后的物料颗粒排队呈单行逐一通过光检区受检，以保证分离效果。

（2）光检系统　包括光源、透镜、光敏元件及电子系统等，这是光电分选机的"心脏"。因此，要求光检系统工作准确可靠，在工作中要维护保养好，经常清洗，减少粉尘污染。

（3）分离系统（执行机构）　固体废物通过光检系统后，光检系统收到的光电信号经过电子电路放大，与规定值进行比较处理，然后驱动执行机构，一般为高频气阀（频率为 300Hz），将其中一种物质从物料流中吹动使其偏离出来，从而使物料中不同物质得以分离。

图 4-37 是光电分选过程示意图。固体废物经预先窄分级后进入料斗。由振动溜槽均匀地逐个落入高速沟槽进料皮带上，在皮带上拉开一定距离并排队前进，从皮带首端抛入光检箱受检。当颗粒通过光检测区时，受光源照射，背景板显示颗粒的颜色或色调，当欲选颗粒的颜色与背景颜色不同时，反射光经光电倍增管转换为电信号（此信号随反射光的强度变化），电子电路分析该信号后，产生控制信号驱动高频气阀喷射出压缩空气，将电子电路分析出的异色颗粒（即欲选颗粒）吹离原来下落轨道，并加以收集。而颜色符合要求的颗粒仍按原来的轨道自由下落并收集，从而实现分离。光电分选可用于从城市垃圾中回收橡胶、塑料、金属等物质。

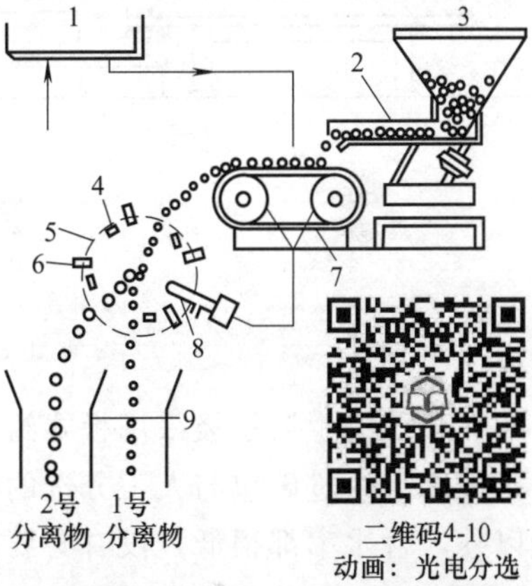

二维码4-10
动画：光电分选

图 4-37　光电分选过程示意图

1—电子放大装置；2—振动溜槽；3—料斗；
4—标准色板；5—光检箱；6—光电池；
7—有高速沟的进料皮带；8—压缩空气
喷管；9—分离板

4.8　分选处理系统

我国南北地区的气候和人们的生活习惯有一定差异，导致生活垃圾的组分（如含水率、有机废物含量等）不同。因此，要针对不同地区的垃圾，基于循环经济理念，设计不同的垃圾分选处理系统，充分体现减污降碳协同增效，以有利于生态文明社会的建设。

（1）系统一　适合我国南方气候潮湿地区的垃圾分选处理系统见图 4-38。

目前各地垃圾普遍采用袋装化收集，因此在处理的第一步就要借用破包机的作用将其破包，为后续工序做准备。破包之后的垃圾进入振动筛进行一次筛分，其目的是防止垃圾结团，筛分后的垃圾通过输送带输送进入人工分选工序，这个步骤较为关键，应尽量控制皮带的输送速度，以提高分选效果。在人工分选的末端可在皮带上方安装磁选设备，将垃圾中的金属分离。由于垃圾的含水率高，在进入滚筒筛之前先要进入烘干设备处理，可以按具体的需要确定滚筒筛的筛孔孔径、数量以及筛分段数，以提高筛分效果。筛分出来的垃圾按不同的粒径采用不同的后处理方式：粒径最小的直接做水泥固化处理；中间部分进行风选处理；粒径最大的部分先要进行一道人工分选，将厨余物、建筑垃圾与废纸、塑料等可回收物资分离，再进行风选。风选出来的废纸、塑料、橡胶等成分可进行强力破碎，作为后续工艺的原料。

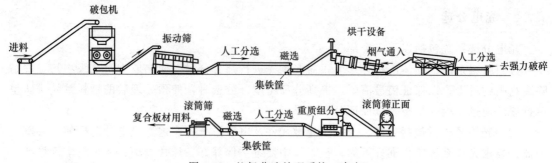

图 4-38　垃圾分选处理系统（南方）

（2）系统二　适合我国北方气候干燥地区的垃圾分选处理系统见图 4-39。

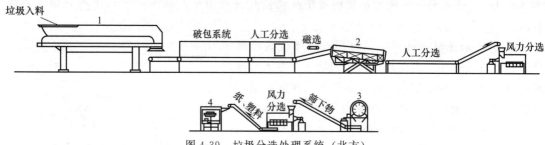

图 4-39　垃圾分选处理系统（北方）

1—板式给料机；2,3—滚筒筛；4—后续加工设备

　　该系统的生活垃圾采用板式给料机入料，可使垃圾在皮带上输送时厚度基本均匀，便于人工分选。经过破包与人工分选的垃圾直接进入滚筒筛，这是因为北方的垃圾干燥，除了夏季以外，含水率都很低，没有必要进行烘干，直接可以用滚筒筛分选。分选后的粉煤灰与建筑垃圾可直接固化或用来制砖，厨余物可进行堆肥处理，纸张、塑料、橡胶等成分可作为后续工艺的原料。

　　该系统与系统一相比，流程要简单得多，烘干装置与振动筛都可不用，其他设备与系统一相同；夏季垃圾含水率高时，可将垃圾稍加处理（比如可把大块的建筑垃圾挑选出来）后直接堆肥，再对堆肥成品进行分选处理。

思考题

1. 常见的机械分选方法有哪几种？
2. 描述固体物质在滚筒筛上的几种不同运动状态。
3. 试比较各种重力分选设备的工作原理和适用的场合。
4. 概述浮选基本原理。
5. 浮选中常用哪些浮选药剂？它们在浮选过程中的作用是什么？
6. 根据城市垃圾和工业固体废物中各组分的性质，怎样组合分选回收工艺系统？

第 5 章

固体废物的脱水

二维码5-1
污泥脱水原理

5.1 概述

固体废物的脱水常用于高湿废物（如污泥、赤泥、畜禽粪便等）的处理。凡是含水率超过90％的固体废物，都需要先进行脱水减容的预处理，以便于包装、运输与资源化利用。固体废物常用的脱水方法有浓缩脱水和机械过滤脱水两种。脱水可缩小固体废物的体积，为固体废物的资源化利用创造条件。

5.1.1 高湿废物

（1）污泥 污泥的种类很多，根据来源不同大体分为生活污水污泥、工业废水污泥和给水污泥三类。根据污泥从水中分离过程不同可分为沉淀污泥（包括初沉污泥、混凝沉淀污泥、化学沉淀污泥等）和生物污泥（包括腐殖污泥和剩余活性污泥）。城市污水处理厂的污泥主要是沉淀污泥和生物污泥的混合污泥。根据污泥的成分和性质不同可分为有机污泥和无机污泥、亲水性污泥和疏水性污泥。根据污泥的不同处理阶段可分为生污泥、浓缩污泥、消化污泥、脱水污泥、干燥污泥、熟污泥以及污泥焚烧灰等。表5-1为各种污泥的含水率。

表 5-1 代表性污泥的含水率

名　　称	含水率/%	名　　称	含水率/%
初沉污泥	95	生物滴滤池污泥	
混凝污泥	93	慢速滴滤	93
活性污泥		快速滴滤	97
空气曝气	98～99	厌氧消化污泥	
纯氧曝气	96～98	初沉污泥	85～90
		活性污泥	90～94
		污泥脱水泥饼	70～80

（2）畜禽粪便 各种新鲜畜禽粪便的化学成分包括水分、粗蛋白、粗脂肪、粗纤维和无氮浸出物五个部分。畜禽粪便的各组分平均含量见表5-2，其中最主要的成分为水分，其次为有机质及各种大、中和微量养分物质。

表 5-2　畜禽粪便的各组分平均含量（质量分数）　　　　　单位：%

畜禽粪	水分	有机质	N	P_2O_5	K_2O
猪粪	81.5	15.0	0.60	0.40	0.44
马粪	75.8	21.0	0.58	0.30	0.24
牛粪	83.3	14.5	0.32	0.25	0.16
羊粪	65.5	31.4	0.65	0.47	0.23
鸡粪	50.5	25.5	1.63	1.54	0.85
鸭粪	56.5	26.2	1.10	1.40	0.62

二维码5-2
污泥水分种类及
脱水方法

5.1.2　污泥中水分的存在形式

污泥中所含水分可分为以下四种。

（1）间隙水　间隙水占污泥水分的绝大部分，为污泥水分总量的 $65\%\sim80\%$。间隙水主要被污泥块包围，并不与固体直接结合，作用力弱，因此很容易分离。这部分水是污泥浓缩的主要对象。当间隙水很多时，只需在调节池或浓缩池中停留几小时，就可利用重力作用使间隙水分离出来。

（2）毛细结合水　毛细结合水占污泥水分总量的 $15\%\sim25\%$。在污泥固体颗粒周围的水会发生毛细现象，构成如下几种结合水：在固体颗粒的接触面上由于毛细管压力的作用而形成的楔形毛细结合水；存在固体本身裂隙中的裂隙毛细结合水。毛细结合水由于受到液体凝聚力和液固表面附着力的作用，分离需要有较高的能量和机械作用力，可以用离心力、电渗力和热渗力等作用力，常用离心机或高压压滤机来去除这部分水。

（3）表面吸附水　表面吸附水占污泥水分总量的 $5\%\sim10\%$。由于污泥常处于胶体状态，颗粒很小，比表面积大，故表面张力作用吸附水分较多。表面吸附水较难去除，特别是细小颗粒或生物处理后的污泥，其表面活性及剩余力场强，黏附力更大，普通的浓缩或脱水方法难以去除。常用混凝方法去除，如加入电解质混凝剂，利用凝结作用使污泥固体与水分离。

（4）内部结合水　内部结合水占污泥水分总量的 $0\sim10\%$。污泥中一部分水被包围在微生物的细胞膜中形成内部结合水。内部结合水与固体结合得很紧，要去除必须先破坏微生物的细胞膜，因此机械方法是不能去除的，必须使用生物方法（好氧堆肥、厌氧消化等）使细胞生化分解，或采用其他方法破坏细胞膜，使内部水成为外部水从而去除。

5.2　脱水方法

常用的脱水方法见表 5-3。

表 5-3　常用的脱水方法

脱水方法		含水率/%	推动力	能耗 /(kW·h/m^3)	脱水后污泥状态
浓缩	重力浓缩 气浮浓缩 离心浓缩	95~97	重力 浮力 离心力	0.001~0.01	近似糊状
机械脱水	真空过滤 压力过滤 滚压过滤 离心过滤 水中造粒	60~85 55~70 78~86 80~85 82~86	负压 压力 压力 离心力 化学、机械力	1~10	泥饼 泥饼 泥饼 泥饼 颗粒

续表

脱水方法		含水率/%	推动力	能耗/(kW·h/m³)	脱水后污泥状态
干化	冷冻、湿式氧化	—	热能	1000	—
	热处理	—			
	干燥	10～40			颗粒
	焚烧	0～10			灰

5.2.1　污泥的浓缩

污泥含水率很高，一般为 96%～99%。污泥浓缩的目的就是减少污泥中的水分，缩小污泥的体积，但仍保持其流体性质，有利于污泥的运输、处理和利用。浓缩后污泥含水率仍然高达 85% 以上，可以用泵输送。

污泥浓缩的方法主要有重力浓缩法、气浮浓缩法和离心浓缩法。

5.2.1.1　重力浓缩法

浓缩是减小污泥体积最经济有效的方法，其中，重力浓缩是使用最广泛和最简便的浓缩方法。重力浓缩法是借助重力作用使固体废物脱水的方法，脱水对象主要是间隙水。该方法不能进行彻底的固液分离，常与机械脱水配合使用，作为污泥初步浓缩的方法以提高过滤效率。

进行重力浓缩的构筑物称为浓缩池。按运行方式分为间歇式浓缩池和连续式浓缩池。前者主要用于小型污水处理厂或工业企业的污水处理厂；后者用于大、中型污水处理厂。

间歇式重力浓缩池间歇进泥，因此在投入污泥前必须先排出浓缩池已澄清的上清液，腾出池容，故在浓缩池不同高度上应设多个上清液排出管。间歇式浓缩池的操作管理较麻烦，且单位污泥处理量所需池体积较连续式浓缩池大。图 5-1 为不带中心传动间歇式浓缩池。

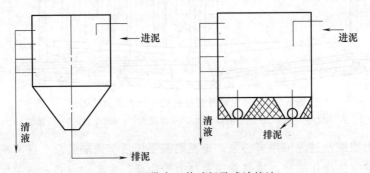

图 5-1　不带中心传动间歇式浓缩池

连续式重力浓缩池的结构类似于辐射式沉淀池。一般都是直径 5～20m 的圆形或矩形钢筋混凝土构筑物。可分为带刮泥机与搅动装置、不带刮泥机、带刮泥机多层浓缩池三种。

带刮泥机与搅拌杆的连续式浓缩池的代表池型如图 5-2 所示。该池是地面倾斜度很小的圆锥形沉淀池（水深约 3m），池底坡度一般为 (1:100)～(1:12)，污泥在水下的自然坡度角为 1:20。进泥口设在池中心，池周围有溢流堰。从进泥口进入的污泥向池的四周缓慢流动的过程中，固体颗粒得到沉降分离，分离液则越过溢流堰流入满流槽。被浓缩沉降到池底的污泥经过安装在中心旋转轴上的刮泥机很缓慢地旋转刮动，从排泥口用螺旋运输机或泥浆泵排出。

为了提高浓缩效果和缩短浓缩时间，可在刮泥机上安装搅拌杆，刮泥机与搅拌杆的旋转

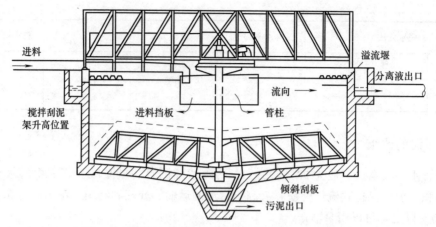

图 5-2 带刮泥机与搅拌杆的连续式浓缩池构造示意图

速度应很慢，不致使污泥受到搅动，其旋转速度一般为 2～20cm/s。搅拌可使浓缩时间缩短 4～5h。

带刮泥机及搅拌栅的连续式重力浓缩池如图 5-3 所示。刮泥机装的垂直搅拌栅随着刮泥机转动，周边线速度为 1m/min 左右，每条栅条后面可形成微小涡流，有助于颗粒之间的絮凝，使颗粒逐渐变大，并可造成空穴，促使污泥颗粒的间隙水与气泡逸出，浓缩效果可提高 20%以上。搅拌栅可促进浓缩作用，提高浓缩效果。

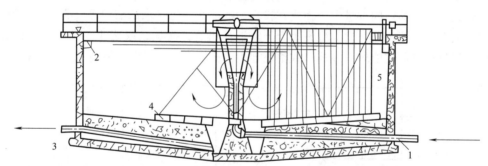

图 5-3 带刮泥机及搅拌栅的连续式重力浓缩池
1—中心进泥管；2—上清液溢流堰；3—排泥管；4—刮泥机；5—搅拌栅

通常，重力浓缩池进泥可用离心泵，排泥则需要用活塞式隔膜泵、柱塞泵等压头较高的泥浆泵。重力浓缩法操作简便，维修管理及动力费用低，主要缺点是占地面积较大。

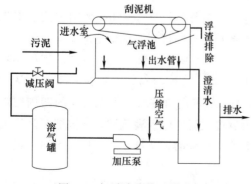

图 5-4 气浮浓缩的工艺流程

5.2.1.2 气浮浓缩法

气浮浓缩与重力浓缩相反，依靠大量微小气泡附着在颗粒上，形成颗粒-气泡结合体，进而产生浮力把颗粒带到水表面达到浓缩的目的。气浮浓缩法适用于粒子易于上浮的疏水性污泥，或悬浊液很难沉降且易于凝聚的场合。

上浮到水表面的污泥用刮泥机刮除，澄清水由池底排出。一部分水加压回流，混入压缩空气，通过溶气罐供给所需要的微气泡。气浮浓缩的工艺如图 5-4 所示。

（1）气浮浓缩原理　按照亨利定律，在一定温度下，空气在液体中的溶解度与空气受到的压力成正比。压力恢复正常以后，溶解空气随即变成细微气泡从液体中释放。大量细微气泡可以附着在污泥颗粒周围，从而使颗粒密度降低而被强制上浮，以达到浓缩的目的。

气浮的关键在于产生微气泡并使其稳定地附着于污泥颗粒上面产生上浮作用。按产生微气泡的方式不同，可分为电解气浮、散气气浮和溶气气浮三种。污泥气浮浓缩主要采用溶气气浮法，又可分为加压气浮和真空气浮。

（2）气浮浓缩的适应性　根据气浮原理，气浮浓缩的适用对象应该是疏水性污泥，但气浮对象如果是絮凝体，则在絮凝的过程中捕获的上升中的气泡以及絮凝体会对气泡产生吸附作用，从而使絮凝体的密度减轻以达到气浮的目的。所以活性污泥虽属亲水性物质，但由于它是絮凝体，相对密度为 1.002～1.008，比表面积大，很适宜用气浮浓缩法。此外好氧消化污泥、接触稳定污泥、不经初次沉淀的延时曝气污泥和一些工业的废油脂等也适宜用气浮浓缩法。

（3）气浮浓缩池的结构　气浮浓缩池分为圆形和矩形两类，见图 5-5。前者的刮浮泥板、刮沉泥板都安装在中心旋转轴上一起旋转。后者的刮浮泥板、刮沉泥板由电动机及传动链带带动刮泥。

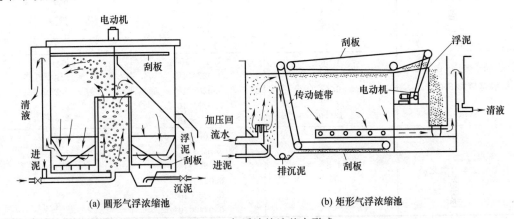

（a）圆形气浮浓缩池　　　（b）矩形气浮浓缩池

图 5-5　气浮浓缩池基本形式

（4）气浮浓缩法的优缺点　和重力浓缩相比，气浮浓缩有以下优点：①浓缩度高，污泥中固体物质含量可浓缩到 5%～9% 或更高；②固体物质回收率高达 99% 以上；③浓缩速度快，停留时间短（一般为重力浓缩所需时间的 1/3 左右），因此设备简单紧凑，占地面积小；④在污泥负荷变化和四季气候改变条件下均能稳定运行；⑤不易腐败发臭。

缺点是基建费用和操作费用较高，管理较复杂，气浮浓缩的操作运行费用一般为重力浓缩的 2～3 倍。

5.2.1.3　离心浓缩法

离心浓缩是利用固体颗粒和水的密度差异，在高速旋转的离心机中，固体颗粒和水分分别受到大小不同的离心力而达到固液分离的目的。由于离心力远远大于重力，因此离心浓缩法占地面积小，造价低，但运行费用及机械维修费用较高，因此应用较少。目前用于污泥离心分离的设备主要有倒锥分离型离心机和螺旋卸料型离心机两种。

综上所述，污泥的浓缩对于污泥的运输、消化处理以及脱水等都有很大的价值。由于浓缩的方法很多，因此应根据污泥的性质等实际条件进行选择与应用。

5.2.2　污泥的调理

5.2.2.1　污泥调理的目的

　　污泥调理是提高污泥浓缩脱水效率的一种预处理方法，目的是经济地进行后续处理从而有计划地改善污泥的性质。有机质污泥（包括初沉污泥、腐殖污泥、活性污泥及消化污泥）均是以有机微粒为主体的悬浊液，颗粒大小不均匀且很细小，具有胶体特性。由于和水有很大的亲和力，可压缩性大，过滤比阻值也大，因而其过滤脱水性能较差。其中活性污泥由各类粒径胶体颗粒组成，过滤比阻值高，脱水更为困难。

　　一般认为，进行机械脱水的污泥，其比阻值在 $(0.1\sim0.4)\times10^9\,s^2/g$ 之间较为经济，但各种污泥的比阻值均大于此值（表5-4）。因此，为了提高污泥的过滤、脱水性能，有必要对污泥进行调理。

表 5-4　加药、洗涤法对消化污泥的调理效果

调理方法	混凝剂投加量/%	比阻/(s^2/g)	调理后 pH
加入混凝剂 $FeCl_3$	—	16×10^9	8.3
	4.4	1.6×10^9	7.5
	13.4	0.092×10^9	6.4
	22.3	0.047×10^9	4.2
	31.1	0.097×10^9	2.5
洗涤	—	1.1×10^9	7.4
洗涤后加 $FeCl_3$	1.66	0.14×10^9	6.7
	4.21	0.027×10^9	5.8
	6.77	0.026×10^9	5.2
	9.30	0.027×10^9	4.2
	13.50	0.035×10^9	2.5
洗涤后加聚合氯化铝	0.22	1.0×10^9	7.4
	0.86	0.12×10^9	7.3
	1.32	0.068×10^9	6.8
	2.20	0.021×10^9	6.7
	5.36	0.028×10^9	6.4
	8.60	0.044×10^9	5.8

5.2.2.2　污泥的调理方法

　　污泥的调理方法主要有洗涤（淘汰调节）、加药调理（化学调节）、热处理及冷冻熔融处理法。以往主要采用洗涤法和以石灰铁盐、铝盐等无机混凝剂为主要添加剂的加药法。近年来，高分子混凝剂得到广泛应用，热处理和冷冻熔融法也受到重视。特别是当污泥作为肥料再利用时，为了不使有效成分分解，常采用冷冻熔融法。在有液化石油气废热可供利用时，用冷冻熔融法更为有利。

　　选定上述调理工艺时，必须从污泥性状、脱水的工艺、有无废热可利用及整个处理、处置系统的关系等方面综合考虑决定。

　　（1）污泥的洗涤　污泥的洗涤适用于消化污泥的预处理，洗涤可以节省加药（混凝剂）用量，降低机械脱水的运行费用。

　　污泥加药调节所用的混凝剂，一部分消耗于挥发性固体（中和胶体有机颗粒），一部分消耗于污泥水中溶解的生化产物。生污泥经过厌氧消化使挥发性固体含量降低，但在污泥厌氧消化的甲烷发酵期，会同时产生钙、镁、铵的碳酸氢盐，使消耗于液相组分的混凝剂数量激增。污泥水的碳酸氢盐浓度可由数百毫克每升增加到 $2000\sim3000$mg/L。按固体量计算，

碱度增加了 60 倍以上。所以在消化污泥中直接投加混凝剂是很不经济的，需要先进行污泥的洗涤处理，洗涤用水为污泥的 2～5 倍，目的就是降低碱度，节省混凝剂用量。一般情况下，经洗涤后，混凝剂的消耗量可节省 50%～80%。

洗涤水可用二次沉淀池出水或河水，污泥洗涤过程包括用洗涤水稀释污泥、搅拌、沉淀分离、撇除上清液。洗涤工艺可分为单级洗涤、两级或多级串联洗涤等多种形式。其中二级串联逆流洗涤效果最好，其工艺流程见图 5-6。

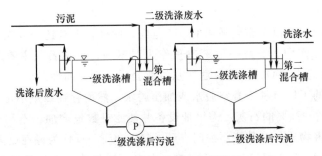

图 5-6 二级串联逆流洗涤装置

由于大小不同的颗粒有不同的沉降速度及有机微粒的亲水性，故污泥洗涤能去除部分有机微粒，还能降低污泥的黏度，提高污泥浓缩、脱水效果。但是当循环用水时，有机微粒会逐渐在水中富集。故洗涤后上清液中 BOD_5 与悬浮物浓度常高达 2000mg/L 以上，必须回流到污水处理厂处理，不能直接排放。

此外，洗涤水会将污泥中的氮带走，降低污泥肥效。所以当污泥用作土壤改良剂或肥料时，不宜采用洗涤工艺。对浓缩生污泥进行洗涤的效果较差，可直接加药进行调理。

（2）加药调理 加药调理的原理就是在污泥中加入助凝剂、混凝剂等化学药剂，促使污泥颗粒絮凝，改善其脱水性能。

① 混凝原理。由于污泥中的固体颗粒是水合物，细小而带电，所以污泥会形成一种稳定的胶体悬浮液，使污泥中固体和水的分离比较困难。因此，要解决固液分离，就必须破坏污泥胶体的稳定性。加药处理可以减小离子和水分子的亲和力，使粒子可以得失电子或共享电子。实际上，废水中的全部分散相粒子都带负电，造成相互之间的静电排斥，以维持其稳定的分散体系。

分散相微粒和分散介质带相反符号的电荷从而形成双电层。双电层分为两个部分，即吸附层和漫散层，统称为漫散双电层。根据这种双电层模式，表面带负电的微粒，其外部周围是集中了阳离子的双电层。两个相同电荷的微粒接近时，由于静电斥力大于范德瓦耳斯力而不能相结合形成大颗粒。要使胶体颗粒凝聚，必须设法中和污泥颗粒所带的电荷，并取消或压缩被颗粒吸附着的双电层厚度。

各类混凝剂产生的离子常常带正电荷，与带负电荷的污泥颗粒互相吸引并中和，使电荷减少，从而降低了静电斥力并在范德瓦耳斯力的作用下克服静电斥力而凝聚。同时，加入混凝剂后，污泥中的离子浓度增加，正负电荷的静电吸引使粒子迅速靠近，破坏双电层，也促使颗粒凝聚长大，从而改善其脱水沉降性能。

通常，所用的混凝剂的离子价态越高，对中和胶体电荷量及压缩双电层厚度也越有利。所以铝盐、铁盐及高聚合度混凝剂的混凝效果是比较好的。在各类混凝剂中，无机混凝剂的主要作用是中和电荷、压缩双电层、降低斥力，一般铁盐或铝盐加入污泥后会形成带正电荷的离子，即 Fe^{3+} 或 Al^{3+}，往往易水解形成氢氧化物絮体而促进混凝作用。故混凝效果与 pH 有很大关系，例如以铝盐作为混凝剂时：pH 小于 4 时，铝成为 Al^{3+}；pH 大于 4 时，生成 $Al_8(OH)_{20}^{4+}$ 和 $Al_6(OH)_{15}^{3+}$ 等带正电荷的高价氢氧化物聚合体，有利于中和污泥颗粒的负电荷及加强吸附作用；pH 在 8.2 以上时，氢氧化铝溶解成铝酸离子 AlO_2^- 而丧失了混凝作用。因此，铝盐作为混凝剂，污泥的 pH 为 5~7 时效果最好。使用高铁盐时，污泥的 pH 在 5~7 混凝效果较好，可以迅速形成 $Fe(OH)_3$ 絮体。亚铁盐作为混凝剂时，最适宜的 pH 范围是 8.7~9.6。

一般，同时使用石灰以调整到适当的 pH 范围。此外，石灰还起到除臭、杀菌、使污泥易于过滤及稳定化等作用。石灰一般不单独作为混凝剂，投加石灰主要起助凝作用，补给 OH^- 以中和铁盐所造成的酸性，改良滤饼从过滤介质上剥离的性能。

添加无机药剂的工序有利于真空脱水或加压脱水，然而存在以下不足：添加百分之几到 20% 的金属盐和 5%~25% 的石灰，需增加设备并使滤饼数量增加，不利于进一步处理和利用；药剂会带入有害物质，在焚烧污泥时，Ca^{2+} 会使 Cr^{3+} 氧化为毒性更大的 $Cr(VI)$；石灰粉尘会影响工作环境；$Ca(OH)_2$ 分解会耗热，降低滤饼热值，不利于焚烧处理。

高分子混凝剂中和污泥胶体颗粒的电荷及压缩双电层这两个作用，与无机电解质混凝剂相同。高分子混凝剂的混凝特点在于：由于它们的长分子可在污泥颗粒之间起"架桥"作用，并且能形成网状结构，起到网罗作用，促进凝聚过程，故能提高脱水性能。特别是改性后的高分子聚合电解质，架桥作用更强。由于非离子型的链是卷曲的，变性后极性基团被拉长展开，增强了架桥作用与吸附能力，混凝效果可提高 6~10 倍。此外高分子混凝剂能迅速吸附污泥颗粒，絮体比无机混凝剂更牢固，结合力更大。

② 助凝剂。助凝剂本身一般不起混凝作用，而是调节污泥的 pH，供给污泥以多孔状网格的骨骼，改变污泥颗粒的结构，破坏胶体的稳定性，提高混凝剂的混凝效果，增强絮凝强度。助凝剂主要有硅胶土、珠光体、酸性白土、锯屑、污泥焚烧灰、电厂粉尘及石灰等惰性物质。

助凝剂的使用方法有两种：一种是直接加入污泥中，投加量一般为 10~100mg/L；另一种是配制成 1%~6% 的糊状物，预先粉刷在转鼓真空过滤介质上成为预覆助滤层，随着转鼓的运转，每周刮去 0.01~0.1mm，待刮完后再涂上。

③ 混凝剂。污泥调理常用的混凝剂包括无机混凝剂与高分子混凝剂两大类。无机混凝剂是一种电解质化合物，主要有铝盐和铁盐等。高分子混凝剂是高分子聚合电解质，包括有机合成混凝剂及无机高分子混凝剂两种。国内广泛使用的有机合成混凝剂为高聚合度非离子型聚丙烯酰胺（PAM）及其变性物质。无机高分子混凝剂主要是聚合氯化铝（PAC）。

④ 混凝剂的选择。在无机混凝剂中，铁盐所形成的絮体密度大，因此需要的药剂量较少，特别是对于活性污泥的调节，其混凝效果相当于高分子混凝剂。但其腐蚀性较强，不便贮存与运输，投加量较大时，需用石灰作为助凝剂调节 pH。铝盐混凝剂形成的絮体密度较小，所需药剂量较多，但腐蚀性弱，便于贮存与运输。

高分子混凝剂的主要特点是药剂消耗量大大低于无机混凝剂，最常用的高分子混凝剂有聚丙烯酰胺及其变性物和聚合氯化铝。聚合氯化铝的投加量一般在 3% 左右，聚丙烯酰胺的投加量一般在 1% 以下，而无机混凝剂的投加量一般为 7%~20%。与无机混凝剂相比，高分子混凝剂还有以下优点：处理安全，操作容易，腐蚀性小（金属盐混凝剂有腐蚀性，一般不能用于离心脱水机工艺）；滤饼量增加很少；滤饼用作燃料时，发热量高，焚烧后灰烬少。

为了和水混合，高分子混凝剂最好呈液态，其次是颗粒状或小片状；但前者运输费用高，后者价格较贵。国外已广泛采用高分子混凝剂进行污泥脱水前的调理，仅在高分子混凝剂极不经济或对污泥脱水性能提高无效时才使用金属盐无机混凝剂，在污泥臭气严重或污泥不需要充分消化而是直接填埋时则常常采用石灰。

使用混凝剂还应注意以下几点。

① 使用三氯化铁和石灰药剂时，需先加铁盐再加石灰，这时过滤速度快，节省药剂。

② 高分子混凝剂与助凝剂合用时，一般应先加助凝剂压缩双电层，为高分子混凝剂吸附污泥颗粒创造条件，才能最有效地发挥混凝剂的作用。高分子混凝剂与无机混凝剂联合使用也可以提高混凝效果。

③ 机械脱水方法与混凝剂类型有一定联系。通常，真空过滤机使用无机混凝剂或高分子混凝剂效果差不多；压滤脱水对混凝剂的适应性也较强；离心脱水则要求使用高分子混凝剂而不宜使用无机混凝剂。

④ 泵循环混合或搅拌会影响混凝效果，增加过滤比阻抗，使脱水困难，故需注意适度混合或搅拌。

（3）热处理　热处理也叫蒸煮处理，是将污泥加热，使部分有机物分解及亲水性有机胶体物质水解，污泥中的细胞也被分解和破坏，使细胞膜中的水游离出来。这样可提高污泥的浓缩性能和脱水性能，对于脱水性较差的污泥十分有效。

热处理法可分为高温加压处理法和低温加压处理法两种。

① 高温加压处理法。高温加压处理法是把污泥加温到 $170\sim200℃$，压力为 $10\sim15MPa$，反应时间为 $1\sim2h$。热处理后的污泥经浓缩即可使含水率降低到 $80\%\sim87\%$，比阻降低到 $1.0\times10^8 s^2/g$。再经机械脱水，泥饼含水率可降低到 $30\%\sim45\%$。

高温加压热处理工艺有多种形式，主要差别在于污泥的加热方式不同。其工艺流程如图 5-7 所示。图 5-7 （a）是水蒸气直接吹入反应管内加热污泥的方式，污泥混合良好，受热均匀；图 5-7 （b）是除反应管加热外，增设加热器间接加热污泥的方式，污泥在换热器与处理后的污泥换热后，在加热器内被高温水或热风间接加热到所需温度，为了避免污泥堵塞热交换器，必须先过筛及破碎；图 5-7 （c）是以水为热载体的间接加热方式，这种方式比其他两种方式热效率高。

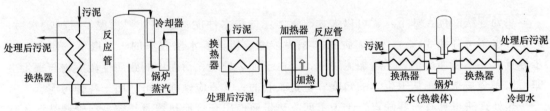

(a) 污泥/污泥热交换——蒸汽直接吹入方式　(b) 污泥/污泥热交换——间接加热方式　(c) 污泥/水/污泥热交换——间接加热方式

图 5-7　高温加压热处理工艺

② 低温加压处理法。实践表明，当反应温度在 175℃ 以上时，热处理设备容易产生结垢现象，降低传热效率。同时，高温加压处理后的分离液中溶解性物质比原污泥高约 2 倍，分离液需进行处理。所以低温加压处理法便得到了发展。低温加压处理法的反应温度较低（在 150℃ 以下），有机物的水解受到抑制，与高温加压处理法相比，分离液的 BOD_5 浓度低 $40\%\sim50\%$，锅炉容量可减少 $30\%\sim40\%$，臭气也较少，是一种优良的调理方法。

　　低温加压吹气法是一种常用的处理流程，介于湿式氧化和热处理之间。反应器内温度为145℃，压力保持在10MPa左右，吹入体积为处理污泥体积10倍的高压空气。其流程如图5-8所示。经筛子筛去大块杂质并用除砂装置除去砂石、金属、玻璃片等杂质后的污泥被送入贮槽，污泥中的纤维、碎布、木片等则靠破碎机重复破碎到2cm以下。随后将污泥用高压隔膜泵压入套管式换热器的内管中，环状外管内流过的反应后的高温污泥将其预热到120℃后，送入除砂装置（湿式旋风分离器）进一步除去常温下尚未除掉的砂石、金属屑等，再送入反应器。污泥在反应器内被来自锅炉的蒸汽加热到150℃，同时与空压机送来的空气相接触，污泥中一部分臭气成分氧化分解，污泥脱水性能提高。反应后的热处理污泥经过上述套管换热器及自动排泥阀后送入污泥浓缩槽，浓缩后靠高压泵打入压滤机内。上清分离液送返废水的生物处理系统，由反应器底部吹入的空气从反应器顶部抽出后，送入燃烧式脱臭器脱臭。

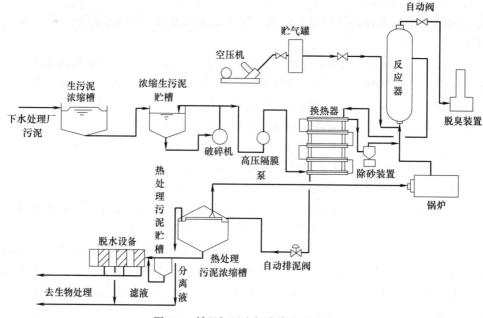

图 5-8　低温加压吹气式热处理系统

　　热处理法的优点如下：①可以大大改善污泥的脱水性能；②热处理污泥经机械脱水后，泥饼含水率可降到30％～45％，泥饼体积为浓缩、机械脱水法泥饼的1/4以下，便于进一步处置；③不需加药剂，不增加泥饼量；④由于加热处理，污泥中的致病性微生物与寄生虫卵可以完全被杀灭，从卫生学的角度看也是有利的；⑤适应性强，可适用于各种污泥。

　　热处理法也具有一些缺点：①为了回收热量而使用套管换热器时，容易在管壁结垢，且有机物在管壁处结焦会造成换热器高温区管壁和T形回弯头等处腐蚀和磨损；②向处理场地周围散发恶臭；③污泥可溶性分离液含有机物浓度高，BOD及COD值偏高，需要二次处理；④需要高温、高压操作和蒸汽加热，处理时间长达30min以上；⑤设备费用、操作费用高；⑥和焚烧相比，污泥发热量低。

　　但是热处理法的优点是主要的，今后污泥热处理法会有所发展。

　　（4）冷冻熔融处理法　冷冻熔融处理法是为了提高污泥的沉淀性能和脱水性能而使用的预处理方法。污泥冷冻到－20℃后再熔融，由于温度大幅度变化，胶体脱稳凝聚且细胞膜破裂，细胞内部水分得到游离，从而提高了污泥的沉淀性能和脱水性能。此种处理的流程见图 5-9。

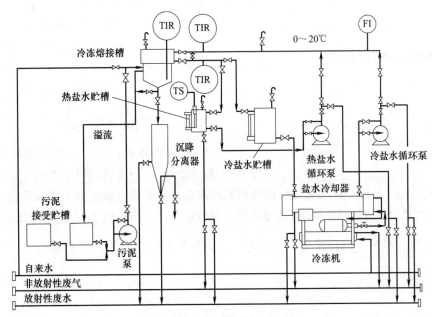

图 5-9　冷冻熔融处理流程图

近年来，冷冻熔融法已被广泛使用，但较多用于给水污泥处理系统。冷冻前，污泥颗粒的结构分散、细小；冷冻熔融以后，颗粒变大，没有毛细状态。冷冻处理后，污泥的沉降速度显著提高。经冷冻熔融后，无论污泥的浓度高低，沉降速度几乎都在 10min 内达到 500mm/min 以上，此速度是冷冻前的 2～6 倍。冷冻处理对提高污泥过滤产率的影响甚至更大。自来水厂污泥的过滤产率一般为 5～10kg/(m^2 · h)。投加混凝剂进行化学预处理时，过滤产率可提高数倍。而经冷冻熔融预处理，过滤产率可以提高到 200kg/(m^2 · h) 以上，最高甚至可达 2000kg/(m^2 · h)。因此，很多自来水厂都采用冷冻法处理污泥，以便减小处理污泥的占地面积。

污泥冷冻熔融后，再经真空过滤脱水，可得含水率为 50%～70% 的泥饼。经加药调理、真空过滤脱水后，泥饼含水率为 70%～85%。由于冷冻处理后不必加混凝剂，所以泥饼量不会增加。

5.2.3　污泥的机械脱水

为了有效、经济地进行污泥干燥、焚烧及进一步处置，必须充分地脱水减量化，使污泥可以当作固态物质来处理，所以在整个污泥处理系统中，过滤、脱水是最重要的减量化手段，也是不可缺少的预处理工序。污泥脱水包括自然干化与机械脱水，本质上都属于过滤脱水范畴。

二维码5-3　污泥脱水性能测试设备及测试方法

5.2.3.1　基本原理

污泥机械脱水的方法有真空吸滤法、压滤法和离心法等，其基本原理相同。污泥的机械脱水是以过滤介质两面的压力差作为推动力，使污泥水分被强制通过过滤介质，形成滤液；而固体颗粒被截留在介质上，形成滤饼，从而达到脱水的目的。造成压力差推动力的方法有

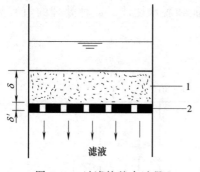

图 5-10 过滤的基本过程
1—滤饼；2—过滤介质

4 种：①依靠污泥本身厚度的净压力（如干化场脱水）；②在过滤介质的一面造成负压（如真空吸滤脱水）；③加压污泥把水分压过介质（如压滤脱水）；④造成离心力（如离心脱水）。过滤的基本过程见图 5-10。

过滤开始时，滤液仅须克服过滤介质的阻力。滤饼逐渐形成后，还必须克服滤饼本身的阻力。通过分析可得出著名的卡门（Carman）过滤基本方程式：

$$\frac{t}{V} = \frac{\mu\omega r}{2PA^2}V + \frac{\mu R_f}{PA} \tag{5-1}$$

式中，V 为滤液体积，m^3；t 为过滤时间，s；P 为过滤压力，kg/m^2；A 为过滤面积，m^2；μ 为滤液的动力黏滞度，$kg \cdot s/m^2$；ω 为滤过单位体积的滤液在过滤介质上截留的干固体质量，kg/m^3；r 为比阻，即单位过滤面积上单位干重滤饼所具有的阻力，m/kg；R_f 为过滤介质的阻抗，m^{-1}。

（1）比阻　根据卡门公式知，在压力一定的条件下过滤时，$\frac{t}{V}$ 与 V 呈线性关系，直线的斜率与截距是：

$$b = \frac{\mu\omega r}{2PA^2}, a = \frac{\mu R_f}{PA} \tag{5-2}$$

可见比阻值为：

$$r = \frac{2PA^2}{\mu} \times \frac{b}{\omega} \tag{5-3}$$

比阻与过滤压力 P、斜率 b 及过滤面积 A 的平方成正比，与滤液的动力黏滞度 μ 及 ω 成反比。为求得污泥比阻值，需首先计算出 b 值及 ω 值。

b 值可通过图 5-11 的装置测得。测定时先在布氏漏斗中放置滤纸，用蒸馏水喷湿，再开动水射器，把量筒中抽成负压，使滤纸紧贴漏斗，然后关闭水射器，把 100mL 化学调节好的泥样倒入漏斗，再次开动水射器，进行污泥脱水试验。记录过滤时间与滤液量。以滤纸上面的泥饼出现龟裂或滤液达到 80mL 时所需的时间作为衡量污泥脱水性能的参数。

在直角坐标纸上，以 V 为横坐标，t/V 为纵坐标做直线，斜率即 b 值，截距即 a 值，见图 5-11（a）。

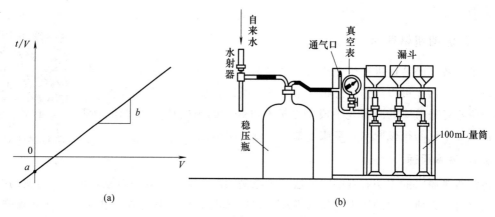

(a)

(b)

图 5-11　比阻测定装置及 t/V-V 直线图

由 ω 的定义可写出下式：

$$\omega = \frac{(Q_0 - Q_f)C_k}{Q_f} \tag{5-4}$$

式中，Q_0 为原污泥量，mL；Q_f 为滤液量，mL；C_k 为滤饼中固体物质浓度，g/mL。

根据液体平衡关系可写出：

$$Q_0 = Q_f + Q_k \tag{5-5}$$

根据固体物质平衡关系可写出：

$$Q_0 C_0 = Q_f C_f + Q_k C_k \tag{5-6}$$

式中，C_0 为原污泥中固体物质浓度，g/mL；C_f 为滤液中固体物质浓度，g/mL；Q_k 为滤饼量，mL。

由式（5-5）、式（5-6）可得：

$$Q_f = \frac{Q_0(C_0 - C_k)}{C_f - C_k} \quad 或 \quad Q_k = \frac{Q_0(C_0 - C_f)}{C_k - C_f} \tag{5-7}$$

将式（5-7）代入式（5-4），并设 $C_f = 0$，可得：

$$\omega = \frac{C_k C_0}{C_k - C_0} \tag{5-8}$$

将所得 b、ω 值代入式（5-3）可求出比阻值 r。在工程单位制中，比阻的量纲为 m/kg 或 cm/g，在 CGS 制（厘米-克-秒制）中比阻的量纲为 s^2/g。

（2）固体回收率　机械脱水的效果既要求过滤产率高，也要求固体回收率高。固体回收率等于滤饼中的固体质量与原污泥中固体质量的比值，用%表示。

$$R = \frac{Q_k C_k}{Q_0 C_0} \times 100$$

将式（5-7）代入上式得：

$$R = \frac{C_k(C_0 - C_f)}{C_0(C_k - C_f)} \times 100 \tag{5-9}$$

（3）机械脱水过滤产率　过滤产率的定义为单位时间在单位过滤面积上产生的滤饼干重，单位为 kg/($m^2 \cdot s$) 或 kg/($m^2 \cdot h$)。过滤产率取决于污泥性质、压滤动力、预处理方法、过滤阻力及面积。可用卡门公式计算过滤产率。

式（5-1）中，若忽略过滤介质的阻抗，即 $R_f = 0$，可写成：

$$\frac{t}{V} = \frac{\mu \omega r}{2PA^2}V \quad 或 \quad \left(\frac{V}{A}\right)^2 = \left(\frac{滤液体积}{过滤面积}\right)^2 = \frac{2Pt}{\mu \omega r}$$

设滤饼干重为 W，则 $W = \omega V$，将 $V = \dfrac{W}{\omega}$ 代入上式得：

$$\left(\frac{W}{\omega A}\right)^2 = \frac{2Pt}{\mu \omega r}, \left(\frac{W}{A}\right)^2 = \frac{2Pt\omega}{\mu r}$$

所以

$$\frac{W}{A} = \frac{滤饼干重}{过滤面积} = \left(\frac{2Pt\omega}{\mu r}\right)^{1/2} \tag{5-10}$$

由于式中的 t 为过滤时间，设过滤周期为 t_c（包括准备时间、过滤时间 t 及卸滤饼时间），过滤时间与过滤周期之比 $m = \dfrac{t}{t_c}$，将过滤产率的定义代入式（5-10），可得过滤产率计算式：

$$L=\frac{W}{At_c}=\left(\frac{2Pt\omega}{\mu rt_c^2}\right)^{1/2}=\left(\frac{2Pt\omega m^2}{\mu rt^2}\right)^{1/2}=\left(\frac{2P\omega m^2}{\mu rt}\right)^{1/2}=\left(\frac{2P\omega m}{\mu rt_c}\right)^{1/2} \tag{5-11}$$

式中，L 为过滤产率，$kg/(m^2 \cdot s)$；ω 为单位体积滤液产生的滤饼干重，kg/m^3；P 为过滤压力，kg/m^2；μ 为滤液动力黏滞度，$kg \cdot s/m^2$；r 为比阻，m/kg；t_c 为过滤周期，s。

(4) 过滤介质　过滤介质是滤饼的支承物，应具有足够的机械强度和尽可能小的流动阻力。工业上常用的过滤介质主要有以下几类。

① 织物介质。又称滤布，包括由棉、毛、丝、麻等天然纤维及各种合成纤维制成的织物，以及由玻璃丝、金属丝等织成的网状物。织物介质在工业上的应用最广。

② 粒状介质。包括细砂、木炭、石棉、硅藻土等细小坚硬的颗粒状物质，多应用于深层过滤。

③ 多孔固体介质。是具有很多微细孔道的固体材料，如多孔陶瓷、多孔塑料及多孔金属制成的管或板。此类介质多耐腐蚀，且孔道细微，适用于处理只含少量细小颗粒的腐蚀性悬浮液及其他特殊场合。

在污泥机械脱水中，滤布起着重要的作用，影响脱水的操作与成本，因此必须认真地选择。对于不同的污泥、不同的脱水设备，可以采用不同的试验方法，确定最佳滤布。

各类滤布中，棉、毛、麻织品的使用寿命较短，为 $400\sim1000h$；不锈钢丝网耐腐蚀性强，但价格昂贵；毛纤织物符合机械脱水的各项要求，使用寿命一般可达 $5000\sim10000h$。目前，棉织物的应用逐渐减少，而涤纶、锦纶及维纶等的应用逐渐增多。

5.2.3.2　真空过滤脱水

真空过滤脱水使用的机械称为真空过滤机，可用于预处理后的初次沉淀污泥、化学污泥及消化污泥等的脱水。

(1) 真空过滤机　真空过滤机脱水的特点是能够连续生产，运行平稳，可自动控制；主要缺点是附属设备较多，工序较复杂，运行费用高。转鼓真空过滤机的构造与工作过程见图 5-12。

覆盖有过滤介质的空心转鼓 1 浸在污泥槽 2 内。转鼓用径向隔板分隔成许多扇形格 3，每格有单独的连通管，管端与分配头 4 相接。分配头由紧靠在一起的转动部件 5 与固定部件 6 组成。6 有缝 7，与真空管路 13 相通。转动部件 5 有一列小孔 9，每孔通过连接管与扇形格相连。转鼓旋转时，由于真空的作用，将污泥吸附在过滤介质上，液体通过介质沿管 13 流到气水分离罐。吸附在转鼓上的滤饼转出污泥槽后，若扇形格的联通管孔 9 在固定部件的缝 7 范围内，则处于滤饼形成区 Ⅰ 及吸干区 Ⅱ 内继续脱水；当管孔 9 与固定部件的孔 8 相通时，便进入反吹区 Ⅲ 与压缩空气相通，滤饼被反吹松动剥落介质后由刮刀 10 刮除，经皮带输送器外输。再转过休止区 Ⅳ 进入滤饼形成区 Ⅰ，周而复始。

GP 型真空转鼓过滤机的一个主要缺点是过滤介质紧包在转鼓上，清洗不充分，易于堵塞，影响生产效率。为此可用链带式转鼓真空过滤机，用辊轴把过滤介质转出，既便于卸料又易于介质清洗，见图 5-13。

(2) 真空过滤设计　主要是根据原污泥量、过滤产率决定所需过滤面积 A 与过滤机台数。

所需过滤机面积

$$A=\frac{W\alpha(1+f)}{L} \tag{5-12}$$

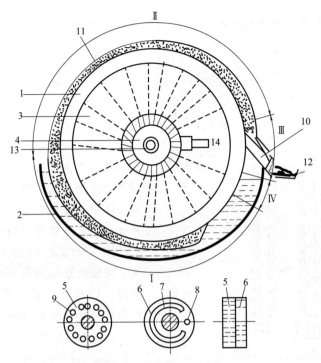

图 5-12　转鼓真空过滤机

Ⅰ—滤饼形成区；Ⅱ—吸干区；Ⅲ—反吹区；Ⅳ—休止区；

1—空心转鼓；2—污泥槽；3—扇形格；4—分配头；5—转动部件；6—固定部件；

7—与真空泵通的缝；8—与空压机通的孔；9—与各扇形格相通的孔；10—刮刀；

11—泥饼；12—皮带输送器；13—真空管路；14—压缩空气管路

式中，A 为过滤机面积，m^2；W 为原污泥干固体质量，$W = Q_0 C_0$，$\mathrm{kg/h}$，其中 Q_0 为原污泥体积（m^3/h），C_0 为原污泥干固体浓度（$\mathrm{kg/m}^3$）；α 为安全系数，考虑污泥不均匀分布及滤布阻塞，常用 $\alpha = 1.15$；f 为助凝剂与混凝剂的投加量，以占污泥干固体质量的质量分数计；L 为过滤产率，通过试验或用式（5-11）计算，$\mathrm{kg/(m^2 \cdot h)}$。

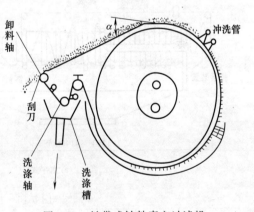

图 5-13　链带式转鼓真空过滤机

【例 5-1】　今有污泥量为 $Q_0 = 25\mathrm{m}^3/\mathrm{h}$，浓度 $C_0 = 2\%$，用化学调节预处理，助凝剂石灰投加量 10%（占污泥干固体质量的比例），混凝剂铁盐 5%（占污泥干固体质量的比例），过滤产率 $L = 3.45\mathrm{kg/(m^2 \cdot h)}$，设计真空转鼓过滤机。

解　原污泥浓度 $C_0 = 2\% = 20\mathrm{kg/m}^3$，$Q_0 = 25\mathrm{m}^3/\mathrm{h}$，故 $W = 20 \times 25 = 500\mathrm{kg/h}$。所加助凝剂与混凝剂分别为 10%、5%，故 $f = \dfrac{10}{100} + \dfrac{5}{100} = 0.15$，由式（5-12）得：

$$A = \frac{W\alpha(1+f)}{L} = \frac{500 \times 1.15 \times (1+0.15)}{3.45} = 192 (\mathrm{m}^2)$$

若每台真空过滤机的过滤面积为 $19m^2$，则需真空过滤机 $\frac{192}{19}=10.1$，取 10 台。

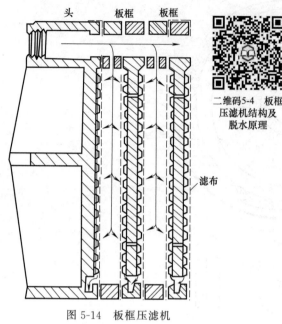

图 5-14 板框压滤机

二维码5-4 板框压滤机结构及脱水原理

5.2.3.3 压滤脱水

（1）压滤脱水设备 压滤脱水采用板框压滤机。其构造较简单，过滤推动力大，适用于各种污泥，但不能连续运行。板框压滤机的基本构造见图 5-14。板与框相间排列，在滤板的两侧覆有滤布，用压紧装置把板与框压紧，即在板与框之间形成压滤室。在板与框的上端中间相同部位开有小孔，压紧后成为一条通道，加压到 0.2～0.4MPa 的污泥由该通道进入压滤室。滤板的表面刻有沟槽，下端钻有供滤液排出的孔道，滤液在压力下通过滤布，沿沟槽与孔道排出压滤机，使污泥脱水。

压滤机可分为人工板框压滤机和自动板框压滤机两种。人工板框压滤机需一块一块地卸下，剥离泥饼并清洗滤布后，再逐块装上，劳动强度大，效率低。自动板框压滤机的上述过程都是自动的，效率较高，劳动强度低。自动板框压滤机有水平式和垂直式两种，见图 5-15。

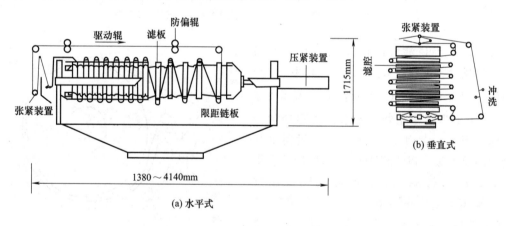

(a) 水平式

(b) 垂直式

图 5-15 自动板框压滤机

（2）压滤脱水的原理与设计

① 平均过滤速度。由卡门公式［式（5-1）］，设过滤介质的阻抗 $R_f=0$，可写成

$$\left(\frac{V}{A}\right)^2=\frac{2Pt}{\mu\omega r}=k't, \ k'=\frac{2P}{\mu\omega r}$$

式中，t 实际上是压滤时间 t_f，即 $\left(\frac{V}{A}\right)^2=k't_f$。但压滤脱水的全过程时间包括压滤时间 t_f 及辅助时间 t_d（含反吹、滤饼剥离、滤布清洗及板框组装时间），因此平均过滤速度——单位时间单位过滤面积的滤液量应为：

$$\frac{\dfrac{V}{A}}{t_{f}+t_{d}}=\frac{\dfrac{V}{A}}{\dfrac{1}{k'}\left(\dfrac{V}{A}\right)^{2}+t_{d}} \tag{5-13}$$

式中，V 为滤液体积，m^3；A 为过滤面积，m^2；t_f 为压滤时间，min 或 h；t_d 为辅助时间，min 或 h。

② 压滤试验与生产性的关系。压滤脱水与生产运行参数一般通过实验室小试得出。若实验室试验装置的滤室厚度（即滤饼厚度）为 d'、过滤面积为 A'、压滤时间为 t'_f、滤液体积为 V'、过滤压力为 P'，生产用压滤机相应数值为 d、A、t_f、V、P，则有下列比例关系：

$$V=V'\left(\frac{d}{d'}\right),\ t_{f}=t'_{f}\left(\frac{d}{d'}\right)^{2} \tag{5-14}$$

由于生产用压滤机的过滤压力为 P，所以过滤时间还需进行修正，修正后的过滤时间用 t_{f_2} 表示：

$$t_{f_2}=t_{f}\left(\frac{P'}{P}\right)^{1-S}=t'_{f}\left(\frac{d}{d'}\right)^{2}\left(\frac{P'}{P}\right)^{1-S} \tag{5-15}$$

式中，t_{f_2} 为修正后的压滤时间，min 或 h；S 为污泥的压缩系数，一般用 0.7。

【例 5-2】　某污水处理厂有消化污泥 7200kg/d，含水率 p_0 为 95%，采用化学调解法预处理，加石灰 10%、铁盐 7%（均以占污泥干固体质量计）。要求泥饼含水率 p_k 为 70%。实验室试验装置的滤室厚度 d' 为 20mm，过滤面积 A' 为 400cm²，压滤时间 t'_f 为 20min，所需辅助时间 t'_d 为 30min，过滤压力 P' 为 39.24kg/cm²，滤液体积 V' 为 4000mL。请设计所需过滤面积、过滤产率 L 及压滤机台数。（已知生产用压滤机总过滤面积 5m²，滤室厚度 30mm，压力 98.1kg/cm²，每天 8h 工作制。）

解　① 求过滤产率 L。

由 $p_k=70\%$ 得 $C_k=30\%=0.3$g/mL；由 $p_0=95\%$ 得 $C_0=5\%=0.05$g/mL，由式 (5-8) 得 $\omega=\dfrac{0.05\times0.3}{0.3-0.05}=0.06$g/mL。

由式 (5-15)，因实验所用压力与生产所用压力不同，故需对过滤时间进行压力修正，代入已知数值得 $t_{f_2}=t'_f\left(\dfrac{d}{d'}\right)^{2}\left(\dfrac{P'}{P}\right)^{1-S}=20\times\left(\dfrac{30}{20}\right)^{2}\times\left(\dfrac{39.24}{98.1}\right)^{1-0.7}=34.2$min。

由式 (5-14)，$V=V'\left(\dfrac{d}{d'}\right)=4000\times\left(\dfrac{30}{20}\right)=6000$mL，因实验装置面积 A' 为 400cm²，所以单位面积滤液体积为 $\dfrac{6000}{400}=15$mL/cm²。若辅助时间 $t_d=30$min，则可求得平均过滤速度

$$V_{u}=\frac{15}{t_{f_2}+t_{d}}=\frac{15}{34.2+30}=0.23\text{mL/(cm}^{2}\cdot\text{min)}。$$

压滤机的过滤产率可用下式计算：

$$L=\omega V_{u}=0.06\times0.23=0.0138\text{g/(cm}^{2}\cdot\text{min)}=8.28\text{kg/(m}^{2}\cdot\text{h)}$$

② 求过滤面积与压滤机台数。

因采用化学调节处理，投加石灰 10%、铁盐 7%，所以污泥量应增加。用式 (5-12)，$f=\dfrac{10}{100}+\dfrac{7}{100}=0.17$。又因压滤机每天工作 8h，所以每小时处理的污泥量为 $W\alpha(1+f)=$

$\dfrac{7200\times5\%}{8}\times1.15\times1.17=60.55\text{kg/h}$，所以，

$$A=\frac{W\alpha(1+f)}{L}=\frac{60.55}{8.28}=7.3\text{m}^2$$

选用压滤机的过滤面积为 5m^2/台，所以所需压滤机台数为 7.3/5＝1.46，取 2 台。

5.2.3.4　离心脱水

污泥浓缩脱水以污泥颗粒的重力作为脱水的推动力，推动的对象是污泥的固相。真空过滤或压滤脱水，脱水的推动力是外加的真空度或压力，推动的对象是液相。外加力（真空度或压力）对液相的推动力，远比重力对固相的推动力大，因此脱水的效果好。离心脱水，脱水的推动力是离心力，推动的对象是固相，离心力的大小可控制，比重力大几百倍甚至几万倍，因此脱水效果也比浓缩好。

（1）离心脱水原理与离心机分类　设污泥颗粒质量为 m，在离心力场的作用下，所受到的离心力为：

$$C=m\omega^2r=\frac{\omega^2r}{g}G \tag{5-16}$$

式中，G 为重力，N；m 为质量，$\text{N}\cdot\text{s}^2/\text{m}$；$g$ 为重力加速度，9.81m/s^2；ω^2r 为离心加速度，m/s^2；ω 为旋转角速度，s^{-1}，$\omega=\dfrac{2\pi n}{60}$；$r$ 为旋转半径，m；n 为转速，r/min；C 为离心力，N。

离心力与重力的比值称为分离因数，用 α 表示，则

$$\alpha=\frac{C}{G}=\frac{\omega^2r}{g}=\left(\frac{2\pi n}{60}\right)^2\frac{r}{g}\approx\frac{n^2r}{900} \tag{5-17}$$

由以上分析可知，加速 n 或加大 r 都可获得更大的离心力。由于离心力远大于重力，故离心脱水法固液分离效果好，设备小，可连续运行，离心机将是污泥脱水的主要设备。

离心机的分类：按分离因数 α 的大小可分为高速离心机（$\alpha>3000$）、中速离心机（$\alpha=1500\sim3000$）、低速离心机（$\alpha=1000\sim1500$）；按几何形状不同可分为转筒式离心机（包括圆锥形、圆筒形、锥筒型三种）、盘式离心机、板式离心机等。

污泥脱水常用的是低速锥筒式离心机，构造示意图见图 5-16，主要组成部分为螺旋输送器、锥筒、空心转轴。螺旋输送器固定在空心转轴上，空心转轴与锥筒由驱动装置传动，同向转动，但两者之间有速度差，前者稍慢，后者稍快，依靠速度差将泥饼从锥口推出。速

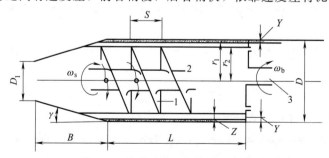

图 5-16　锥筒式离心机构造示意图

1—螺旋输送器；2—锥筒；3—空心转轴；L—转筒长度；B—锥长；Z—水池深度；S—螺距；γ—锥角；ω_b—转筒旋转角速度；ω_s—螺旋输送器旋转角速度；Y—泥饼厚度；D—转筒直径；r_1—转筒半径；r_2—水池表面半径；D_1—锥口直径

度差越大，离心机的产率越大，泥饼在离心机中的停留时间也越短，泥饼含水率越高，固体回收率越低。

如图 5-16 所示，污泥颗粒在离心机内受到的离心力为：

$$C = \frac{\omega_b^2}{g}\left(\frac{r_1 + r_2}{2}\right)G \tag{5-18}$$

式中，C 为离心力，N；ω_b 为转筒旋转角速度，s^{-1}；G 为重力，N；r_1、r_2 分别为转筒半径、水池表面半径，m。

低速离心机是 20 世纪 70 年代开发的，专用于污泥脱水。因污泥絮体较轻且疏松，如果采用高速离心机容易被甩碎。低、高速离心机在构造上的主要差别如图 5-17 所示。低速离心机由于转速低，所以动力消耗、机械磨损、噪声等都较低，构造简单，脱水效果好。低速离心机是在筒端进泥、锥端出泥饼，泥饼在向前推动过程中不断被离心压密而不会受到进泥的搅动，此外水池深、容积大，故停留时间较长，有利于提高水力负荷与固体负荷，节省混凝剂用量。

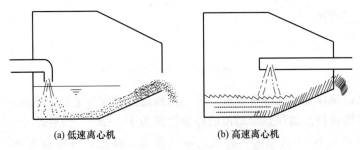

(a) 低速离心机　　　　　　(b) 高速离心机

图 5-17　低、高速离心工作机原理

（2）离心脱水的设计　主要根据污泥量、离心机的水力负荷、固体负荷、脱水泥饼的含水率及固体回收率选择离心机并确定运行参数（如污泥投配率、离心机转速等）。设计方法一般有三种，即经验设计法、实验室离心试验法与按比例模式试验法。

经验设计法即参考性质类似的污泥、已有离心脱水的生产性运行经验与参数进行设计，其他设计方法可参考有关文献。离心脱水的典型效果列于表 5-5 中供参考。

表 5-5　离心脱水典型效果

污泥种类	泥饼含水率/%	固体回收率/%	
		未经化学调节	经化学调节
生污泥	—	—	—
初沉污泥	65~75	75~90	>90
初沉污泥与腐殖污泥混合	75~80	60~80	>90
初沉污泥与活性污泥混合	80~88	55~65	>90
腐殖污泥	80~90	60~80	>90
活性污泥	85~95	60~80	>90
纯氧曝气活性污泥	80~90	60~80	>90
消化污泥	—	—	—
初沉污泥	65~75	75~90	>90
初沉污泥与腐殖污泥混合	75~82	60~75	>90
初沉污泥与活性污泥混合	80~85	50~65	>90

5.2.3.5　滚压脱水

用于污泥滚压脱水的设备是带式压滤机，其主要特点是把压力施加在滤布上，用滤布的压力和张力使污泥脱水，而不需要真空或加压设备，动力消耗少，可以连续生产。这种脱水方法目前应用广泛。带式压滤机的基本构造见图 5-18。

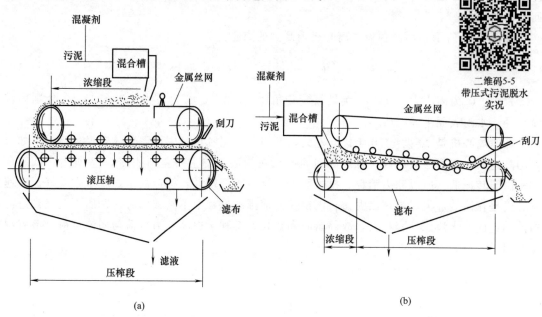

二维码5-5
带压式污泥脱水
实况

图 5-18 带式压滤机

带式压滤机由滚压轴及滤布带组成。污泥先经过浓缩段（主要依靠重力过滤）失去流动性，以免在压榨段被挤出滤饼，浓缩段的停留时间为 10～20s。然后进入压榨段，压榨时间为 1～5min。20 世纪 90 年代以来，开发出浓缩脱水一体机，可将含水率从大于 99％降至80％以下。

滚压的方式有两种：一种是滚压轴上下相对，压榨的时间几乎是瞬间，但压力大，见图5-18（a）；另一种是滚压轴上下错开，见图 5-18（b），依靠滚压轴施于滤布的张力压榨污泥，压榨的压力受张力限制，压力较小，压榨时间较长，但在滚压的过程中对污泥有一种剪切力的作用，可促进泥饼脱水。

 思考题

1. 简述污泥中所含水分的种类。
2. 简述污泥浓缩的目的及主要方法。
3. 简述在污泥中加入混凝剂的目的及混凝的原理。

第 **6** 章

固体废物的焚烧

工业固体废物、城市生活垃圾和农业固体废物中含有大量的可燃组分，经焚烧处理，废物的体积可以减少 $80\% \sim 95\%$；有害固体废物经过焚烧，可破坏其组成，杀灭细菌和病原体，达到无害化的目的；同时，这些固体废物可以作为一种潜在的能源进行开发利用，并具有来源广泛、成本低廉、蕴藏量巨大等特点。因此，采用焚烧的方式从中回收能量是当前固体废物处理、处置的重要途径之一，能够同时实现资源化、减量化和无害化。

能量回收目前主要有两种方式：①直接回收热能用于供热；②回收热能用于发电。20世纪 70 年代以来，由于受到能源危机的冲击，焚烧垃圾回收能源受到了重视，焚烧技术得到了较大的发展，与焚烧相关的法律和法规也得到了迅速发展和较好完善。

6.1 固体废物热值的测定和计算

焚烧过程是可燃性固体废物与空气中的氧在高温下发生燃烧化学反应，实现固体废物的氧化分解，达到减容、去除毒性并回收能源的目的。

二维码6-1
微课：垃圾热值
意义

固体废物的燃烧过程必须以良好的燃烧为基础，即燃烧过程应完全。完全燃烧除了要有充足的空气、达到着火点的温度外，还要求固体废物具有一定热值，以保证固体废物燃烧释放出来的热量足够维持废物加热达到燃烧温度所需的热量和发生燃烧反应所需的活化能，即能够保证燃烧持续进行。

固体废物的热值是指单位质量的固体废物完全燃烧释放出来的热量，单位为 kJ/kg。热值的高低是判断固体废物焚烧处理是否可行的主要依据，在焚烧设备选型、焚烧工况参数以及能源利用方式等诸多方面起着决定性作用。例如，固体废物燃烧需要的热值一般为 3360kJ/kg，而固体废物的净热值低于 5000kJ/kg 时，焚烧法不是一个合适的方法；当热值大于 6000kJ/kg 时，可考虑用焚烧法回收热量。美国城市垃圾中可燃成分的总热值较高，能维持燃烧。我国近些年发达城市的生活垃圾中可燃成分含量大幅上升，垃圾分类工作的推行大大提高了垃圾热值，由此改变了以往需要添加辅助燃料助燃的焚烧状况，推动了焚烧处理技术的大规模推广和发展。

表 6-1 为从我国城市生活垃圾中筛选出的 8 种可燃成分的工业分析及元素分析结果。

表 6-1　我国城市生活垃圾中可燃物的工业分析及元素分析（空气干燥基）

成分	水分/%	灰分/%	挥发分/%	固定碳/%	C/%	H/%	O/%	N/%	S/%	热值/(kJ/kg)
草木	8.64	8.92	71.52	10.92	45.42	6.021	30.17	0.710	0.118	18241.6
厨余	6.12	34.60	52.55	6.73	35.54	5.410	15.73	2.344	0.261	15519.4
果皮	6.23	9.97	70.46	13.34	40.24	5.754	36.46	1.251	0.095	15952.1
毛骨	3.03	37.06	59.69	0.22	30.92	3.819	19.12	5.680	0.367	12705.3
皮革	0.74	13.15	81.89	4.22	40.79	4.698	40.27	0.431	0.246	13428.8
塑料	0.94	3.19	93.73	1.84	80.91	10.81	1.964	0.142	0.044	39600.4
纤维	4.72	8.89	70.98	15.40	52.49	5.369	19.83	8.333	0.369	21662.0
纸张	6.61	18.86	67.54	6.99	34.39	5.256	34.41	0.191	0.282	13518.7

资料来源：李敏博士学位论文，城市生活垃圾的焚烧特性及污染物的排放治理，2005。

二维码6-2　微课：　二维码6-3　微课：　二维码6-4　视频：
氧弹量热仪测定　氧弹量热仪结构　氧弹量热仪操作
热值原理　和原理　演示和注意事项

6.1.1　热值的测定

　　热值有粗热值和净热值两种表示方法。粗热值是指化合物在一定温度下反应到达最终产物的焓的变化。净热值与粗热值的意义相同，不同的是产物水的状态不同，前者是液态水，后者是气态水，两者之差就是水的汽化潜热。

　　热值也是计算锅炉运行参数的主要变量，其测定在固体废物分析中占有特殊重要的地位。国内外普遍采用氧弹量热计测定粗热值。

　　测定热值前，应先标定氧弹量热计的热容量。所谓热容量（也称能当量），是指量热计量热系统（除内筒水外，还包括内筒、氧弹、搅拌器、温度计浸没于水中的部分）升高 1℃ 所吸收的热量。在标定热容量时，称取一定量已知热值的标准苯甲酸置于密封氧弹中，在充有过量氧的条件下完全燃烧，其放出的热量使整个量热体系由起始温度 t_0 升高至终点温度 t_n，这时就可根据式（6-1）计算出热容量：

$$E = \frac{Qm}{t_n - t_0} \tag{6-1}$$

　　式中，E 为量热计的热容量，kJ/℃；Q 为标准苯甲酸的热值，kJ/kg；m 为标准苯甲酸的质量，kg；t_0 为量热体系起始温度，℃；t_n 为量热体系终点温度，℃。

　　当测定固体废物时，取一定量的待测试样在与上述条件完全相同的条件下燃烧测定，就可以得到被测试样的热值：

$$Q = \frac{E(t_n - t_0)}{m} \tag{6-2}$$

　　式中，Q 为试样的热值，kJ/kg；E 为量热计的热容量，kJ/℃；m 为试样的质量，kg；t_0 为量热体系起始温度，℃；t_n 为量热体系终点温度，℃。

6.1.2　热值的计算

　　根据测定得到的粗热值，通过式（6-3）可以计算净热值：

$$\text{NHV} = \text{HHV} - 2420\left[m_{H_2O} + 9\left(m_H - \frac{m_{Cl}}{35.5} - \frac{m_F}{19}\right)\right] \tag{6-3}$$

　　式中，NHV 为净热值，kJ/kg；HHV 为粗热值，kJ/kg；m_{H_2O} 为焚烧产物中水的质量分数，%；m_H、m_{Cl}、m_F 分别为废物中氢、氯、氟含量的质量分数，%。

若废物的元素组成已知，则可利用 Dulong 方程式近似计算出净热值：

$$NHV = 2.32 \left[14000m_C + 45000 \left(m_H - \frac{1}{8} m_O \right) - 760m_{Cl} + 4500m_S \right] \qquad (6-4)$$

式中，NHV 为净热值，kJ/kg；m_C、m_O、m_H、m_{Cl}、m_S 分别为废物中碳、氧、氢、氯和硫的质量分数，%。

【例 6-1】 表 6-2 为 2000 年我国上海市城市生活垃圾的组分，根据表 6-1 中各组分的热值可计算出上海市垃圾的热值。

表 6-2　2000 年上海市城市生活垃圾的组分

组　分	可燃组分					不可燃组分		
	厨余	塑料	纸类	布类	竹木	玻璃	金属	灰渣
质量分数/%	67.50	13.93	8.03	2.82	1.43	4.16	0.86	1.27

资料来源：2000 年上海统计年鉴。

解　① 以 100kg 为基准，分别计算上海城市生活垃圾中各组分的质量。

厨余质量＝100kg×67.50%＝67.50kg

同理，计算出塑料质量为 13.93kg，纸类质量为 8.03kg，布类质量为 2.82kg，竹木质量为 1.43kg。

② 计算各组分完全燃烧可产生的热量。

厨余可产生热量＝15519.4kJ/kg×67.50kg＝1047559.5kJ

塑料可产生热量＝39600.4kJ/kg×13.93kg＝551633.572kJ

纸类可产生热量＝13518.7kJ/kg×8.03kg＝108555.161kJ

布类可产生热量＝21662.0kJ/kg×2.82kg＝61086.84kJ

竹木可产生热量＝18241.6kJ/kg×1.43kg＝26085.488kJ

③ 各可燃组分产生热量之和即 100kg 垃圾完全燃烧时可产生的总热量为 1794921kJ，则垃圾的热值为：

$$\frac{1794921}{100} = 17949.21 kJ/kg$$

上海市城市生活垃圾的热值为 17949.21kJ/kg，可以维持燃烧，并适于采用焚烧法处理。

实际上，焚烧处理垃圾是在焚烧装置中进行的。空气的对流辐射、可燃组分的未完全燃烧、残渣中的显热以及烟气的显热等原因都会造成热能的损失。因此，焚烧后可以利用的热值应从焚烧反应产生的总热量中减去各种热损失。

6.2　固体废物的燃烧

6.2.1　燃烧基本概念

（1）处理能力　焚烧炉每天焚烧处理固体废物的量称为处理能力，它是表征焚烧炉容量大小的重要指标。

（2）灼烧减量　指焚烧炉渣在（600±25）℃下，经过 3h 灼烧后减少的质量占原焚烧炉渣的百分数：

$$m_r = \frac{m_t - m_c}{m_t} \times 100\% \qquad (6-5)$$

式中，m_r 为焚烧炉渣经灼烧后质量减少的百分数，%；m_t 为焚烧炉渣经 110℃ 干燥 2h 后冷却至室温的质量；m_c 为焚烧炉渣在（600±25）℃ 下经过 3h 灼烧后冷却到室温的质量。

（3）燃烧效率　燃烧效率有多种表示方法，主要包括一氧化碳法和灼烧减量法。

一氧化碳法中，燃烧效率是指固体废物在焚烧过程中，排放烟气中 CO 浓度与 CO_2 浓度之间对比关系的参数，定义式如下：

$$\eta = \frac{[CO_2]}{[CO_2] + [CO]} \times 100\%$$ (6-6)

式中，[CO] 和 [CO_2] 分别表示焚烧处理后排放的烟气中 CO 和 CO_2 的体积浓度百分比。

灼烧减量法表示的燃烧效率：

$$\eta = \left(1 - \frac{m_r}{m_f}\right) \times 100\%$$ (6-7)

式中，m_r 为单位质量固体废物焚烧炉渣的灼烧减量，kg；m_f 为单位质量固体废物中的可燃物质量，kg。

（4）有害物质破坏去除率　在危险固体废物的处理过程中，常常还要求对某些主要有害物质进行评价，其评价可以用破坏去除率（destruction removal efficiency，DRE）来表示，定义为从废物中除去有害物质的质量分数，定义式如下：

$$DRE = \frac{m_{in} - m_{out}}{m_{in}} \times 100\%$$ (6-8)

式中，m_{in} 为初始进入焚烧炉进行焚烧处理时的有害物质质量，kg/s；m_{out} 为焚烧结束时排出焚烧炉的有害物质质量，kg/s。

一般，对每个指定的主要有害物质的 DRE 要求达到 99.99% 以上。

（5）烟气有害物质排放浓度　固体废物在燃烧后排出大量烟气，其中主要成分为 CO_2、H_2O 和 N_2，同时，由于固体废物成分复杂，其燃烧后气相中含有多种有害气体。虽然有害气体浓度较小，但危害性非常大，因此需要对其进行监测、分析和控制，并在净化系统中进行净化处理。

烟气有害物质排放浓度一般定义为单位体积（或质量）烟气中某有害气体的量，单位为 mg/m^3。常见的烟气有害物质有：粉尘、酸性气体（SO_x、HCl、HF、H_2S、CO、NO_x 等）、重金属（Cd、Pb、Ni、Cr、As 等）、有机毒物（二噁英、苯酚）等。按照国家有关规定，固体废物焚烧处理后，排放到大气中的有害气体各项指标必须满足国家标准。

（6）理论燃烧温度　燃烧反应是一个复杂的化学过程，包括氧化反应、还原反应、气化反应、离解反应等许多单个反应。这些反应中有放热反应，也有吸热反应。当燃烧系统处于绝热状态时，固体废物在充分燃烧后所释放的热量全部用来提高系统的温度，系统最终所达到的温度称为理论燃烧温度，即绝热火焰温度。该温度与燃烧产物的成分有关，也与固体废物的初始温度和压力有关。

（7）焚烧温度　焚烧过程达到的实际温度称为焚烧温度，指固体废物在燃烧室内着火、分解、燃烧的温度水平，它比固体废物的着火温度高得多。燃烧室及燃烧流程上的温度水平不同，提高焚烧温度有利于废物中有机有毒物质的分解和破坏。通常，大多数有机固体废物的焚烧温度为 800～1100℃。

（8）停留时间　固体废物在焚烧炉中的燃烧停留时间为进入燃烧室加热干燥至起燃的加

热时间与固体废物燃尽的燃烧反应时间之和。该时间受固体废物的粒径与密度的制约，粒径越大，停留时间越长，而对于同种物料，密度取决于粒径大小。为使焚烧停留时间缩短，投料前应预先经破碎处理。实际操作过程中，固体废物在炉中的停留时间必须大于理论上干燥、热分解和燃烧所需的总时间。

（9）过剩空气系数和过剩空气率　按照化学成分和化学反应方程式，与燃烧固体废物所需氧气量相当的空气量称为理论空气量。实际工程中为了保证固体废物燃烧完全，必须向燃烧室鼓入比理论空气量更多的助燃空气量，即过剩空气量，通常用过剩空气系数或过剩空气率表示。

① 过剩空气系数。过剩空气系数（m）用于表示实际供应空气量与理论空气量的比值，定义为：

$$m = \frac{A}{A_0} \tag{6-9}$$

式中，A_0 为理论空气量；A 为实际供应空气量。

② 过剩空气率。过剩空气率（EA）定义为：

$$EA = (m-1) \times 100\% \tag{6-10}$$

6.2.2　理论燃烧温度的计算

理论燃烧温度的计算有精确计算法和近似计算法两种。前者比较烦琐，一般可根据实践经验，运用近似法计算。

在温度为 25℃、许多纯碳氢化合物燃烧产生的净热值为 4.18kJ/kg 时，约需理论空气质量（m_{st}）1.5×10^{-3}kg，所以

$$m_{st} = \frac{1.5 \times 10^{-3} NHV}{4.18} = 3.59 \times 10^{-4} NHV \tag{6-11}$$

若烃类化合物中含氯或其他元素，求得的数值偏低，但在工程上已达到要求。为了进一步简化，常以废物及辅助燃料混合物 1kg 作为基准，因此 $m_w + m_f = 1.0$（m_w 为废物的质量；m_f 为燃料的质量）。产生的主要产物是 CO_2、H_2O、O_2 和 N_2 等各种气体，它们的比热容在 16～1100℃范围内近似为 1.254kJ/(kg·℃)，因此，可用下式计算绝热火焰温度：

$$NHV = m_p C_p (T-298) + m_e C_p (T-298) \tag{6-12}$$

式中，NHV 为净热值，kJ/kg；m_p 为废气质量，kg；m_e 为废气中过量空气质量，kg；C_p 为近似比热容，1.254kJ/(kg·℃)；T 为绝热火焰温度，K。

由 $\qquad m_p = 1.0 + m_{st}$

则 $NHV = (1.0 + m_{st}) \times 1.254 \times (T-298) + m_e \times 1.254 \times (T-298)$

$\qquad = (1.0 + 3.59 \times 10^{-4} NHV + m_e) \times 1.254 \times (T-298)$

由过剩空气率 $EA = \dfrac{m_e}{m_{st}}$

则 $NHV = [1 + 3.59 \times 10^{-4} NHV + EA(3.59 \times 10^{-4} NHV)] \times 1.254 \times (T-298)$

由上式可得：

$$T = \frac{NHV}{1.254[1 + (1+EA)(3.59 \times 10^{-4} NHV)]} + 298$$

$$EA = \frac{NHV - 1.254(T-298)}{1.254(T-298)(3.59 \times 10^{-4} NHV)} - 1$$

$$\text{NHV} = \frac{1.254(T-298)}{1-(1+\text{EA})(4.49\times10^{-4})(T-298)}$$

【例 6-2】 某含萘、甲苯和氯苯的混合物（设 NHV＝9832kJ/kg），用 50％过量空气在 1120℃下焚烧，最终主要有害有机物的去除率合格，试利用近似计算法计算当过剩空气率为 0、50％、100％时的绝热火焰温度。

解 以 1kg 废物为基准，产生的 NHV＝9832kJ

EA＝0 时，$T = \dfrac{9832}{1.254\times[1+(1+0)\times(3.59\times10^{-4}\times9832)]}+298$

$\qquad\qquad = 2028\text{K} = 1755℃$

EA＝50％时，$T = \dfrac{9832}{1.254\times[1+(1+50\%)\times(3.59\times10^{-4}\times9832)]}+298$

$\qquad\qquad = 1544\text{K} = 1271℃$

EA＝100％时，$T = \dfrac{9832}{1.254\times[1+(1+100\%)\times(3.59\times10^{-4}\times9832)]}+298$

$\qquad\qquad = 1271\text{K} = 998℃$

6.2.3　停留时间的计算

在有害废物焚烧研究领域中，停留时间的计算很重要。一般假设焚烧反应是一级反应，按照化学动力学理论，则反应动力学方程可用下式表示：

$$\frac{\mathrm{d}C}{\mathrm{d}t} = -kC \tag{6-13}$$

在时间从 $0\rightarrow t$、浓度从 $C_{A0}\rightarrow C_A$ 变化范围内对上式积分，则：

$$\ln\left(\frac{C_A}{C_{A0}}\right) = -kt \tag{6-14}$$

式中，C_{A0}、C_A 分别表示 A 组分的初始浓度和经时间 t 后的浓度，mol/L；t 为反应时间，s；k 为反应速率常数，是温度的函数。它们的关系可用阿伦尼乌斯（Arrhenius）方程式表示：

$$k = A\mathrm{e}^{-E/(RT)} \tag{6-15}$$

式中，A 为阿伦尼乌斯（Arrhenius）常数；E 为活化能，J/mol；R 为摩尔气体常数，8.314J/(mol·K)；T 为热力学温度，K。

A 和 E 由实验测得。当通过实验求得 k 值，破坏去除率（DRE）一定时，可由式（6-11）求得停留时间，或由停留时间求出 DRE，或根据式（6-11）和式（6-12）由停留时间、DRE 计算破坏温度。

根据进一步的研究，有机物投入焚烧炉后，首先发生热分解产生几个中间产物，然后再完全氧化成最终产物二氧化碳、水蒸气及二氧化硫等。尽管这些中间产物存在的时间极短，但从工程的角度上考虑是完全反应所需的时间，用下列方程表示焚烧反应的动力学方程更合适：

$$\left.\begin{array}{ll}\ln\left(\dfrac{C_A}{C_{A0}}\right) = -k(t-t_1) & t>t_1 \\[2mm] \qquad\qquad\quad = 0 & t\leqslant t_1 \\[2mm] \quad t = x_1 - x_2T & \end{array}\right\} \tag{6-16}$$

式中，t_1 为表观延迟的时间（在氧化反应发生之前的时间）；x_1、x_2 为常数；T 为温度，℃。

不同有机化合物的 x_1、x_2、A 和 E 数值不同，表 6-3 列出了某些有机化合物的 x_1、x_2、A 和 E 值以及不同停留时间的破坏温度。这些数值应用的温度范围在较低极限温度与 980℃ 之间，超过 980℃ 时反应速率加快，反应机理不同。

【例 6-3】　试计算在 800℃ 的焚烧炉中焚烧氯苯，当 DRE 分别为 99％、99.9％、99.99％ 时的停留时间。

解　$R = 8.314 J/(mol \cdot K) = 1.987 cal/(mol \cdot K)$，由表 6-3 可知氯苯的 A 和 E 值分别为 1.34×10^{17}、76600 cal/(g·mol)，800℃ 时的反应速率常数 k 为

$$k = A e^{-E/(RT)} = 1.34 \times 10^{17} e^{-76600/(1.987 \times 1073)} = 33.407 s^{-1}$$

$$t_{99\%} = -\left(\frac{1}{33.407}\right) \times \ln\left(\frac{0.01}{1}\right) = 0.1378 s$$

$$t_{99.9\%} = -\left(\frac{1}{33.407}\right) \times \ln\left(\frac{0.001}{1}\right) = 0.2068 s$$

$$t_{99.99\%} = -\left(\frac{1}{33.407}\right) \times \ln\left(\frac{0.0001}{1}\right) = 0.2757 s$$

表 6-3　热氧化参数

化合物	A	E /[cal/(g·mol)]	x_1	x_2	较低极限温度/℃	自燃温度/℃	破坏温度 (DRE=99.99%)/℃ 停留 1s	破坏温度 (DRE=99.99%)/℃ 停留 2s
丙烯醛	3.30×10^{10}	35900	0	0	430	234	549	524
丙烯腈	2.13×10^{12}	52100	0.367	0.00045	677	481	729	703
烯丙醇	1.75×10^{6}	21400	1.9243	0.002628	566	378	635	580
烯丙基氯	3.89×10^{7}	29100	0.514	0.00063	621	485	691	649
苯	7.43×10^{21}	95900	2.533	0.0032	690	562	733	717
1-丁烯	3.74×10^{14}	58200	2.0698	0.002826	621	389	667	646
氯苯	1.34×10^{17}	76600	1.1944	0.00144	732	638	764	744
1,2-二氯乙烷	4.82×10^{11}	45600	0.9246	0.001314	582	413	658	634
乙烷	5.65×10^{14}	63600	7.164	0.00936	692	515	742	720
乙醇	5.37×10^{11}	48100	2.052	0.0027	677	423	708	680
丙烯酸乙酯	2.19×10^{12}	46000	0	0	538	383	611	589
乙烯	1.37×10^{12}	50800	0	0	649	450	720	694
甲酸乙酯	4.39×10^{11}	44700	0.317	0.000432	593	455	644	618
乙硫醇	5.20×10^{5}	14700	1.7996	0.00396	371	299	414	373
甲烷	1.68×10^{11}	52100	1.863	0.002106	649	537	840	808
氯甲烷	7.34×10^{8}	40900	1.491	0.001512	815	632	869	823
甲乙酮	1.45×10^{14}	58400	1.876	0.002448	649	516	699	675
丙烷	5.25×10^{19}	85200	0.998	0.001235	649	466	721	704
丙烯	4.63×10^{8}	34200	4.437	0.005814	649	455	714	675
甲苯	2.28×10^{13}	56500	1.320	0.00166	690	536	727	702
三乙胺	8.10×10^{11}	43200	1.168	0.0018	510	232	594	570
乙酸乙烯酯	2.54×10^{9}	35900	1.051	0.001404	621	427	662	629
氯乙烯	3.57×10^{14}	63300	0	0	677	472	744	722

注：1cal=4.18J，下同。

【例 6-4】　假设在一温度为 225℃ 的管式焚烧炉中分解纯二乙基过氧化物，进入焚烧炉

的流速为 12.1L/s，225℃ 时的速率常数为 38.3s^{-1}，欲使二乙基过氧化物的分解率达到 99.995％，炉的内径为 8.0cm，求炉长。

解 由 DRE＝99.995％，得

$$\frac{C_A}{C_{A0}} = 5 \times 10^{-5}$$

则 $t = -\frac{1}{k}\ln\left(\frac{C_A}{C_{A0}}\right) = -\frac{1}{38.3} \times \ln(5 \times 10^{-5}) = 0.259s$

焚烧炉的体积 $V = 0.259 \times 12.1 = 3.13L$

炉长 $L = \frac{V}{\pi D^2/4} = \frac{3.13 \times 1000}{\pi \times 8^2/4} = 62.3cm$

6.2.4 燃烧方式分类

固体物质的燃烧过程复杂，除热分解、熔融、蒸发及化学反应外，还伴随传热、传质过程。根据可燃物质的性质，燃烧方式可分为蒸发燃烧、表面燃烧和分解燃烧。

（1）蒸发燃烧 对于熔点较低的固体燃料，燃料在燃烧前先熔融成液态，再汽化，随后与空气混合燃烧。石蜡等烷烃系高级碳氢化合物的燃烧就属于此类燃烧。在很多情况下，进行蒸发燃烧的同时也可能进行热解。

（2）表面燃烧 指燃烧反应在燃料表面进行的燃烧。这种燃烧现象常发生在几乎不含挥发分的燃料中，例如在焦炭和木炭表面的燃烧，O_2 和 CO_2 通过扩散到达燃料表面进行反应。如在燃料表面尚不能完全燃烧，则不完全燃烧产物 CO 等在离开表面后，可再与 O_2 进行气相燃烧反应。

（3）分解燃烧 这种情况常在热分解温度较低的固体燃料燃烧时发生。热分解发生后，产生的挥发分离开燃料表面与 O_2 进行气相燃烧反应，固定碳等重组分与空气接触进行表面燃烧。木材、纸张、垃圾和煤的燃烧就属于此类燃烧。

6.2.5 固体废物燃烧过程

固体废物的焚烧一般多属于分解燃烧。物料从送入焚烧炉起到形成烟气和焚烧残渣的整个过程总称为焚烧过程。在焚烧炉中的焚烧过程包括三个阶段：干燥加热阶段、燃烧阶段和燃烬阶段（即生成固体残渣的阶段）。

6.2.5.1 干燥加热阶段

我国城市垃圾含水率偏高，一般高于 30％（混合垃圾），因此焚烧前的预热干燥很重要。对机械送料的机械式炉排炉来说，从物料送入焚烧炉起到物料开始析出挥发分和着火之前为干燥阶段。随着送入炉内的物料温度逐步升高，其表面水分开始逐渐蒸发，当温度上升到 100℃ 左右时，物料中水分开始大量蒸发，此时物料温度基本稳定。随着加热的进行，水分不断析出，物料不断干燥，直至水分基本析出完毕，此时物料温度开始迅速上升，达到着火点后开始着火进入燃烧阶段。在干燥阶段，物料的水分是以蒸汽形态析出的，因此需要吸收大量的热量，即为水的汽化热。

物料所含水分越多，干燥时间越长，吸收的热量越多，很容易降低炉膛内的温度，从而使着火难度增大。因此干燥阶段需要很好地控制温度，如投入辅助燃料燃烧、提高炉温、改善着火条件。

6.2.5.2　燃烧阶段

物料完成干燥后，如果炉膛内的温度足够高且又有足够的氧化剂，物料就会很顺利地进入燃烧阶段。燃烧阶段包括三个同时发生的化学反应。

(1) 强氧化反应　物料的燃烧包括物料与氧发生的强氧化反应过程。以碳（C）和甲烷（CH_4）燃烧为例，以空气作为氧化剂，其氧化反应式为：

$$C+O_2 === CO_2$$
$$CH_4+2O_2 === CO_2+2H_2O$$

以上反应认定空气中的 N_2 不参加反应。

又如，焚烧典型废物 $C_xH_yCl_z$，在理论完全燃烧状态下的反应式为：

$$C_xH_yCl_z+\left(x+\frac{y-z}{4}\right)O_2 === xCO_2+zHCl+\frac{y-z}{2}H_2O$$

式中，x、y、z 分别为 C、H、Cl 的原子数。

以上几个典型的氧化反应都是表示发生完全氧化反应的最终结果，其中还有若干中间反应。

(2) 热解　热解是在缺氧或无氧条件下利用热能破坏含碳高分子化合物元素间的化学键，使含碳化合物被破坏或者进行化学重组的过程。

由于物料组分的复杂性和其他因素的影响，即使炉膛内具有过剩的空气，在燃烧过程中仍会有不少物料没有机会与氧充分接触，从而形成无氧或缺氧条件，这部分物料在高温条件下就会发生热解。热解过程中，有机物会析出大量的气态可燃成分，如 CO、CH_4、H_2 或者分子量较小的 C_mH_n 等。然后，这些析出的小分子气态可燃成分再与氧接触，发生氧化反应，从而完成燃烧过程。

① 热解速率。热解既包括分解、化合的传质过程，又包括吸热、放热的传热过程。热解速率受到固体废物的组成、粒度、加热速率及最终达到的温度等因素影响。当粒度均匀且很小时，固体内不存在温度梯度，总的热解速率可认为是物质的热分解速率。

② 热解时间。加热垃圾、纸类、木材等固体废物时，温度上升缓慢，故初期不会发生热分解；随着燃烧的进行，热量不断放出，焚烧体系的温度不断上升，当达到某一温度值的瞬间，即刻引起热分解。和加热速率相比，分解速率要快得多，即分解反应一经引发很快就达到完全分解。从而可以假定热分解速率就是加热速率，那么，热解的时间就是加热时间。

由热解产生的挥发分在固体粒子的周围与空气混合形成气体混合层。当达到着火条件时，则立即着火发生气相燃烧，在粒子四周与粒子形成同心的火焰面（反应面）。气相燃烧属于均相反应。当挥发分扩散速率比氧的扩散速率慢时，反应面就稳定在气相中，此时不会发生异相反应。由于气相燃烧速率远远快于异相燃烧速率，当有异相燃烧发生时，固体总的燃烧速率取决于异相反应速率。

由此可知，固体废物的分解燃烧过程非常复杂，表征和影响固体物质热分解、气化、着火和燃烧等过程的参数包括火焰传播速率、热流密度、热解速率、着火温度、燃烧速率等。

(3) 原子基团碰撞　在物料燃烧过程中，还伴有火焰的出现。燃烧火焰实质上是高温下富含原子基团的气流造成的。原子基团电子能量的跃迁、分子的旋转和振动等产生量子辐射，包括红外热辐射、可见光和紫外线等，从而导致火焰的出现。火焰的性状取决于温度和气流组成。通常温度在 1000℃ 左右就能形成火焰。原子基团气流包括原子态的 H、O、Cl 等，双原子的 CH、CN、OH、Cl_2 等，以及多原子基团 HCO、NH_2、CH_3 等，这些原子基团的碰撞进一步促进了废物的热分解过程。

6.2.5.3 燃烬阶段

物料在发生充分燃烧之后进入燃烬阶段。此时反应物质的量大大减少，而反应生成的惰性物质、气态的 CO_2 和 H_2O 及固态的灰渣则增加了，也由此使得剩余氧化剂无法与物料内部未燃尽的可燃成分接触和发生氧化反应，同时周围温度的降低等都使得燃烧过程减弱。因此要使可燃成分燃烧充分，必须延长停留时间，并通过翻动、拨火等机械方式使可燃成分与氧化剂充分混合接触，这就是设置燃烬段的主要目的。

6.2.6 影响固体废物燃烧的因素

影响垃圾等固体废物焚烧的因素很多，其中焚烧温度（temperature）、停留时间（time）、搅混强度（turbulence）（常称为 3T）和过剩空气率合称为焚烧四大要素。

（1）焚烧温度 废物的焚烧温度是指要使废物中的有害组分在高温下氧化、分解直至破坏所需达到的温度。它比废物的着火温度要高得多。

一般来说，提高焚烧温度有利于废物中有机毒物的分解和破坏，并可抑制黑烟的产生和减少燃烧所需的时间。但过高的焚烧温度不仅会增加燃料的消耗，而且会增加废物中金属的挥发量和氮氧化物的产生量，容易引起二次污染。过高的燃烧温度还会缩短焚烧炉的耐火材料和锅炉管道的使用寿命。因此当燃烧室的温度足够高时，要加强对燃烧速率的控制；当燃烧室的温度较低时，须提高燃烧速率。总之合适的焚烧温度取决于固体废物的特性、含水量、焚烧炉结构和燃烧空气量等。大多数有机物的焚烧温度范围在 800～1000℃，通常以850～900℃为宜。

（2）停留时间 由物料焚烧过程的特点可知，停留时间的长短直接影响废物的焚烧效果、尾气组成等，停留时间也是确定炉体容积和燃烧能力的重要依据。

废物在炉内焚烧所需的停留时间是由许多因素决定的。例如，废物进入炉内时的形态（如固体废物颗粒大小、液体雾化后液滴的大小以及黏度等）对停留时间有很大影响。加热干燥时间近似与固体粒度的平方成正比，一般来说，燃烧（停留）时间也与固体粒度的1～2次方成正比。因此粒度大小显著影响燃烧速率，进行垃圾的焚烧处理时，一般先将垃圾进行破碎预处理。当废物的颗粒粒径较小时，与空气接触的表面积大，氧化、燃烧条件就好，停留时间就可短些。

对于垃圾焚烧，如温度维持在 850～1000℃，并有良好的搅拌和混合，燃烧气体在燃烧室内的停留时间为1～2s。

（3）搅混强度 在焚烧过程中采用有效的搅动措施使废物、助燃空气和燃烧气体之间充分混合，可促进废物燃烧完全，减少污染物形成。焚烧炉中采用的搅动方式有空气流搅动、机械炉排搅动、流态化搅动和旋转搅动等，其中以流态化搅动效果最好，而固定炉床式焚烧炉常采用空气流搅动，助燃空气送风的方式主要有炉床下送风和炉床上送风。

二次燃烧室内氧气与燃烧气体的混合程度取决于二次助燃空气与燃烧气体的相互流动方式和气体湍流程度。一般来说，二次燃烧室气体速度在 3～7m/s 即可满足要求。气体流速过大时，混合强度虽增大，但气体在二次燃烧室的停留时间会缩短，反而不利于燃烧的完全进行。

（4）过剩空气率 过剩空气率对固体废物燃烧性能的影响很大：过剩空气率过高，会因为吸收过多的热量而使炉内的温度降低，增加排烟热损失，降低燃烧效率；过剩空气率过低，会使固体废物燃烧不完全。根据经验，在通常情况下，过剩空气系数一般为 1.5～1.9；

但在某些特殊情况下，过剩空气系数可能在 2 以上才能达到较好的完全焚烧效果。

在焚烧系统中，焚烧四要素之间是相互影响、相互联系的。焚烧温度与停留时间密切相关，若停留时间短则要求较高的焚烧温度，停留时间长则可采用略低的焚烧温度。设计时应从实际技术经济角度确定适宜的焚烧温度，不可片面强调用提高焚烧温度的办法来缩短停留时间，这样会增加辅助燃料的消耗，增加金属挥发量和氮氧化物的产生量等；更不可片面地为达到降低焚烧温度的目的而延长停留时间，因为这不仅会使炉体结构设计得很庞大，且会增加占地面积和建造费用，甚至会导致炉温不够，使废物焚烧不完全。

如果废物焚烧时有充足的过量空气，能维持适宜的温度，且有一定的搅动作用，气体与废物混合均匀并保持良好的焚烧条件，所需停留时间可适当缩短。

6.3　固体废物的焚烧系统和设备

6.3.1　焚烧系统

垃圾的焚烧不是单个设备就可以完成的，它需要多个设备组成一个完整的系统。一个典型的固体废物焚烧系统通常包括前处理系统、进料系统、焚烧系统、排气系统和排渣系统。另外还可能有焚烧炉的控制与测试系统和废热回收系统等。

（1）前处理系统　前处理系统包括废物的贮存、分选、破碎、干燥等环节。

为了保证焚烧系统操作的连续性和稳定性，需要建立贮存设备以贮存固体废物。贮存设备的规模应与焚烧装置的生产能力和固体废物收集周期相适应，一般要求贮存设备能够适应固体废物产生的高峰。对于小型焚烧炉，贮存设备能容纳一个星期的焚烧量；对于大型焚烧炉（>500t/d），贮存设备能力通常为 2～3d 的用量。

分选是为了减少待焚烧的固体废物中不可燃成分的量，并回收有用成分。

破碎将有助于提高焚烧系统的焚烧效率。

（2）进料系统　进料系统分为间歇式和连续式两种。

间歇式进料往往造成焚烧炉周期性的负荷变化。现代大型焚烧炉一般采用连续式进料方式，具有容量大、焚烧过程容易控制、炉温比较均匀等特点。

连续式进料系统一般用螺旋挤压机将固体废物推进炉内，或者用起重机和抓斗把固体废物从料坑中抓起，然后散落在料斗内，见图 6-1。进料设备的作用除了把固体废物送到炉内，还使原料充满料斗，起到密封作用，防止炉膛内的火焰蹿出。料斗内密封的固体废物会逐渐落到进料槽上，并依靠重力下滑到炉排上。进料槽由平滑的钢板组成，在靠近炉膛区域要用水冷却。在操作过程中，固体废物应不间断地送入，以保持密闭状态。

（3）焚烧系统　焚烧室是固体废物焚烧系统的核心，由炉膛、炉排与空气供给系统组成。炉膛结构由耐火材料砌筑，有单室型、多室型、旋转窑等多种构型。

现在焚烧炉都有两个燃烧室，初级

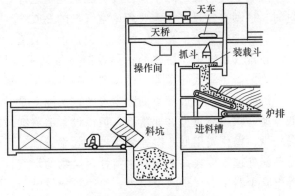

图 6-1　连续式进料系统

燃烧室和二级燃烧室。焚烧过程包括初级燃烧和二级燃烧两个阶段。

初级燃烧室是物料干燥、挥发、点燃和进行初步燃烧的空间。废物被点燃并平稳地进行燃烧后，只需向炉内送入空气并使之与废物良好混合。初级燃烧室的空气用量可等于或稍高于理论空气量，否则炉气中将会有未燃尽的小颗粒和气体。

二级燃烧室可以是一个独立的燃烧室，也可以是初级燃烧室的一个附加空间。初级燃烧室排出的炉气在这里很容易与空气混合，只要通入略微过量的空气即可达到足够高的温度。对于单室型焚烧炉，需要加入较多的辅助燃料和过量空气才可以完成所有必要的反应。

炉排是燃烧室的重要组成部分之一。其作用有两个方面：一是传送固体废物，将燃尽的灰渣转移到排渣系统；二是在其移动过程中使燃料发生适当的搅动，促进空气由下向上通过炉排料层进入燃烧室，以助燃烧。炉排的结构类型主要有往复式、摇摆式和移动式三种，见图6-2。

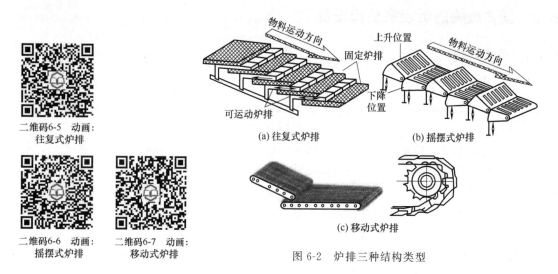

二维码6-5 动画：
往复式炉排

二维码6-6 动画：
摇摆式炉排

二维码6-7 动画：
移动式炉排

(a) 往复式炉排　(b) 摇摆式炉排

(c) 移动式炉排

图6-2 炉排三种结构类型

助燃空气的供给系统是焚烧系统的另一个重要组成部分，它是保证固体废物在燃烧室内充分燃烧所需空气量的保障系统。

助燃空气按其引入方式可分为火焰上空气、火焰下空气和二次助燃空气。火焰上空气通常引入燃烧床上空，作用是使炉气紊流，保障燃料完全燃烧。火焰下空气是通过炉排进入燃烧室的助燃空气，作用是控制焚烧过程，防止炉排过热。二次助燃空气用于控制燃烧温度，通常在初级燃烧室的上方喷入或从初级燃烧室与二级燃烧室的过渡区通入。

过剩空气的供给除了保证废物燃烧完全之外，另一个作用是控制温度。在有耐火材料炉衬时，过剩空气量往往需要理论空气量的200%。

（4）排气系统　排气系统通常包括烟气通道、废气净化设施、烟囱等。

在排气系统中，主要的污染控制对象是粉尘与气味。粉尘污染控制的常用设备是沉降室、旋风器、湿式除尘器、过滤器、静电除尘器等。

沉降室是一种最简单的除尘设备，实际上是设在导管上的一个扩大部分，气流在此处降低流速，颗粒靠重力在此落下，但该设备清除细微颗粒的效率不高；旋风器也比较简单，投资较少，操作费用低；湿式除尘器的效率较高，可将大于 $5\mu m$ 的颗粒去除 $90\%\sim97\%$，同时还能处理湿度较高的含有水溶性污染物的烟气；过滤器对小颗粒来说是高效的收集系统；静电除尘器中有一个放电电极，给微粒提供电子，还有一系列收集电极，收集带电微粒，并将它们从气流中分离出来。废气通过选用的除尘设备后，含尘量应达到国家允许排放标准。

焚烧炉排气中还含有少量的氮、硫的氧化物。一般设计和运行合理的焚烧炉，其氮氧化物的排放浓度是低于排放标准的，没有必要采取特别的控制措施；城市固体废物含硫量极少，硫氧化物的排放浓度是低于排放标准的，但是对某些工业废物应采取相应的脱硫措施。

烟囱的作用有两个方面：一是协助燃烧区建立负压使气体容易进入炉内；二是便于烟气在高空扩散稀释，一般高度小于 40m 的烟囱属于低型烟囱，高于 40m 的属于高烟囱。高烟囱可以提供较强的抽风能力和较好的扩散条件。烟囱可以用不加衬里的钢板制成。为了防止冷凝液的腐蚀，也可采用钢板内层衬加耐火层的双层结构，有的烟囱全部由耐火材料或传统的石质材料砌成。

（5）排渣系统　焚烧炉燃尽的残渣通过排渣系统及时排出，以保证焚烧炉正常操作。排渣系统由移动炉排、通道及与履带相连的水槽组成。残渣在移动炉排上由重力作用经过通道，落入贮渣室水槽，经水淬冷却后的残渣由传送带输送至渣斗，或以水力冲击设施将湿渣冲至炉外运走。

残渣中包含金属、玻璃及其他杂物。对于连续进料的焚烧炉，一般要有连续的出渣系统。

（6）焚烧炉的控制与测试系统　作为辅助系统，一整套的控制和测试系统也是非常重要的。控制系统包括送风控制、炉温控制、炉压控制、冷却控制等。测试系统包括压力、温度、流量的指示，烟气浓度监测和报警系统，等等。

采用适当的控制系统可以克服焚烧固体废物过程中因为物料种类和性能变化引起的燃烧过程不稳定等问题，提高焚烧效率，保证焚烧过程运行良好。

（7）废热回收系统　回收垃圾焚烧系统的废热资源是建立垃圾焚烧系统的主要目的之一。焚烧炉热回收系统有以下三种方式。

① 与锅炉合建焚烧系统，锅炉设在燃烧室后部，使废热转化为蒸汽回收利用。

② 利用水墙式焚烧炉结构，炉壁以纵向循环水列管替代耐火材料，管内循环水被加热成热水，再通过后面相连的锅炉生成蒸汽回收利用。

③ 将加工后的垃圾与燃料按比例混合作为大型发电站锅炉的混合燃料。

6.3.2　焚烧设备和焚烧工艺系统

焚烧设备的采用与废物的种类、性质和燃烧形态等因素有关，不同的燃烧方式需采用相应的焚烧炉与之匹配。通常根据所处理废物对象、对环境和人体健康的危害大小以及所要求的处理程度，将焚烧炉分为城市垃圾焚烧炉、一般工业废物焚烧炉和危险废物焚烧炉三种类型；按照废物焚烧

二维码6-8
微课：焚烧设备的
种类和结构特点

炉功能结构的不同，主要有炉床式焚烧炉（包括回转窑）、机械炉排式焚烧炉、沸腾流化床焚烧炉和气化熔融焚烧炉四种类型。

炉床式焚烧炉采用炉床盛料，在物料表面发生燃烧，适于处理颗粒小或粉状的固体废物以及泥浆状废物，分为固定炉床和活动炉床两大类，固定炉床焚烧炉又可分为水平式固定炉床和倾斜式固定炉床。

机械炉排式焚烧炉的基本原理是以机械炉排构成炉床，靠炉排的运动使垃圾不断翻动、搅拌并向前或逆向推行。其主要处理过程是：垃圾进入炉膛后，随着炉排的运行向前移动，并与从炉排底部进入的热空气混合、翻动，使垃圾得以干燥、着火、燃烧至燃尽。该焚烧炉正常运行的炉温大于 850℃，且烟气在大于 850℃的高温下停留超过 2s，以保证烟气中有机成分被分解。机械炉排式焚烧炉的主要特点是对垃圾的适用范围广，对进炉垃圾的颗粒度和

湿度没有特别的要求，一般由收集车送来的生活垃圾无须经过破碎即可直接进行焚烧，且燃烧效率较高。

沸腾流化床焚烧炉是一种新型高效焚烧炉。利用炉底分布板吹出的热风将废物悬浮呈沸腾状，垃圾与沸腾层内呈流化状态的高温颗粒（如砂子、灰渣、石灰石等）接触传热进行焚烧。

高炉型直接气化熔融炉是典型的内热式移动床，固体废物由炉体上部进入，氧气逆向进入。废物在反应炉内自上而下经历还原气氛干燥区（400～500℃）、流态化热解气化区（1000℃）和高温燃烧熔融区（1700℃）三个阶段，最后金属和熔渣在炉底分离回收。高炉型直接气化熔融技术是一种气化熔融一体的单工艺，具有结构紧凑、初期投资低、全量熔融造成减容比高等优点，但其缺点是熔融过程在高温下进行，维持反应过程需添加焦炭等辅助燃料或通入纯氧气，导致运行费用偏高。

对于垃圾焚烧厂，目前所采用的焚烧炉主要有多段炉、回转窑、流化床三种形式，下面介绍几种比较典型的焚烧设备。

（1）多段炉 多段炉又称多膛焚烧炉，是工业中常见的立体多层固定炉床焚烧炉，可适用于各类固体废物的焚烧，尤其广泛用于污泥的焚烧处理。如图 6-3 所示，多段炉炉体是一个垂直的内衬耐火材料的钢制圆筒，内部由很多段燃烧炉膛所构成。炉体中央安装有一个顺时针方向旋转的带搅动臂的空心中心轴，搅动臂的内筒与外筒分别与中心轴的内筒和外筒相连。各个搅动臂上又装有多个搅拌杆，待处理的固体废物从炉顶进料口进入最上层的炉床上，在搅拌杆的搅拌下得到破碎和分散，然后从中间孔落入第二层炉床上。在第二层炉床上，固体废物继续在搅动杆作用下边分散边向周边移动，最后从周边下落至第三层。然后在第三层又向中心分散，落入下一层，以此类推，固体废物就在各段移动与下落过程中实现充分搅拌、破碎，同时得到干燥和焚烧处理。焚烧时空气由中心轴的内筒下部进入，然后进入

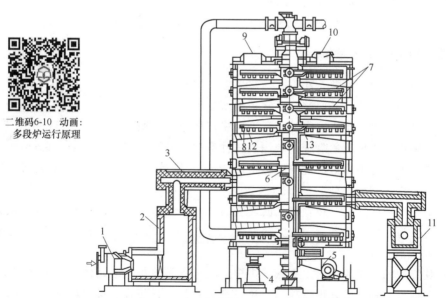

图 6-3 多段炉的结构图

1—主燃烧嘴；2—热风发生炉；3—热风管；4—轴驱动电动机；5—轴冷却风机；6—中心轴；
7—搅动臂；8—搅拌杆；9—排气口；10—进料口；11—热风分配室；12—隔板；13—轴盖

搅动臂的内筒流至臂端，由搅动臂外筒进入中心轴的外筒，集中于中心轴外筒的上部，最后进入炉膛。空气在搅动臂中的流动如图6-4所示。

按照各段的功能，可以把炉体分成三个操作区：最上部是干燥区，温度在310～540℃之间，对固体废物进行干燥、破碎；中部为焚烧区，温度在760～1100℃之间，废物发生焚烧；最下部为焚烧后灰渣的冷却区，灰渣进入该区与进来的冷空气进行热交换，冷却至150℃以下排出炉外。

该焚烧炉的优点是废物在炉内的停留时间长，对含水率高的废物可使其水分充分挥发，尤其是对热值低的污泥燃烧效率高。缺点是结构复杂、易出故障、维修费用高，因排气温度较低易产生恶臭，通常需配备二次燃烧设备。

（2）回转窑焚烧炉　回转窑焚烧炉目前广泛应用于液体及固体废物的焚烧，其结构如图6-5所示。窑身为一卧式可旋转的圆柱体，水平轴线稍倾斜（1/300～1/100），窑身较长，下端有二次燃烧室。重焦油、污泥等固体废物从窑的上部进入，随着窑的转动向下移动，空气与物料行进的方向可以同向也可逆向。进入窑炉的物料与空气相遇，一

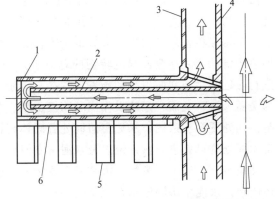

常温冷却空气

图6-4　空气在搅动臂中的流动
1—搅拌杆外筒；2—搅拌杆内筒；3—中心轴外筒；
4—中心轴内筒；5—搅拌齿；6—隔板

边受热干燥（200～300℃），一边受窑炉的回转而破碎，然后在窑的后段进行分解燃烧（700～900℃），在窑内来不及燃烧的挥发分则进入二次燃烧室燃烧。焚烧的残渣在高温烧结区

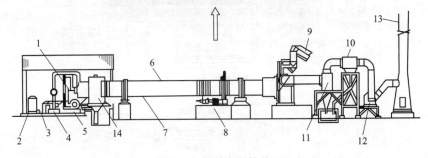

图6-5　回转窑焚烧炉
1—燃烧喷嘴；2—重油贮槽；3—油泵；4—三次空气风机；5——次及二次空气风机；6—回转窑焚烧炉；7—取样口；
8—驱动装置；9—投料传送带；10—除尘器；11—旋风分离器；12—排风机；13—烟囱；14—二次燃烧室

（1100～1600℃）熔融，最后排出炉外。如果需要辅助燃料，可在焚烧炉的上端或二次燃烧室加入。

回转窑焚烧炉的优点是适用范围广，可焚烧不同种类和性质的废物；机械结构简单，很少发生事故，能长期连续运转。

水泥窑协同处置技术具备处置危险废物的突出优势，处置时焚烧温度可达 1400℃ 以上高温，焚烧停留时间长，焚烧产生的飞灰和残渣被固熔在水泥熟料的晶格中，有害组分破坏率可达 99.99％ 以上，同时窑内的碱性环境可中和酸性气体、固化重金属，避免二噁英等焚烧污染物产生，真正实现了固体废物的"资源化""无害化"和"减量化"。

坚持绿色发展是对生产方式的全方位、革命性变革，必须把实现减污降碳协同增效作为促进经济社会发展全面绿色转型的总抓手。2017 年，天津金隅振兴环保科技有限公司积极践行习近平生态文明思想和新发展理念，勇于打破传统水泥生产思维模式，主动转型升级，为美丽天津、美丽中国建设作出了积极贡献。公司建立了"五大废弃物处置系统"，即水泥窑协同处置污泥系统、水泥窑协同处置固体废物系统、水泥窑协同处置液体废物系统、水泥窑协同处置可燃废弃物系统以及水泥窑专门处置污染土系统。可处置种类包括：危险废物、生活垃圾、一般工业废物、市政或企业污泥、建筑垃圾、污染土壤、应急事件废物和其他固体废物。水泥窑协同处置系统见图 6-6。

(a) 水泥窑协同处置固废生产线外景

(b) 协同处置污泥系统工艺流程示意图

图 6-6　水泥窑协同处置系统

　　天津金隅振兴公司自主研发的利用水泥窑专门处置污染土技术被认定"达到国际先进水平"，对水泥企业转型升级具有较好的示范引领作用。经水泥窑高温处置过的合格土，既可用于回填再利用，又可以作为生产水泥和其他建材产品的原料，成功开创"无害化处置＋循环再利用"新模式。截至2022年，处置后污染土已有25.28万吨回填再利用，11.49万吨生态烧结料用于建材产品生产。利用工厂物流智能管理系统、安全智能管理系统、环保数据在线监测、5G＋设备在线监测与智能诊断等先进技术，实现危险废物接收过程实时显示，终端处理设备设施自动定量投料，安全防护、环保监测全过程覆盖。处置范围包括《国家危险废物名录（2021年版）》中：①HW06废有机溶剂与含有机溶剂废物；②HW08废矿物油与含矿物油废物；③HW09油/水、烃/水混合物或乳化液；④HW12染料、涂料废物；⑤HW13有机树脂类废物；⑥HW17表面处理废物；⑦HW18焚烧处置残渣；⑧HW50废催化剂。

　　此外，钢铁厂、发电厂等工业企业生产过程中产生的氧化铝赤泥、炉渣、脱硫石膏、粉煤灰渣、煤矸石等工业废渣可作为水泥生产过程中的原料使用，绿色物料年使用率可达20％以上。其他一般固体废物中建筑垃圾、大理石粉、污泥、HW18等可作为替代原料使用，2022年原料替代率为2.99％；废玻璃钢、废布条、HW06、HW08、HW13等有热值废物可作为替代燃料使用，2022年燃料替代率为12.31％。

　　（3）流化床焚烧炉　流化床焚烧炉也是目前工业上应用较为广泛的一种焚烧炉。典型的流化床为气泡式流化床和循环式流化床两种。气泡式流化床焚烧炉（图6-7）构造简单，主体设备是一个圆形塔体，下部设有分配气体的分配板，塔内壁衬有耐火材料并装有一定量的耐热粒状载体，如砂子、灰渣、石灰石等。气体分配板有的由多孔板制成，有的平板上带有一定形状和数量的专用喷嘴。气体从下部通入，并以一定速度通过分配板，使床内载体"沸腾"呈流化状态。固体废物从塔侧或塔顶加入，与高温载热体及气流交换热量而被干燥、破

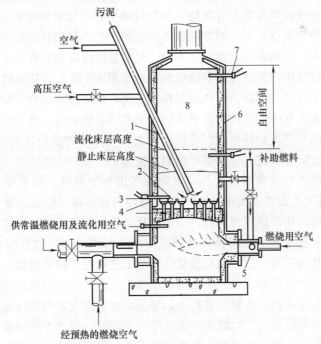

图6-7　气泡式流化床焚烧炉

1—导流管；2—气体分配喷嘴；3—下监测口；4—塔外壁；5—空气风机；

6—塔内壁；7—上监测口；8—二次燃烧区

碎并燃烧。燃烧气从塔顶排出，尾气中夹带的灰渣用除尘器捕集。焚烧温度不可太高，否则床层材料出现黏结现象。气泡式流化床焚烧炉运行时，对上升气流的流速控制很重要，流速过小，介质不能形成流化态，流速过大则会导致介质被上升气流带出焚烧炉。气泡床的表观气体流速为 $1\sim3m/s$。

循环式流化床焚烧炉（图 6-8）与气泡式流化床焚烧炉的工作原理基本相同，不同之处是循环式流化床的气体流速较高，惰性介质是循环使用的。运行时，由于高速气流的作用，惰性介质被不断地吹出炉膛，之后，经旋风集尘器收集，再返回到焚烧炉的底部。如此反复，介质始终处于循环流化状态。

二维码6-13
动画：循环流化床焚烧炉

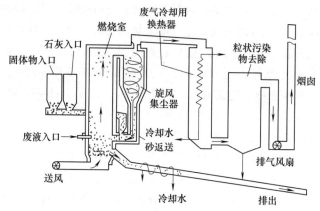

图 6-8　循环式流化床焚烧炉

流化床焚烧炉的优点是结构简单，造价便宜；床层反应温度均匀，很少发生局部过热现象，床内温度容易控制；粒子与气体之间的传质与传热速度很快，单位面积处理能力大；强烈的混合反应能使有害物质发生充分燃烧，并有效减少有毒氧化物和氟化物的产生，降低了废气的净化难度；焚烧温度较低，能抑制氮氧化物的产生。但流化床法能耗较大，焚烧过程较缓慢，且扬尘较多，需加强除尘措施，不适于处理黏附性高的污泥等半流动态固体废物。

（4）典型垃圾焚烧炉　典型垃圾焚烧炉的构造如图 6-9 所示。从加料斗进入炉膛的固体废物在干燥炉排上干燥后，随着炉排的运动移到燃烧炉排上进行分解燃烧，所需的空气由炉排下的风机供给。未燃尽的固体废物随炉排的运动移到后燃炉排，在此燃尽。灰渣落入熄火槽，辐射热和热气体与进入炉膛内的垃圾换热后进入气体冷却锅炉，与水换热以回收热量。同时冷却的气体经过除尘后进入排风机，由烟囱排出。

典型垃圾焚烧炉的特点是对较大的垃圾团块不用预处理可直接焚烧。炉内最低温度为750℃，没有恶臭排出，最高温度可达 1050℃，可使灰渣熔融。但是，垃圾中含塑料时，会发生熔融而透过炉排，在炉排下面焚烧，造成炉排损坏，此外，有害气体还会使炉膛腐蚀。

（5）垃圾焚烧工艺系统　垃圾焚烧过程由多个设备组成的完整系统来完成。如图 6-10 所示，以某一垃圾焚烧厂为例，介绍垃圾焚烧典型工艺流程和设备组成。

该工艺系统的工作过程如下：垃圾由垃圾车载入厂区，经地磅称量进入倾卸平台，将垃圾倾入垃圾贮坑，由抓斗将垃圾抓入进料斗，垃圾由滑槽进入炉内，从进料器推入炉床。此时在炉排的机械运动的带动下，垃圾在炉床上移动并翻搅，改善了燃烧效果。垃圾首先被炉壁的辐射热干燥及气化，然后达到着火温度而被引燃，经过燃烧进入燃烬阶段，最后成为灰烬，落入冷却设备，通过输送带经磁选回收废铁后送入灰烬贮坑，最后送往填埋场。

燃烧所用空气分为一次及二次空气。一次空气以蒸汽预热，自炉床下贯穿垃圾层助燃；

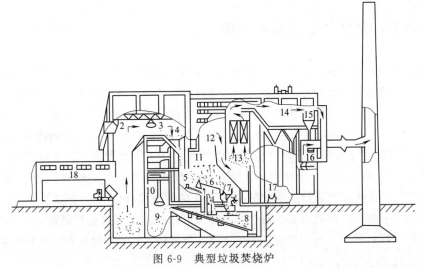

图 6-9　典型垃圾焚烧炉

1—垃圾坑；2—起重机运转室；3—抓斗；4—加料斗；5—干燥炉排；6—燃烧炉排；

7—后燃炉排；8—残渣冷却水槽；9—熄火槽；10—残渣抓斗；11—二次空气供给喷嘴；

12—燃烧室；13—气体冷却锅炉；14—静电除尘器；15—多级旋风分离器；

16—排风机；17—中央控制室；18—管理所

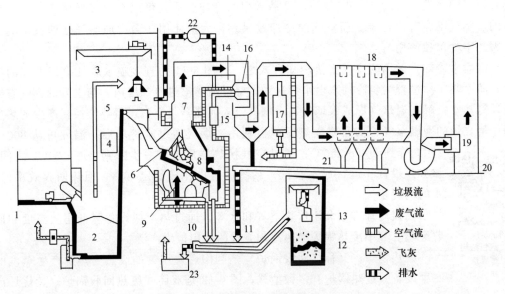

图 6-10　城市垃圾焚烧厂处理工艺流程图

1—倾卸平台；2—垃圾贮坑；3—抓斗；4—操作室；5—进料口；6—炉排干燥段；7—炉排燃烧段；

8—炉排后燃烧段；9—焚烧炉；10—灰渣；11—出灰输送带；12—灰渣贮坑；13—出灰抓斗；

14—废气冷却室；15—换热器；16—空气预热器；17—烟气净化设备；18—袋式除尘器；

19—引风机；20—烟囱；21—飞灰输送带；22—抽风机；23—废水处理设备

二次空气由炉体颈部送入，以充分氧化废气，并控制炉温不致过高，以避免炉体损坏及氮氧化物的产生。炉内温度一般控制在 850℃ 以上，以避免未完全燃烧的气态有机物自烟囱逸出造成臭味，污染环境，因此垃圾热值低时需喷油助燃。高温废气经锅炉冷却，用引风机抽入烟气净化设备去除酸性气体后，进入袋式除尘器除尘，再经过加热后自烟囱排入大气扩散。锅炉产生的蒸汽推动汽轮发电机发电后，进入凝结器，凝结水经除气及加入补充水后返送锅炉。

6.4 固体废物焚烧热能的回收利用

对垃圾进行焚烧处理时会产生大量的烟气，烟气温度可高达 $850\sim1000℃$，含有大量的热能。如果将这些热能充分加以利用，将是"节能减排"的一条有效途径。生活垃圾焚烧产生的热能相当于可再生能源。如果采用焚烧热电联产，在供暖季节主要用于供热，在非供暖季节主要用于发电，不仅可以实现在垃圾焚烧处理中降低污染气体排放，还可有效解决资源短缺问题。

现代化的焚烧厂通常都设有尾气冷却和废热回收系统。其作用有以下两方面。①调节焚烧尾气温度，使其降至 $220\sim300℃$，以便进入尾气净化系统。一般尾气净化处理设备在 $300℃$ 以下操作，因此，焚烧炉所排放的高温尾气调节或操作不当，会降低尾气处理设备的使用效率，缩短寿命。②回收废热。通过各种方式利用废热，可以获得经济收益和环境效益，并有利于降低焚烧处理的费用。目前，中、大型垃圾焚烧厂几乎均设置有汽电共生系统。

6.4.1 焚烧废气冷却方式

焚烧废气的冷却方式有直接式和间接式两种。

直接式冷却是利用传热介质直接与尾气接触以吸收热量，达到冷却和温度调节的目的。水具有较高的蒸发热（约 $2500kJ/kg$），是最常用的冷却介质，可以有效降低尾气温度，且产生的水蒸气不会造成污染。而空气的冷却效果差，大量使用还会增加尾气处理系统的负担，因此很少单独使用。

直接喷水冷却是常用的废气直接冷却方式之一，图 6-11 为直接喷水废气冷却方式的工作示意图。其工作过程为：冷却水由水泵送入，经过喷嘴喷进冷却塔内，与上升的烟气直接接触，冷却水接触高温烟气形成水烟气，水烟气流入换热器与空气进行热交换，产生的热空气用作焚烧炉的助燃空气，从而使废热得到再利用。烟气通过水冷塔后，温度可从 $800\sim$

二维码6-14
动画：汽包结构
和分解过程

$950℃$ 降到 $300\sim450℃$；通过空气换热器后，进一步降到 $200\sim300℃$ 之间。该方式投资和运行成本较低，系统运行也比较稳定可靠，但热回收效率低，水的消耗量大。

间接冷却方式利用传热空气和水等，通过热交换设备降低尾气温度和回收废热。其中废热锅炉换热冷却方式的使用最为广泛。

废热锅炉（又称热回收锅炉）是利用燃烧尾气的废热为热源产生蒸汽的一种设备。废热锅炉有多种型式，图 6-12 是双筒式废热回收锅炉。焚烧炉产

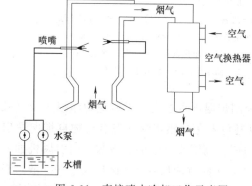

图 6-11 直接喷水冷却工作示意图

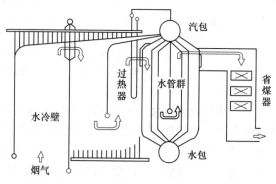

图 6-12 双筒式废热回收锅炉

生的高温烟气先经水冷壁冷却，然后进入锅炉的水管群，与水管中的水进行热交换，使水管中的水蒸发而产生水蒸气，用其发电或作他用，从而使废气冷却。

　　废热锅炉换热冷却方式既能达到冷却尾气的目的，又能实现热能的回收，其优点是：传热传质效果好，废热回收效率高；设备体积小，安装费用低；对废气温度变化适应性强，并可耐受较高温度；可生产蒸汽，供作他用。但其投资、运行和维护成本较高，此外，尾气中的酸性气体和粉尘会导致设备零部件的损坏、腐蚀、积垢等，使回收效率降低，系统运行稳定性较差。

　　一般，中小型焚烧厂多采用批式或半连续焚烧方式，产生的热量较少，废热回收的规模经济效益较差，故大多采用直接喷水冷却方式；而大型垃圾焚烧厂产热量大，具有较好的规模经济效益，故大都采用废热锅炉冷却方式。实现余热和废热回收对于促进工业生产的可持续发展具有重要意义，不仅能够有效降低能源消耗，还能够减少环境污染，提高工业生产效率。

6.4.2　废热回收利用方式

　　废热回收方式的选择取决于废热的利用途径和特点、工艺技术以及经济因素等。

　　垃圾焚烧所产生的废热有多种再利用方式，见表6-4，包括水冷却型、半废热回收型及全废热回收型三大类。焚烧产生的废热大多被转化成蒸汽热能，蒸汽再作他用，其主要利用途径如下。

　　(1) 厂内辅助设备自用　如焚烧厂所处理的垃圾含水率高、热值低，可利用蒸汽预热助燃空气，使其自室温提升至 $150 \sim 200 \degree C$，更好地达到燃烧效果；或用蒸汽将废气温度于排放前加热至约 $130 \degree C$，以避免因设置湿式烟气洗涤装置而产生白烟现象。

　　(2) 厂内发电　垃圾场产生的蒸汽还常被用以推动汽轮发电机发电，构成汽电联产系统。产生的电力有 $10\% \sim 20\%$ 供厂内使用，其余则售与电力公司。

　　(3) 供应附近工厂或医院的加热或消毒用　蒸汽还可用于厂区附近的工厂或医院，供其生产、生活、取暖或消毒设备使用，冷凝水则返送回焚烧厂循环使用。目前以美国采取此方法居多。

　　(4) 供应附近发电厂当作辅助蒸汽　可将产生的蒸汽送到附近发电厂配合发电，但焚烧厂产生的蒸汽条件必须与发电厂的蒸汽条件一致。此方式也是以美国及欧洲地区采用较多。

　　(5) 供应区域性暖气系统蒸汽使用　此种利用方式包括两种情况。一种是将所产生的蒸汽经换热器产生 $80 \sim 120 \degree C$ 的热水，然后进入区域性的暖气或热水管路网中。另一种是直接将蒸汽输送到区域性热能供应站，经换热器产生不同形式的热能，以供社区取暖。此种利用方式主要用于寒冷地区（如欧洲和美国），尤其对已设有热水供应管路系统的地区可直接并联操作，作为系统中的基本负载。

　　(6) 供应休闲福利设施　通过管路供应厂区附近的民众休闲福利设施中所需的蒸汽或热水，例如温水游泳池、公共浴室及温室花房等。

　　(7) 发达国家焚烧废热利用方式　目前，世界各国越来越重视对焚烧废热的利用。各国国情不同，废热的回收利用方式和途径也不一样。

　　美国垃圾焚烧厂的能源回收利用方式呈多元化，包括发电、取暖、供应蒸汽、海水淡化及烘干下水道污泥等。基于垃圾热值较高，而且电力设备的操作管理便利，垃圾焚烧厂内普遍设发电装置，并且采用发电量较高的凝结式汽轮发电机，或与一般发电厂联合供应发电所需蒸汽。

表 6-4　垃圾焚烧厂废热回收利用方式

种类	废热回收流程	方式	废热利用设备配置	废热回收形态
水冷却型		A方式（高温水）		温水及高温水
		B方式（温水）		
		C方式（温水）		
半废热回收型		D方式		低压蒸汽
		E方式		高压蒸汽

种类	废热回收流程	方式	废热利用设备配置	废热回收形态
全废热回收型	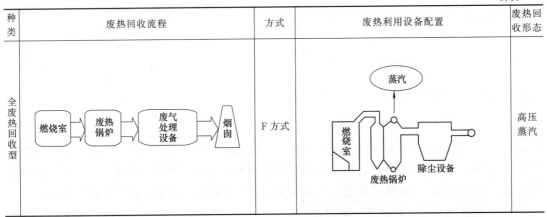	F方式		高压蒸汽

德国垃圾热值较高，十分重视从垃圾中回收能源，垃圾焚烧厂在德国被称为垃圾发电厂。能源利用方式以蒸汽供应邻近发电厂或在厂内自行装设发电系统为主，其次为地区供热取暖、污泥干燥及工业制造等用途。

近些年来，由于日本垃圾热值的提升，平均已达 12500kJ/kg 以上，因此在大于 150t/d 的垃圾焚烧厂中已普遍开始设置发电设备，并且采用较高的蒸汽条件来设计废热回收锅炉，以提高热回收效率。

6.5　固体废物焚烧污染物控制

焚烧过程（特别是有害废物的焚烧）会产生大量的酸性气体和未完全燃烧的有机组分及炉渣，如果将其直接排入环境，必然会导致二次污染，因此需采取有效措施对其进行适当控制。

6.5.1　固体废物的焚烧产物

可燃性的固体废物基本上都是有机物类，由大量的碳、氢、氧元素组成，有些还含有氮、硫、磷和卤素等元素。这些元素在焚烧过程中容易与空气中的氧发生反应，生成各种氧化物或部分元素的氢化物，一般如下。

① 有机碳的焚烧产物是二氧化碳气体。

② 有机物中的氢的焚烧产物是水。若有氟或氯元素存在，会产生 HF、HCl 等强酸性和强腐蚀性物质。

③ 固体废物中的有机硫和有机磷在焚烧过程中生成二氧化硫或三氧化硫以及五氧化二磷，遇到水蒸气便会形成酸性烟气。

④ 有机氮化物的焚烧产物主要是气态的氮，也有少量的氮氧化物生成。由于高温时空气中的氧和氮也结合生成一氧化氮，相对于空气中的氮来说，固体废物中的氮元素含量很少，一般可以忽略不计。

⑤ 有机氟化物的焚烧产物是氟化氢。若体系中氢含量不足，可能生成四氟化碳（CF_4）或碳酰氟（COF_2）。如果有其他元素存在，例如金属元素，可与氟结合形成金属氟化物。

⑥ 有机氯化物的焚烧产物是氯化氢。由于氧和氯的电负性相近，存在下列可逆反应：

$$2HCl + \frac{1}{2}O_2 \Longrightarrow Cl_2 + H_2O$$

如果体系中氢量不足，则有游离的氯气产生。

⑦ 有机溴化物和碘化物焚烧后生成溴化氢和少量溴气及元素碘。

⑧ 根据焚烧元素的种类和焚烧温度的不同，金属在焚烧以后可生成卤化物、硫酸盐、磷酸盐、碳酸盐、氢氧化物和氧化物等。

6.5.2 酸性气体的控制

（1）HCl、SO_2 的去除　利用碱性药剂如消石灰和烟气中的 HCl、SO_2 发生化学反应，生成 NaCl、$CaCl_2$ 和 Na_2SO_3、$CaSO_3$ 等，根据碱性药剂的状态分为干法和湿法。干法是将消石灰的粉末与酸性气体作用，形成颗粒状的产物再被除尘器去除。湿法是将消石灰的溶液喷入湿式洗涤塔内，与酸性气体进行气液吸收，回收吸收液。代表性的工艺流程如下：

① 焚烧炉→干法→除尘器→烟囱；

② 焚烧炉→干法→除尘器→湿式洗涤塔→烟囱；

③ 焚烧炉→湿式洗涤塔→烟囱。

（2）NO_x 的去除　焚烧产生的 NO_x 中 95％以上是 NO，其余是 NO_2。去除 NO_x 的措施如下。

① 燃烧控制法。通过在低氧浓度下燃烧来控制 NO_x 的产生，但氧气浓度低时，易引起不完全燃烧，产生 CO 进而产生二噁英。

② 无催化剂脱氮法。将尿素或氨水喷入焚烧炉内，通过下列反应分解 NO_x。

$$2NO+(NH_2)_2CO+\frac{1}{2}O_2 \longrightarrow 2N_2+2H_2O+CO_2$$

该法简单易行，成本低，去除效率约 30％，但喷入药剂过多时会产生氯化铵，烟囱的烟气变紫。

③ 催化剂脱氮法。催化剂表面有氨气存在时，可将 NO_x 还原成 N_2。

$$4NO+4NH_3+O_2 \longrightarrow 4N_2+6H_2O$$

$$NO_2+NO+2NH_3 \longrightarrow 2N_2+3H_2O$$

该方法去除效率可达 95％，但是使用的低温催化剂价格昂贵，还需配备氨气供应设备。

6.5.3 二噁英的产生与控制

6.5.3.1 二噁英的特性和毒性

二噁英（dioxin）是指含有 2 个或 1 个氧键连接 2 个苯环的含氯有机化合物。由于 Cl 原子在 1～9 的取代位置不同，构成 75 种异构体多氯代二苯并-对-二噁英（polychlorinated dibenzo-p-dioxins，PCDDs）和 135 种异构体多氯代二苯并呋喃（polychlorinated dibenzo-furans，PCDFs），结构如图 6-13 所示。

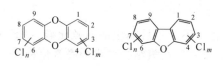

(a) PCDDs　　(b) PCDFs

图 6-13　二噁英的结构图

二噁英是非常稳定的亲脂性固体有机物，705℃以下时是相当稳定的，高于此温度即开始分解。在 850℃以上的高温下停留超 2s，即可分解 99.99％。一般情况下二噁英非常稳定，熔点较高，极难溶于水，可以溶于大部分有机溶剂，是脂溶性物质，极易在生物体内积累。水解作用和自然界的微生物对二噁英的分子结构影响较小，环境中的二噁英很难通过自然降解消除。

二噁英的毒性十分强大，是氰化物的 130 倍、砒霜的 900 倍，有"世纪之毒"之称。其毒性的分子机制还没有完全研究清楚，但是人们对其机理具有一定的认识。研究表明，二噁英主要是通过芳烃受体诱导基因、改变激酶活性、改变蛋白质功能等起作用，属于生物毒性，有急性发作和慢性发作两种。国际癌症研究中心已将其列为人类一级致癌物。二噁英的毒性因氯原子的取代位置不同而有差异，其中以 2,3,7,8-四氯二苯并-对-二噁英（2,3,7,8-tetrachlorodibenzo-p-dioxin，2,3,7,8-TCDD）的毒性最强，研究也最多。

6.5.3.2　二噁英的形成机制

根据美国和日本等国家的二噁英来源调查结果，大气环境中的二噁英主要来源于城市和工业垃圾焚烧。各种废弃物特别是医疗废物在燃烧温度低于 300～400℃时容易产生二噁英。聚氯乙烯塑料、纸张、氯气以及某些农药的生产环节、钢铁冶炼、催化剂高温氯气活化等过程都可向环境中释放二噁英。

垃圾焚烧过程中二噁英的形成机理相当复杂，到目前为止尚未完全了解二噁英在垃圾焚烧过程中形成的详细化学反应，但学术界比较认同二噁英是在焚烧炉低温区域烟气和飞灰的环境中通过一些多相反应产生的说法，见图 6-14。

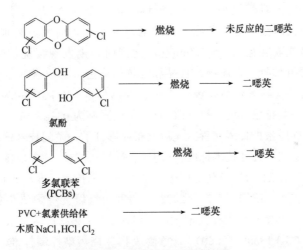

图 6-14　二噁英主要形成机制

人们普遍认为垃圾焚烧时排放的二噁英来源于以下三条途径。

① 生活垃圾中本身含有微量的二噁英，由于二噁英具有热稳定性，虽然大部分二噁英会在高温燃烧时得以分解，但仍会有一小部分二噁英未分解而排放出来。

② 在燃烧过程中由含氯前驱物生成二噁英，前驱物包括聚氯乙烯（PVC）、氯代苯、五氯苯酚等，在燃烧中，前驱物分子通过重排、自由基缩合、脱氯或其他分子反应等过程会生成二噁英，这部分二噁英在高温燃烧条件下大部分也会被分解。

③ 当燃烧不充分时，在烟气中会产生过多的未燃尽物质，同时当遇到适量的催化剂物质（主要为重金属，特别是铜等）时，在 300～500℃的温度条件下，二噁英有可能会重新生成。

6.5.3.3　二噁英的暴露途径

大气中的二噁英浓度一般很低。与农村相比，城市、工业区或离污染源较近区域的大气中含有较高浓度的二噁英。一般人群通过呼吸途径暴露的二噁英量是很少的，仅为经消化道摄入量的 1% 左右，以国际毒性当量（TEQ）计，约为 0.03pg/(kg·d)。在一些特殊情况下，经呼吸途径暴露的二噁英量也是不容忽视的。有调查显示，垃圾焚烧从业人员血液中的二噁英含量为 806pg/L，是正常人群水平的 40 倍左右。

排放到大气中的二噁英可以吸附在颗粒物上，并随之沉降到水体和土壤中，然后通过食物链的富集作用进入人体。食物是人体内二噁英的主要来源，经胎盘和哺乳可以造成胎儿和婴幼儿的二噁英暴露，经常接触的人更容易得癌症。

6.5.3.4 二噁英污染的产生

在我国《国家危险废物名录（2025 版）》列出的 46 类危险废物中，至少有 11 类与二噁英直接有关或者在处理过程中可能产生二噁英。例如 HW04 农药废物、HW05 木材防腐剂废物、HW10 多氯（溴）联苯类废物、HW18 焚烧处置残渣、HW50 废催化剂等。因此加强危险废物及相关固体废物的处置，是控制二噁英污染的有效途径之一。

6.5.3.5 二噁英国内外排放标准

（1）欧盟 对人体健康的要求比较高，制定标准也比较严格，将二噁英排放标准定为 $0.1ng/m^3$，这是目前世界上学术界无争议的、无害的、最安全的标准。

（2）日本 2002 年开始执行新的标准。新标准中，二噁英排放浓度执行 $0.1ng/m^3$。

（3）美国 针对居民对焚烧炉 10 年的投诉，花费 1000 多万美元对焚烧炉周边饮用水源、农作物、食品和人体健康进行了深入细致的研究工作，研究成果报告多达 3300 页，该报告中提到：当二噁英浓度在 $0.5 \sim 1.0ng/m^3$ 之间时，未发现焚烧炉烟气中"二噁英"的排放对焚烧炉周边饮用水源、农作物、食品和人体健康造成的危害。

（4）中国 我国实施的《生活垃圾焚烧污染控制标准》（GB 18485—2014）将生活垃圾焚烧炉排放烟气中二噁英排放浓度（以 TEQ 计）明确限制为 $0.1ng/m^3$。与此同时，其他有关二噁英污染控制的标准体系也日臻完善，先后发布或修订了一系列技术标准和规范，包括《生活垃圾焚烧飞灰固化稳定化处理技术标准》（CJJ/T 316—2023）、《含多氯联苯废物污染控制标准》（GB 13015—2017）、《生活垃圾焚烧厂运行维护与安全技术标准》（CJJ 128—2017）、《生活垃圾焚烧炉及余热锅炉》（GB/T 18750—2022）、《生活垃圾焚烧炉渣集料》（GB/T 25032—2010）、《医疗废物集中焚烧处置工程技术规范》（HJ 177—2023）、《一般工业固体废物贮存和填埋污染控制标准》（GB 18599—2020）、《危险废物焚烧污染控制标准》（GB 18484—2020）、《危险废物集中焚烧处置工程建设技术规范》（HJ/T 176—2005）和《医疗废物处理处置污染控制标准》（GB 39707—2020）、《废塑料污染控制技术规范》（HJ 364—2022）等。

6.5.3.6 二噁英的控制

国内外的研究实践表明，降低垃圾焚烧厂烟气中二噁英浓度的主要方法是提高焚烧效率，控制二噁英的再生成。主要控制措施如下。

① 选用合适的炉膛和炉排结构，使垃圾在焚烧炉中得以充分燃烧。烟气中 CO 的浓度是衡量垃圾是否充分燃烧的重要指标之一，CO 的浓度越低说明燃烧越充分，烟气中比较理想的 CO 浓度指标是低于 $60mg/m^3$。

② 控制炉膛、二次燃烧室内及进入余热锅炉前的烟道内烟气温度不低于 850℃，烟气在炉膛及二次燃烧室内的停留时间不少于 2s，余热锅炉出口 O_2 浓度控制在 6%～10%，并合理控制助燃空气的风量、温度和注入位置。

③ 缩短烟气在处理和排放过程中处于 300～500℃ 温度域的时间，控制余热锅炉的排烟

温度不超过 250℃。

④ 在减温塔出口处喷射吸附能力极强的活性炭，吸附烟气中的二噁英。

⑤ 选用高效袋式除尘器，提高除尘器效率，进一步去除二噁英。

⑥ 根据需要适当投加碱性物质、含硫含氮化合物等抑制剂。

⑦ 在生活垃圾焚烧厂中设置先进、完善和可靠的全套自动控制系统，使焚烧和净化工艺得以良好执行。

⑧ 通过分类收集或预分拣控制生活垃圾中氯和重金属含量高的物质进入垃圾焚烧炉。

⑨ 由于二噁英可以在飞灰上被吸附或生成，所以对飞灰应按照相关标准的要求进行稳定化和无害化处理。

6.5.4　恶臭的产生与控制

恶臭污染是典型的扰民污染，与人民群众生活环境密切相关，在焚烧固体废物的过程中，常会产生恶臭。我国《恶臭污染物排放标准》（GB 14554—1993）将恶臭污染物定义为：一切刺激嗅觉器官引起人们不愉快及损害生活环境的气体物质。恶臭物质多为未完全燃烧的有机硫化物或氮化物。高效减少垃圾处理、垃圾焚烧等过程中的恶臭产生，是提升环境质量的重要内容。垃圾处置过程中的恶臭管理和控制技术相比其他处理技术是一个较新的领域。早期发展的技术主要是借鉴化工单元操作技术，如吸收、吸附、氧化、燃烧等方法，这些技术已经非常成熟、可靠和有效，且具备完善的设计标准、制造工艺、工程实施和运行管理经验。因此，单元操作技术仍然是处理恶臭污染物的主流方法。

① 在焚烧处理工艺中，为防止恶臭的产生，常在二次燃烧室中利用辅助燃料将温度提高到 1000℃，使恶臭污染物直接燃烧。

② 也可利用催化剂在 150～400℃下进行催化燃烧。

③ 吸收法包括利用水或酸、碱溶液吸收恶臭物质。

④ 用活性炭、分子筛等吸附剂来吸附废气中的恶臭物质。

⑤ 用含有微生物的土粒、干鸡粪等多孔物作吸附剂，让微生物分解恶臭物质。

⑥ 将气体冷却，使恶臭物质冷凝成液体而与气体分离。

在以上方法中，燃烧法的净化效果最好，没有二次污染，也不存在进一步处理废液或固体废物的问题，但需要消耗燃料。催化燃烧法，燃料费用虽低，但催化剂易中毒。选择净化方法一般需从净化性能及净化费用两个方面考虑，既要消除恶臭，又要减少净化费用，多数情况下采用两种以上的净化方法较为有利，如直接燃烧后再经催化燃烧，或吸收后再经浸渍不同化学品的吸附剂吸附，可达到更好的脱臭效果。

表 6-5 是几种常见的恶臭控制方法的比较。

表 6-5　几种常见的恶臭控制方法

技术方法	应用	费用	优点	缺点	总去除率
填料式湿法吸收塔	中至重度污染，中至大型设施	中等投资和运行成本	有效和可靠；使用年限长	必须处理化学废水，消耗化学品	99%
细雾湿法吸收器	中至重度污染，中至大型设施	较填料法投资多	化学品消耗少	需要软化用水，吸收器体积较大	—
活性炭吸附器	低至中度污染，小至大型设施	取决于活性炭填料的置换和再生的次数	方法简单、结构简易	只适用于相对低浓度的臭气，难以确定活性炭使用寿命	—

续表

技术方法	应用	费用	优点	缺点	总去除率
生物滤池	低至中度污染,小至大型设施	低投资和运行成本	简易,运行、维护最少	难以确立设计标准,不适合高浓度臭气	>95%
热氧化法	重度污染,大型设施	高投资和运行成本	对于臭气和挥发性有机化合物很有效	只适用于大型设施的高流量、难处理的臭气	—
扩散至活性污泥处理池	低至中度污染,小至大型设施	经济,适用于已有风机和扩散装置的设施	简易,低运行、维护;有效	易侵蚀风机,不适用于高浓度臭气	90%~95%
抗臭气剂	低至中度污染,小至大型设施	取决于化学品的消耗量	低投资	臭气去除效率有限(<50%)	—

6.5.5 煤烟的产生与控制

固体废物焚烧时会产生煤烟,煤烟是由碳氢燃料的脱氢、聚合或缩合产生的,会造成大气污染。一般,各类碳氢化合物中碳原子数与氢原子数的比值小,发烟的倾向小。萘系、苯系、炔烃、二烯烃、烯烃、烷烃的发烟倾向依次变小。含氧碳氢化合物,如醇、醛、酸、酯等的发烟倾向比烷烃更小。在废物焚烧过程中,会不可避免地产生煤烟,且在烟道中煤烟粒子大都凝聚变大,此时烟道温度和氧的浓度都很低,故一旦煤烟生成,进入烟道就很难再燃烧。

为了降低垃圾焚烧处理过程中煤烟的生成,减少煤烟污染,应采取以下有效措施。

① 燃烧过程中,通入二次空气以提高炉内氧气浓度,利用辅助燃料的燃烧提高温度,加快炉膛中煤烟的燃烧速度,防止煤烟生成。

② 选择合适的焚烧条件、恰当的炉膛尺寸和形状有利于物料与空气的均匀混合,延长混合气体的停留时间,防止煤烟的生成。

总之,选择最合适的焚烧条件,如炉内温度、空气量、炉型、空气和可燃气体的混合比例等等,使固体废物在最适宜的条件下充分燃烧,才可以不产生或少产生煤烟。

6.5.6 重金属控制技术

焚烧设备排放的尾气中所含重金属的形态和质量,与废物种类和性质、重金属存在形式、焚烧炉的操作和空气污染控制方式密切相关。去除尾气中重金属的方法主要有以下几种。

(1) 除尘器去除 当重金属降温达到饱和温度时就会凝结成粒状物,因此,通过降低尾气温度,利用除尘器就可去除。但是单独使用静电除尘器对重金属去除效果较差,而袋式除尘器与干式或半干式洗气塔并用时去除效果非常好,且进入除尘器的尾气温度越低,去除效果越好。由于汞金属的饱和蒸气压较高,不易凝结,故此法对其处理效果不佳。

(2) 活性炭吸附法 在干法处理流程中,可在袋式除尘器前喷入活性炭,或于流程尾端使用活性炭滤床来吸附重金属。对于以气体存在的重金属物质,活性炭吸附效果也较好。吸附了重金属的活性炭随后被除尘设备一并收集去除。

(3) 化学药剂法 在袋式除尘器前喷入能与汞金属反应生成不溶物的化学药剂,可去除汞金属。例如,喷入 Na_2S 药剂,使其与汞反应生成 HgS 颗粒,然后通过除尘系统去除 HgS 颗粒。研究表明,通过喷入抗高温液体螯合剂可去除 50%~70% 的汞;在湿式洗气塔的洗涤液内添加催化剂（如 $CuCl_2$）促使更多水溶性的 $HgCl_2$ 生成，再以螯合剂固定已吸收汞的循环液，也可获得良好的汞去除效果。

（4）湿式洗气塔　部分重金属的化合物为水溶性物质，通过湿式洗气塔的作用，把它们先吸收到洗涤液中，再加以处理。该法可与化学药剂法结合使用。

除此之外，尾气中的粉尘本身也有一定的去除重金属的作用。当尾气通过热能回收设备及其他冷却设备后，部分重金属会因凝结和吸附作用而附着在粉尘表面，在粉尘通过除尘设备时被一同去除。

6.5.7　焚烧残渣的处理与利用

焚烧过程产生的残渣一般为无机物，主要是金属氧化物、氢氧化物和碳酸盐、硫酸盐、磷酸盐以及硅酸盐。大量的残渣，特别是其中含有重金属化合物的残渣，会对环境造成很大的危害。许多国家对焚烧残渣都是进行填埋或固化填埋处置。由于土地资源有限，并且残渣中含有可利用的物质，发达国家早已将焚烧残渣作为资源开发利用。

1000℃以下的焚烧炉或热分解炉产生的残渣是通常所说的焚烧残渣；1500℃的高温焚烧炉排出的熔融状态的残渣叫烧结残渣。两者的性质因焚烧温度不同而不同，回收利用方式也各异。

6.5.7.1　焚烧残渣的利用

美国从城市垃圾焚烧得到的残渣中回收铁、非铁金属和玻璃；苏联研究用感应射频共振法从垃圾焚烧残渣中分离回收导电性的黑色和有色金属，用光度分选法得到玻璃和陶瓷；而日本向焚烧残渣中添加水溶性高分子添加剂，在压缩机中压缩、成形，制成砌砖，已建成日处理 30t 焚烧残渣的工厂。

我国学者在研究利用污泥焚烧残渣制备水处理药剂。据报道，某市污水处理厂污泥焚烧残渣是以 Fe_2O_3 和 $CaSO_4$ 为主的无机矿物质。选用以盐酸为主、硫酸为辅的混酸体系（二者体积比 7%～13%），在反应温度为 110～120℃、反应时间为 2.5h、液固比大于 2.0mL/g 的情况下，1kg 污泥焚烧残渣能制备得到酸度较小、含铁量略大于 28g/L 的水处理药剂 10L，该药剂能应用于该市污水处理厂的生化处理出水，从而实现了污泥焚烧残渣的循环利用。

混合焚烧残渣还可用作填埋场的覆盖材料。填埋场的覆盖层由 5 个部分组成，其中基础层对整个覆盖系统起着支撑、稳定的作用，其材料为土壤、砂砾，甚至可以是一些坚固的垃圾，如建筑垃圾等。焚烧残渣经筛选后可以作为基础层材料。由于填埋场自身存在有利的卫生条件，如含环保设施防渗层及渗滤液回收系统，可使残渣中因重金属浸出对人体健康和环境造成的不利影响得到很好的控制。残渣细化后的粒径分布广，可经过筛选、磁选、粒径分配等预处理工艺来满足不同层次的需求，同时由于具有来源广泛、透水性强、运输费用低等优点，无论从环境上、技术上还是经济上考虑，焚烧残渣作为基础层材料均是一种非常好的选择。

在我国，有企业从焚烧残渣中回收有价金属，如锌、锡、银等。另外，我国内蒙古煤矿中富含铝等有价金属，因此从发电厂的粉煤灰中回收铝也是铝资源的一个重要来源。

6.5.7.2　烧结残渣的利用

我国天然骨料短缺，而烧结残渣如砂石一样密度高、硬度大，重金属溶出量少，可作混凝土的粗骨料和轻量混凝土中的粗骨料及建筑材料用，可实现烧结残渣的资源化利用，这也是符合我国国情的一个切实可行的方法。

将残渣掺在黏土中可制红砖，将粗碎的残渣与砂和水泥按比例适当混合可制成混凝土砌块和混凝土板，经加压成形、蒸汽养护得到成品。

6.6 垃圾焚烧发电资源化利用技术虚拟仿真实训体验

近些年来，我国的城市治理现代化水平显著提高，大大提升了人民群众的获得感、幸福感和安全感。面对垃圾产量与日俱增的局面，国家加强了对固体废物资源化产业的大力扶持，提高了固废资源化技术水平。2022年生态环境部等多部门联合印发的《减污降碳协同增效实施方案》明确提出推进固体废物污染防治协同控制，通过固体废物减量化、资源化、无害化，助力减污降碳协同增效，对未来一段时期提升固体废物污染防治领域协同治理水平具有很强的指导作用。针对高校在教学过程中"垃圾焚烧存在高温高危风险，无法在实验室中建炉实验"的现实问题，南开大学教学团队基于最新科研成果，借助现代信息化技术手段，开发了"垃圾焚烧发电资源化利用技术虚拟仿真实训系统"，为学生身临其境地了解垃圾焚烧发电厂运行环境、设备结构及工作原理，开展垃圾焚烧模拟实验和实操训练开拓了新途径。本系统展现了多层次、多模式、多方式、多角度、随时随地人机高度交互的实验内容，全面培养学生的综合素质和创新思维能力。

6.6.1 沉浸式场景体验功能

利用现代虚拟仿真技术，以VR（虚拟现实）、3D效果逼真地展示垃圾焚烧处理厂场景（图6-15），构建完整的垃圾焚烧发电工艺模型，学生可沉浸式体验整个构筑物环境，了解真实垃圾焚烧炉的运行环境和原理过程，通过关键设备拆解及组装训练，充分理解和掌握核心设备的结构和运行原理，有效提高理论联系实际的实践能力。

二维码6-15 视频：垃圾焚烧发电资源化利用技术虚拟仿真实验简介

二维码6-16 文件：垃圾焚烧发电虚拟仿真实验操作指南

图6-15 垃圾焚烧发电资源化利用虚拟仿真3D场景

6.6.2 模拟实验实训功能

实训过程中，通过有效模拟实际生产过程中的分散控制系统（DCS），完成"开车点火"单元操作，提升实操能力；通过自主设计焚烧工况参数影响模拟实验，强化掌握垃圾焚烧发电资源化过程中提高发电量输出、降低污染物生成浓度的关键技术，培养对垃圾焚烧处理最优运行条件的认知，锻炼优化设计能力；通过出错警示、异常情况紧急处理等模式，训练应急处理能力，有效弥补现场参观实习的不足。

思考题

1. 若某废物的粗热值为 18500kJ/kg，每千克废物燃烧时产生 0.25kg 水，试计算此废物的净热值。

2. 略述固体废物的三种燃烧方式。

3. 略述固体废物燃烧过程。

4. 焚烧炉的操作温度为 980℃，试计算氯乙烯达到 DRE＝99.995％ 时在炉内的停留时间。

5. 试比较各种焚烧炉的优缺点，并分析哪种类型的焚烧炉能够用于废塑料的焚烧。

6. 简述二噁英的产生与控制。

7. 简述焚烧系统的组成。

第 7 章
固体废物的热解

7.1 热解的基本原理和方式

7.1.1 概述

　　热解（pyrolysis）是将有机物在无氧或缺氧的状态下加热，并由此产生热作用引起化学分解，使之成为气态、液态或固态可燃物质的化学分解反应。

　　热解是一种传统的生产工艺，大量应用于木材、煤炭、重油、油母页岩等燃料的加工处理中，有非常悠久的历史。20 世纪 70 年代初期，热解被应用于城市固体废物处理，固体废物经过热解处理后不但可以得到便于贮存和运输的燃料和化学产品，而且在高温条件下所得到的炭渣还会与物料中某些无机物与重金属成分构成硬而脆的惰性固态产物，使其后续的填埋处置作业可以更为安全和便利地进行。随着现代工业的发展，热解处理已经成为一种有发展前景的固体废物处理方法之一，可以处理城市垃圾、污泥、废塑料、废橡胶等工业以及农林废物、人畜粪便等在内的具有一定能量的有机固体废物。

　　热解过程是很复杂的，它与诸多因素有关，例如固体废物种类、固体废物颗粒尺寸、加热速率、终温、压力、加热时间、热解气氛等。随着人们生活水平的不断提高，固体废物中的有机组分比例不断增加，尤其是废塑料成分不断增加，对于这些有机物，可以采用焚烧的方法回收热能，也可以采用热解的方式获得油品和燃料气。

　　热解与其他方法如焚烧相比具有以下优点。

　　① 热解可将固体废物中的有机物转化为以燃料气、燃料油和炭黑为主的贮存性能源。

　　② 热解产生的 NO_x、SO_x、HCl 等较少，生成的气体或油能在低空气比下燃烧，排气量也少，对大气污染较小。

　　③ 热解时废物中的 S、金属等有害成分大部分被固定在炭黑中。

　　④ 因为热解为还原气氛，Cr^{3+} 等不会被氧化为 $Cr(Ⅵ)$。

　　⑤ 热解残渣中无腐败性的有机物，能防止填埋场的污染，排出物致密，废物大大减容，而且灰渣熔融后能防止金属类物质溶出。

　　⑥ 能处理不适合焚烧和填埋的难处理物。

7.1.2　热解原理

7.1.2.1　热解过程

固体废物的热解是一个复杂连续的化学反应过程，包含大分子键的断裂、异构化和小分子的聚合等反应，最后生成较小的分子。在热解的过程中，其中间产物存在两种变化趋势：一是由大分子变成小分子直至气体的裂解过程；二是由小分子聚合成大分子的聚合过程。这些反应没有明显的阶段性，许多反应是交叉进行的。热解反应的过程可用下列简式表示：

$$有机固体废物 \longrightarrow 可燃性气体 + 有机液体 + 固体残渣$$

其中气体包括 CH_4、H_2、H_2O、CO、CO_2、NH_3、H_2S、HCN 等；有机液体包括有机酸、芳烃、焦油等；固体残渣包括炭黑、灰渣等。以纤维素分子为例，其热解产物如下：

$$3(C_6H_{10}O_5) \longrightarrow 8H_2O + C_6H_8O + 2CO\uparrow + 2CO_2\uparrow + CH_4\uparrow + H_2\uparrow + 7C$$

不同成分的有机物，其热解过程的起始温度也各不相同。例如纤维类开始热解的温度是 $180 \sim 200℃$，而煤的热解随煤质不同，其起始热解温度在 $200 \sim 400℃$ 不等。

从开始热解到热解结束，有机物都处在一个复杂的热解过程中。在此期间，不同的温度区段所进行的反应过程不同，产生物的组成也不同。在通常的反应温度下，高温热解过程以吸热反应为主（有时也伴随着少量的放热的二次反应）。在整个热解过程中，主要进行大分子热解成较小分子直至气体的过程，同时也有小分子聚集成大分子的过程。此外，在高温热解时，还会使碳和水发生反应。总之热解过程包括一系列复杂的物理化学过程。当物料粒度较大时，由于达到热解温度所需的传热时间长，扩散传质时间也长，整个过程更易发生许多二次反应，使产物组成及性能发生改变。因此，热解产物的组成随热解温度不同有很大变化。

固体废物热解能否获得高能量产物，取决于原料中氢转化为可燃气体与水的比例。不同固体燃料及废物的 $C_6H_xO_y$ 组成如表 7-1 所示，该表的后一栏分别表示原料中所有氧与氢结合成水后所余氢元素原子与碳元素原子的个数比，对于一般燃料，其 H/C 在 0~5 之间。美国城市垃圾的 H/C 值位于泥煤和褐煤之间；而日本城市垃圾的 H/C 值则高于所有固体燃料，这是因为日本城市垃圾中的塑料含量相对比较高。

表 7-1　各种固体燃料及废物的 $C_6H_xO_y$ 组成

固体燃料	$C_6H_xO_y$	H/C	$H_2 + 1/2O_2 \longrightarrow H_2O$ 完全反应后的 H/C	固体燃料	$C_6H_xO_y$	H/C	$H_2 + 1/2O_2 \longrightarrow H_2O$ 完全反应后的 H/C
纤维素	$C_6H_{10}O_5$	1.67	0.0/6=0.00	城市垃圾	$C_6H_{9.64}O_{3.75}$	1.61	2.14/6=0.36
木材	$C_6H_{8.6}O_4$	1.43	0.6/6=0.1	新闻纸	$C_6H_{9.12}O_{3.75}$	1.52	1.2/6=0.20
泥煤	$C_6H_{7.2}O_{2.6}$	1.20	2.0/6=0.33	塑料薄膜	$C_6H_{10.4}O_{1.06}$	1.73	8.28/6=1.38
褐煤	$C_6H_{6.7}O_2$	1.12	2.7/6=0.45	厨余物	$C_6H_{9.93}O_{2.97}$	1.66	4.0/6=0.67
烟煤	$C_6H_4O_{0.53}$	0.67	2.94/6=0.49				
无烟煤	$C_6H_{1.5}O_{0.07}$	0.25	1.4/6=0.23				

对城市垃圾中各种有机物进行实验室的间歇实验，得到的气体产物组成如表 7-2 所示，这些组成随热解操作条件的变化而变化。

热解与焚烧不同，它们的区别为：焚烧是需氧氧化反应过程，热解是无氧或缺氧反应过程；焚烧是放热的，而热解是吸热的；焚烧的主要产物是二氧化碳和水，而热解产物主要是可燃气、油及炭黑等，可以贮存及远距离输送。

7.1.2.2 热解产物

热解过程生成的主要产物有可燃性气体、有机液体和固体残渣。

（1）可燃性气体 可燃性气体主要有 CH_4、H_2、CO、NH_3、H_2S、HCN 等。这些气体混合后是一种很好的燃料，其热值高达 $6390 \sim 10230kJ/kg$（以固体废物质量计），在热解过程中维持分解过程连续进行所需要的热值约为 $2560kJ/kg$（以固体废物质量计），剩余的气体变成热解过程中有使用价值的产品。

表 7-2 热解气体产物成分分析

有机物	CO_2 /%	CO /%	O_2 /%	H_2 /%	$CH_4 +$ C_nH_m /%	N_2 /%	高位热值 /(kJ/kg)
橡胶	25.9	45.1	0.2	2.8	20.9	5.1	3260
白松香	20.3	29.4	0.9	21.7	25.5	2.2	3760
枞木	35.0	23.9	0	9.4	28.2	3.5	3510
新闻纸	22.9	30.1	1.3	15.9	21.5	8.3	3260
板纸	28.9	29.3	1.6	15.2	17.7	7.3	2870
杂志	30.0	27	0.9	17.8	16.9	7.4	2810
草	32.7	20.7	0	18.4	20.8	7.4	3000
蔬菜	36.7	20.9	1.0	14	21	6.4	2900

（2）有机液体 它是一种复杂的化学混合物，常称为焦木酸，此外尚有焦油和其他高分子烃类油等，也是有价值的燃料。

（3）固体残渣 主要是炭黑，炭渣是轻质碳素物质，其发热值为 $12800 \sim 21700kJ/kg$，含硫量很低，这种炭渣在制成煤球后也是一种优质燃料。

热解产物的产量及成分与热解原料成分、热解温度、加热速率和反应时间等参数有关。

7.1.3 热解方式

城市固体废物在热解过程中，诸多因素会影响其热解产物的组成和数量，如废物组成、物料预处理、物料含水率、反应温度和加热速率等。由于废物热解时供热方式、产品状态、热解炉结构等方面的不同，其热解方式也各不相同。

（1）按加热方式分类 热解反应一般是吸热反应，因此需要提供热源对其进行加热。根据不同的加热方法，可将热解分为直接加热法和间接加热法两类。

① 直接加热法。即热解反应所需的热量是被热解物直接燃烧或向热解反应器提供补充燃料燃烧产生的热。燃烧过程需提供氧气，会使二氧化碳、水蒸气等不可燃气体混在用于热解的可燃气中，这样就稀释了可燃气，其结果是使热解产气的热值下降。氧化剂分别采用纯氧、富氧或空气时，其热解所产生的可燃气的热值是不同的。根据美国有关的研究结果，如用空气作氧化剂，对混合城市垃圾进行热解时所得的可燃气，其热值一般只有 $5500kJ/m^3$ 左右，而采用纯氧作氧化剂的热解，其产气的热值可达 $11000kJ/m^3$。

② 间接加热法。即将被热解物料与直接供热介质在热解反应器中分离开的一种热解方法。可利用间壁式传热或以一种中间介质（热砂料或熔化的某种金属床层）来传热。间壁式传热方式热阻大，熔渣可能会包覆传热壁面而产生腐蚀，所以不能使用更高的热解温度。若采用中间介质传热方式，尽管会出现固体传热与中间介质分离的可能，但两者综合比较，后者还是较前者的传热方式好一些。但是由于固体废物的热传导效率较差，间接加热的面积必

须加大，因而这种方法仅限于小规模的处理场所。

直接加热法的设备简单，可采用高温，不仅处理量大，而且产气率高。但直接加热法产气的热值不高，不宜作为单一燃料直接利用，另外，采用高温热解还需认真考虑 NO_x 产生的控制问题。间接加热法的主要优点在于其产品的品位较高，完全可当成燃气直接燃烧利用，但其每千克物料所产生的燃气量大大低于直接加热法。

（2）按热解温度分类　可分为高温热解、中温热解和低温热解。

① 高温热解。热解温度一般在 1000℃ 以上，一般采用直接加热法，固体废物的高温热解主要可获得可燃气。如果采用高温纯氧热解工艺，反应器中氧化-熔渣区段的温度可高达 1500℃，此时可将热解残渣的惰性固体如金属盐类及其氧化物和氧化硅等熔化，并以液态渣的形式排出反应器，再经水淬冷却后粒化。这样可大大降低固态残余物的处理难度，而且这种粒化的玻璃态渣可作建筑材料的骨料使用。

② 中温热解。热解温度一般为 600～700℃，主要用在比较单一的物料作能源和资源回收的工艺上，例如废轮胎、废塑料转换成类重油物质的工艺。所得到的类重油物质既可作能源，又可作化工初级原料。

③ 低温热解。热解温度一般在 600℃ 以下。农林产品加工后的废物生产低硫低灰炭时就可采用这种方法，其产品可用作不同等级的活性炭和水煤气原料。

（3）按热解反应系统压力分类　可分为常压热解法和真空热解法。

（4）按热解炉的结构分类　可分为固定床、移动床、流动床和旋转炉等。

（5）按热解产物的物理形态分类　可分为汽化方式、液化方式和碳化方式。

（6）按热解过程是否生成炉渣分类　可分为造渣型和非造渣型。

7.1.4　影响热解的主要因素

影响热解过程的主要因素有反应温度、反应湿度、加热速率、反应时间、废物组成等。下面作详细介绍。

（1）反应温度　温度是影响热解的关键因素，热解产物的产量和成分都可通过控制反应器的温度来有效地改变。热解温度与气体产量成正比，而各种液体物质和固体残渣均随热解温度的升高而相应减少。再者，热解温度不仅影响气体产量，也影响气体质量。

（2）反应湿度　热解过程中湿度会影响产气的量和成分、热解内部化学过程以及整个系统的能量平衡。热解过程中的水分主要来自两方面，一是物料自身的含水量，二是外加的高温水蒸气。反应过程中生成的水分的作用接近于外加的高温蒸汽的作用。

不同的物料其含水率是不同的，对同一种物料而言，其含水率就比较稳定。我国城市生活垃圾含水率一般均为 40％左右，有时超过 60％。这部分水在热解过程前期的干燥阶段先失去，最后凝结在冷却系统中或随热解气一同排出。这部分水如果以水蒸气的形式与可燃的热解气共存，会严重降低热解气的热值和可用性。所以在热解系统中要求将水分凝结下来，以提高热解气的可用性。

在热解进行的内部化学反应过程中，水分对产气量和成分都有明显的影响，水分对热解的影响还与热解方式和反应器具体结构有关。

（3）加热速率　加热速率对热解过程有较大的影响，从而会影响热解产物的生成。通过加热温度和加热速率的结合，可控制热解产物中各组分的生成比例。在低温-低速加热条件下，有机物分子有足够的时间在其最薄弱接点处分解，重新结合为热稳定性固体而难以进一步分解，因而产物中固体含量增加；在高温-高速加热条件下，热解速度快，有机物分子结构发生完全裂解，生成大范围的低分子有机物，产物中的气体组分增加。

（4）反应时间 所谓反应时间，就是指反应物料完成反应在炉内停留的时间。它与许多因素有关，如物料尺寸、物料分子结构、反应器内的温度水平、热解方式等。反应时间影响热解产物的成分和总量。

一般情况下，反应物的尺寸越小，反应时间越短；物料分子结构越复杂，反应时间越长；反应温度越高，反应物颗粒内外温差梯度越大，物料被加热的速度越快，反应时间越短。热解方式对反应时间的影响比较大，直接热解与间接热解相比热解时间就短。这是因为直接热解时反应器同一断面的物料基本上处于等温状态，而壁式间接加热时反应器同一断面的物料不是等温状态，它们之间存在一定的温差；采用中间介质的间接热解方式，热解反应时间与处理的量有关，处理量大小与反应器的热平衡直接相关，且与设备的尺寸相关；采用间接加热的沸腾床，反应时间短，但是单位时间的处理量不大，要加大处理量，相应的设备尺寸就需要加大。

（5）废物组成 废物的有机物成分、含水率、尺寸大小等性质对热解过程有重要影响。不同的物料组成不同，可热解性也不一样。有机物成分比例大、热值高的物料，其可热解性相对就好，产品热值高，可回收性好，残渣也少。物料含水率低，加热到工作温度所需要的时间就短，干燥和热解过程的能耗就少。尺寸较小的物料颗粒有利于促进热量传递，保证热解过程的顺利进行。通常，城市固体废物比大多数工业固体废物更适合用热解方法生产燃气、焦油以及各种有机液体，但产生的固体残渣较多。

此外，影响热解的因素还有物料的预处理、反应器类型、供气供氧方式等。

7.2 几种固体废物的热解工艺流程

7.2.1 污泥的热解

7.2.1.1 污泥热解的特点

二维码7-1
微课：污泥热解
设备原理

与污泥焚烧工艺相比，污泥热解的主要优点是操作系统封闭、污泥减容率高、无污染气体排放、几乎所有的重金属颗粒都残留在固体剩余物中、在热解的同时还可实现能量的自给和资源的回收，因而是一种非常有前途的污泥处理方法和资源化技术。

将干燥的污泥放在保持一定温度的反应管中，最终可得到可燃气体、常温下为液态的燃料油、焦油及包括炭黑在内的残渣等。污泥热解温度与产物生成率的关系见图7-1。从图中可以看出，随着热解温度的提高，污泥转化为气态物质的比率在上升，而固态残渣则相应降低。实验表明，在无氧状态下将污泥加热至800℃以上的高温后，其中的可燃成分几乎可以完全分解气化，这对于污泥的能量回收和减量化非常有利。

7.2.1.2 污泥热解工艺

污泥热解的主要工艺包括污泥脱水、干燥、热解、炭灰分离、油气冷凝、热量回收、二次污染防治等过程。污泥热解的炉型通常采用竖式多段炉，为了提高热解炉的效率，在能够控制二次

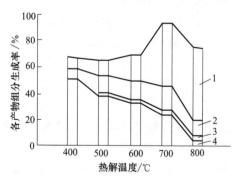

图 7-1 污泥热解温度与产物生成率的关系
1—气体；2—气体、液体；3—焦油；4—残渣

污染物产生的范围内，尽可能采用较高的燃烧率（空燃比 0.6～0.8）。此外，热解产生的可燃气体及 NH_3、HCN 等有害气体组分必须经过二次燃烧以实现无害化。对二燃室排放的高温气体还应进行余热回收，回收的热量应主要用于脱水泥饼的干燥、热分解炉助燃空气的预热、二燃室助燃空气的预热。图 7-2 为污泥干燥-热解系统示意图。在该系统中，泥饼首先通过蒸汽干燥装置，含水率被降至 30%，然后直接投入竖式多段热解炉内，通过控制助燃空气量（部分采用燃烧方式）使污泥发生热解反应，将热解产生的可燃气体和干燥器排气混合后进入二燃室高温燃烧，二燃室后部的余热锅炉产生的蒸汽作为泥饼干燥的热源。该系统的处理能力为 5t/d（含水率为 75% 的泥饼）。

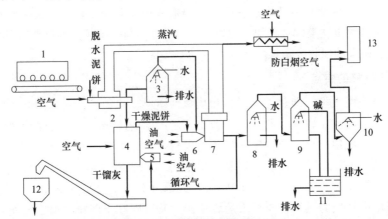

图 7-2　污泥干燥-热解系统示意图

1—定量进料器；2—蒸汽干燥器；3—1 号水洗塔；4—热解炉；5—热风炉；6—二燃室；7—余热锅炉；
8—2 号水洗塔；9—碱洗塔；10—湿式电除尘器；11—碱循环槽；12—灰槽；13—烟囱

7.2.1.3　污泥的低温热解

现在正在发展一种新的热能利用技术——低温热解。即在小于 500℃、常压和缺氧的条件下，借助污泥中所含的硅酸铝和重金属（尤其是铜）的催化作用将污泥中的脂类和蛋白质转化成碳氢化合物，最终产物为燃料油、气和炭，热解生成的油、气还可用来发电。根据污泥低温热解的工艺要求和热解过程的技术特性，一般的生产流程见图 7-3。

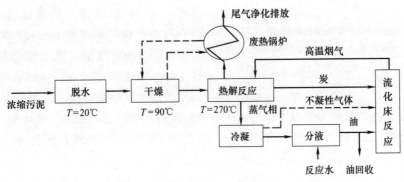

图 7-3　污泥低温热解工艺

7.2.1.4　污泥和垃圾联合热解

将污泥与城市垃圾和工业废物混合起来进行热解，充分利用其热能，是固体废物热处理的另外一个发展方向。

二维码7-2
微课：污泥热解
热能利用技术

20 世纪 70 年代以来，一些国家相继建成了一些联合处理装置。如在德国建设的两套工业规模的综合废水处理厂联合热解处理设施，处理规模分别达到 3170t/d 和 1680t/d。该系统采用水墙式焚烧炉，脱水污泥用焚烧炉烟道气吹入焚烧炉进行焚烧，产生的蒸汽除用于污泥处理外，还可供局部加热使用。

除此之外，法国和美国也相继建成了类似的联合热解处理装置。

7.2.2 废塑料的热解

随着人们生活水平的提高，生活垃圾中的有机物含量越来越高，其中废塑料等高热值废物的增加尤为明显。废塑料在焚烧过程中不仅会造成炉膛局部过热，导致炉膛及耐火衬里的烧损，同时也是二噁英这类剧毒物的主要发生源。所以塑料热解成为近年来国内外非常注重研究的一种有效、科学的回收废塑料的途径。

7.2.2.1 塑料热解的特点

塑料通常分为两大类，即热固性塑料和热塑性塑料。热固性塑料如酚醛树脂、脲醛树脂等，在日常生活中的应用较少，此类塑料在使用后产生的废物也不适宜作为热解原料。而热塑性塑料种类多，应用广泛，产生废塑料的量也较多，此类废塑料主要有聚乙烯（PE）、聚氯乙烯（PVC）、聚苯乙烯（PS）、聚苯乙烯泡沫（PSF）、聚丙烯（PP）及聚四氟乙烯（PTFE）等。这些塑料加热到 $300 \sim 500℃$ 时，大部分分解为低分子碳氢化合物。塑料热解的原理类似于城市垃圾的热解，与城市垃圾相比，其区别在于塑料的加工性能及加工得到的产品形式。对于城市垃圾来说，具有商业利用价值的产品主要是低热值的燃气，而塑料热解的主要产物则是燃料油或化工原料等。

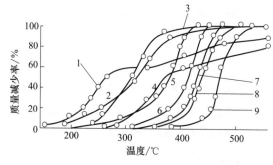

图 7-4 不同塑料的热解图

1—聚氯乙烯；2—脲醛树脂；3—聚氨酯；4—酚醛树脂；
5—聚甲基丙烯酸甲酯；6—聚苯乙烯；7—ABS 树脂；
8—聚丙烯；9—聚乙烯

7.2.2.2 热解温度和催化剂

塑料种类繁多，不同塑料的热解过程和生成物因塑料的种类不同而有较大差异。图 7-4 为不同塑料的热解情况。从图中可以看出，塑料种类不同，其热解温度也不同。例如，脲素树脂大约在 180℃ 时开始分解，在 480℃ 结束，热解反应较完全，没有残渣产生；聚氨酯在 230℃ 左右开始分解，在 480℃ 结束，无残渣；酚醛树脂在 280℃ 以上开始分解，480℃ 结束，有 $14\% \sim 20\%$ 的残渣。

催化剂也是影响热解的关键因素，绝大多数废塑料的热解过程均加入了催化剂。目前使用的催化剂种类主要有硅铝类化合物和 ZHY、ZREY、SASA 等各种沸石催化剂，如表 7-3 所示。

表 7-3 各种沸石催化剂

催化剂名称	Al_2O_3	SiO_2 SiO_2F_4	ZHY SK500	ZREY SK500	SASA	SASA
种类	氧化铝	二氧化硅凝胶	H-Y 沸石，碱性氧化物，0.2%	贵金属氧化物-Y 沸石，R_2O_3，10.7%	二氧化硅-氧化铝，Al_2O_3，24.2%	二氧化硅-氧化铝，Al_2O_3，13.2%

7.2.2.3　热解设备

目前国内外废塑料热解反应器种类较多，主要有槽式（聚合浴、分解槽）、管式（管式蒸馏、螺旋式）、流化床式等。

槽式反应器的特点是在分解过程中对槽内的物料进行混合搅拌，采用外部加热的方式，靠温度来控制产品性状。该法物料的停留时间较长，加热管表面析出炭后会导致传热不良，须定期清理排出。

管式反应器也采用外加热方式。管式蒸馏先用重油熔解或分解废塑料，然后进入分解炉。螺旋式反应器则采用螺旋搅拌，传热均匀，热解速率快，但对分解速率较慢的聚合物不能完全实现轻质化。

流化床反应器一般是通过螺旋加料器定量加入废塑料，使其与固体小颗粒热载体（如石英砂）和下部进入的流化气体（如空气）混合在一起形成流态化，分解成分与上升气流一起导出反应器，经除尘冷却后制成燃料油。此类反应器采用部分塑料的内部加热方式，具有原料不需熔融、热效率高、分解速率快等优点。

7.2.2.4　废塑料热解工艺

废塑料热解的基本工艺大概有两种：一种是将废塑料加热熔融，通过热解生成简单的碳氢化合物，然后在催化剂的作用下生成可燃油品；另一种则将热解与催化热解分为两段。一般情况下，废塑料热解工艺主要由前处理、熔融、热分解、油品回收、残渣处理、中和处理、排气处理等 7 道工序组成。其中合理确定废塑料热解温度范围是工艺设计的关键。

（1）管式蒸馏法热解技术　日本公司开发的管式热解系统见图 7-5，用蒸馏法可以比较简单地把废聚苯乙烯（PS）制成液状单体，而且用于回收单体的分解设备、反应温度和停留时间均可以轻松控制。

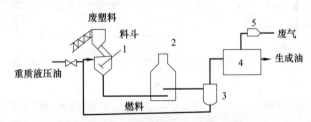

图 7-5　管式蒸馏法热解工艺流程图

1—熔解槽；2—管式分解炉；3—分解槽；4—油品回收系统；5—补燃器

（2）螺旋式热解系统　螺旋式热解系统工艺流程见图 7-6，处理量为 100kg/h，塑料加热分为两段，先以微波加热熔融，然后送入温度更高的螺旋式反应器中进行分解，最后分别回收油品。

该系统存在的主要问题有：①由于抽料泵会导致减压，因此物料在分解管内的停留时间不稳定；②高温分解时气化率高；③分解速率低的聚合物不能完全实现轻质化；④由于是外部加热，所以耗能比较大。

（3）流化床热解系统　废塑料在流化床内加热熔融成液体，分散于呈流态化的热载体颗粒表面进行传热和分解。分解温度在 450℃以上，与加热面接触的部分塑料产生炭化现象并附于热载体表面。这些炭化物质与从流化床下部进入的空气接触后发生燃烧反应，被加热的

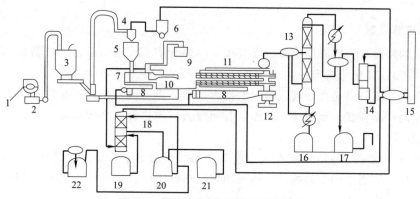

图 7-6 螺旋式热解系统工艺流程图

1—传送机；2—破碎机；3—筒仓；4—气流干燥机；5—料斗；6—袋滤机；7—熔融炉；

8—热风机；9—微波电源；10—贮液槽；11—螺旋式反应器；12—残渣排出机；

13—蒸馏塔；14—煤气洗涤器；15—废气燃烧炉；16—重油贮槽；17—轻质油贮槽；

18—盐酸回收塔；19—盐酸槽；20—中和槽；21—碱槽；22—中和废液槽

颗粒与气体使塑料分解，并被上升气体带出反应器，经过冷却、分离、精制而成为优质油品；如果回收的废塑料是较纯的聚苯乙烯塑料，可以得到高达 76％的回收率；如果是混合废塑料，生成的将不是轻质油，而是蜡状或润滑油状的黏糊物质，需进一步进行提炼。流化床热分解装置及工艺流程如图 7-7 所示。

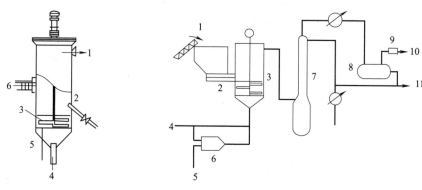

(a) 流化床热分解炉

1—分解产品；2—溢流管；3—搅拌浆液；
4—流态化用空气入口；5—流动的热介质
管；6—进料器

(b) 流化床热分解工艺流程

1—废塑料；2—料斗及进料器；3—流化床热分解炉；
4—空气入口；5—流动的热介质管；6—预热炉；
7—冷却塔；8—分离槽；9—后燃室；10—排气；
11—生成油品

图 7-7 流化床热分解装置及工艺流程

该系统存在的问题有：热解原料的分散不够均匀、颗粒与气体的热交换率较低、管线容易结焦等。

7.2.3 废橡胶的热解

橡胶分为天然的与人工合成的两类。可以用于热解的废橡胶主要是指天然橡胶，例如废轮胎、工业部门的废皮带等；人工合成橡胶如氯丁橡胶等由于在热解过程中会产生 HCl 和 HCN，一般不用热解法对其进行处理。在废橡胶中，由于废轮胎产生量大，分布最为广泛，因此对其热解技术的研究较多。

7.2.3.1　热解基本情况

废橡胶的热解依靠外部加热打开化学键，使有机物分解、气化和液化。橡胶的热解温度一般为 250～500℃。温度高于 250℃后，废橡胶分解出的液态油和气体随温度的升高而增加；温度超过 400℃后，由于热解方式的变化，液态油逐渐减少，而气态和固态产物则逐渐增加。

典型废轮胎的热解工艺为轮胎破碎—分（磁）选—干燥预热—橡胶热解—油气冷凝—热量回收—废气净化。

7.2.3.2　废橡胶的热解产物

废橡胶的热解产物非常复杂，根据德国汉堡大学的研究，轮胎热解得到的产物中，按质量计，气体占 22%，液体占 27%，炭灰占 39%，钢丝占 12%。

气体组成主要为甲烷（15.13%）、乙烷（2.95%）、乙烯（3.99%）、丙烯（2.5%）、一氧化碳（3.8%），水蒸气、二氧化碳、氢气和丁二烯也占一定比例。液态组成主要是苯（4.75%）、甲苯（3.62%）和其他芳香族化合物（8.5%）。在气体和液体中还有微量的硫化氢和噻吩，但硫含量都低于相关标准值。热解产品组成随热解温度不同略有变化，一般而言，随着热解温度的提高，热解产物中气体含量增加而油品含量减少，炭含量增加。

7.2.3.3　废橡胶的热解工艺

（1）流化床热解炉热解废轮胎工艺　首先用剪切破碎机将废轮胎破碎成粒度小于 5mm 的小块，然后把轮缘及钢丝帘子布绝大部分分离出来，并通过磁选去除金属丝。轮胎颗粒经螺旋输送器进入直径为 50mm、流化区为 80mm、底铺石英砂的电加热反应器中进行热解。流化床的气体流量为 500L/h，流化气体由氮及循环热解气组成。热解气流在除尘器中进行气固分离，再由除尘器除去炭灰，在深度冷却器和旋风分离器中将热解所得的油品冷凝下来，未冷凝的气体作为燃料气为热解提供热能或作为流化气体，如图 7-8 所示。

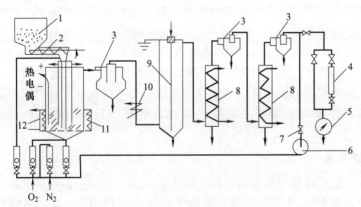

图 7-8　流化床热解废轮胎工艺流程图

1—加料斗；2—螺旋输送器；3—旋风分离器；4—气体取样器；5—流量计；6—压气机；
7—节气阀；8—深度冷却器；9—静电除尘器；10—冷却器；11—流化床；12—加热器

这种工艺的热解炉很小，要求进料切成小块，预加工费较高，实际应用困难。所以美国、日本、德国等公司合作对其进行了改进，建立了日加工 1.5～2.5t 废轮胎的较大规模的流化床反应器。该流化床内部尺寸为 900mm×900mm，整个轮胎不经破碎即能进行加工，可节省大量破碎费用。该流化床用砂或炭黑组成，由分置为两层的 7 根辐射火管间接加热。

生成的气体一部分用于流化床，另一部分则燃烧为分解反应提供热量。整个轮胎通过气锁进入反应器，轮胎到达流化床后，慢慢地沉入砂内，热的砂粒覆盖在轮胎表面，使轮胎热透而软化，流化床内的砂粒与软化的轮胎不断交换能量、发生摩擦，使轮胎逐渐分解，两三分钟后轮胎即可全部分解完，在砂床内残留的是一堆弯曲的钢丝。钢丝由伸入流化床内的移动式格栅移走。热解产物连同流化气体经过旋风分离器及静电除尘器将橡胶、填料、炭黑和氧化锌分离除去。气体通过油洗涤器冷却，分离出含芳香族化合物高的油品，最后得到含甲烷和乙烯较高的热解气体。整个过程所需能量不仅可以自给，而且还有剩余热量可供其他地方使用。产品中芳烃馏分含硫量小于0.4%，气体含硫量小于0.1%。含氧化锌和硫化物的炭黑，通过气流分选器可以得到符合质量标准的炭黑，再应用于橡胶工业，残余部分可以回收氧化锌。

(2) Beven 废橡胶热解工艺　将轮胎置于热解室，然后排空氧气并间接加热将轮胎分解成合成气和油。水冷凝器用于冷凝生物油，在使用之前需先储存。该热解流程的主要产物是炭黑，合成气用作燃气来保证工艺运行（一部分裂解油也可以这样使用），多余的合成气被烧掉，见图7-9。

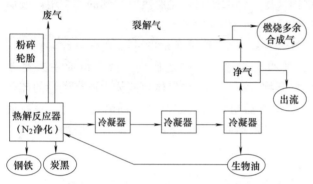

图 7-9　Beven 废橡胶热解工艺示意图

一般情况下，合成气在燃烧之前需要先用水洗涤，洗涤水用工艺产生的炭吸附处理到达标后排入排水管，因此工艺要求没有洗涤添加剂，并且没有需要处置的残留物。

7.2.4　城市垃圾的热解

城市垃圾热解的方式可以根据装置特性分为移动床熔融热解炉方式、回转窑炉方式、流化床热解方式、多段炉热解方式和闪解方式（flash pyrolysis）等。在这些热解方式中，回转窑炉方式和闪解方式是最早开发的城市垃圾热解技术，代表性系统有 Landgard 系统和 Occidental 系统。多段炉主要用于含水率较高的城市垃圾的处理。流化床热解方式有单塔式和双塔式两种，其中双塔式流化床已经达到了工业化生产的规模。移动床熔融热解炉方式是城市垃圾热解技术中最成熟的方法，其代表性系统有新日铁系统、Purox 系统、Torrax 系统。

7.2.4.1　新日铁系统

该系统实际上是一种热解和熔融一体化的工艺，通过控制炉温及供氧条件使垃圾在同一炉体内完成干燥、热解、燃烧和熔融。炉内干燥段温度约为300℃，热解段温度为300～1000℃，熔融段温度为1700～1800℃，其工艺流程见图7-10。

垃圾从炉顶投料口进入炉内，为防止空气的混入和热解气体的泄漏，投料口采用双重密封阀结构。进入炉内的垃圾在竖式炉内自上向下移动，通过与上升的高温气体换热，垃圾中的水分受热蒸发，逐渐降至热解段。在控制的缺氧状态下有机物发生热解，生成可燃性气体和灰渣。有机物热解产生的可燃性气体导入二燃室进一步燃烧，并利用尾气的余热发电。灰渣进一步下移进入燃烧区，灰渣中残存的热解固相产物炭黑与从炉下部通入的空气发生燃烧反应，其产生的热量不足以满足灰渣熔融所需温度，需要通过添加焦炭来提供碳源。

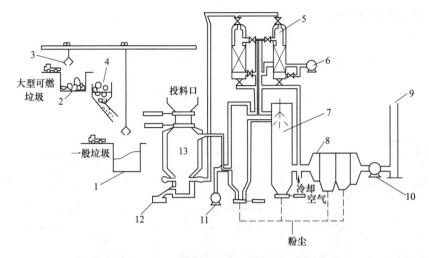

图 7-10　新日铁系统垃圾热解熔融处理工艺流程
1—垃圾贮槽；2—大型垃圾贮槽；3—吊车；4—破碎机；5—热风炉；6—鼓风机；7—喷水冷却器；
8—电除尘器；9—烟囱；10—引风机；11—燃烧用鼓风机；12—熔融渣槽；13—热解熔融炉

灰渣熔融后形成玻璃体和铁，体积大大减小，重金属等有害物质也被完全固定在固相中。玻璃体可以直接进行填埋处置或作为建材加以利用，磁选出的铁也有一定的利用价值。热解得到的可燃性气体热值为 $6276 \sim 10460 kJ/m^3$，一般用于二次燃烧产生热能发电。

7.2.4.2　Purox 系统

Purox 系统又称纯氧高温热分解法，是美国公司开发的一种城市垃圾热解工艺，见图 7-11。

该系统也采用竖式热解炉，破碎后的垃圾从塔顶投料口进入并在炉内缓慢下移。纯氧由炉底送入，首先到达燃烧区，参与垃圾燃烧。垃圾燃烧产生的高温烟气与向下移动的垃圾在炉体中部相互作用，有机物在还原状态下发生热解。热解气向上运动穿过上部垃圾层并使其干燥。热解残渣在

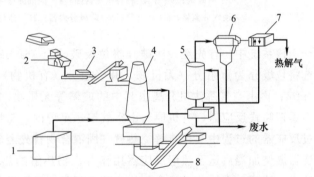

图 7-11　Purox 系统工艺示意流程图
1—产气装置；2—破碎机；3—磁选机；4—热解熔融炉；
5—水洗塔；6—电除尘器；7—气体冷凝器；8—出渣装置

炉的下部与氧气在 1650℃ 的温度下反应，生成金属块和其他无机物熔融的玻璃体。熔融渣由炉底部连续排出，经水冷后形成坚硬的颗粒状物质。底部燃烧产生的高温气体在炉内自下向上运动，在热解段和干燥段提供热量后，以 90℃ 的温度从炉顶排出。该气体含有 30% ～ 40% 的水分，经过洗涤操作去除其中的灰分和焦油后加以回收。净化气体中含有 75% 左右的 CO 和 H_2，其比例约为 2∶1，其他气体组分（包括 CO_2、CH_4、N_2 及其他低分子碳氢化合物）约占 25%，热值约为 $11168 kJ/m^3$。

该系统中有机物几乎全部分解，热分解温度高达 1650℃。由于不是供应空气而是纯氧，氮氧化物产生量很少，垃圾减量较多，为 95% ～ 98%。其突出的优点是对垃圾不需要或只需要简单破碎和分选加工，可简化预处理工序；其关键是能否供给廉价的氧气。

7.2.4.3 Occidental 系统

Occidental 系统是美国开发的一种以有机物液化为目标的热解技术。其工艺可分为垃圾预处理和热解系统两大部分。Occidental 系统工艺流程见图 7-12。

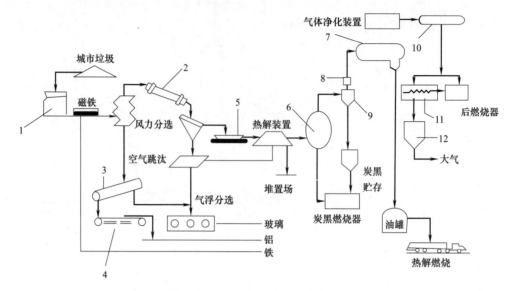

图 7-12 Occidental 系统工艺流程图

1—破碎机；2—干燥器；3—滚筒筛；4—涡流分选器；5—二次破碎机；6—沉降室；
7—油气分离器；8—冷却管；9—旋风分离器；10—压缩机；11—换热器；12—袋式除尘器

该系统中，首先经一次破碎将垃圾破碎至 76mm 以下，通过磁选分离出铁；再通过风选将垃圾分为重组分（无机物）和轻组分（有机物）；再通过二次破碎使有机物粒径小于3mm；再由空气跳汰机分离出其中的玻璃等无机物，其余的作为热解原料。热解设备为一不锈钢筒式反应器，有机原料由空气输送至炉内，与加热至 760℃ 的炭黑混合在一起，在通过反应器的过程中实现热解。热解气固混合物首先经旋风分离器分离出炭黑颗粒，在炭黑燃烧器燃烧加温后送至热解反应器用作有机物热解的热源。热解气体经 80℃ 急冷分离出燃料油进入油罐，未液化的残余气体一部分用作垃圾输送载气，其余部分用作加热炭黑和送料载气的热源。

该系统工艺得到的热解油的平均热值为 24401kJ/kg，低于普通燃料油的热值（42400kJ/kg），这主要是由于热解油中的碳、氢含量较低而氧含量较高。

该系统的主要问题是炭黑产生量太大，约占垃圾总质量的 20%，占总热值的 30%，大部分热量存在于炭黑中，使系统的效益不能得到充分的发挥。

7.2.4.4 流化床系统

流化床热解系统工艺是将破碎至 50mm 以下的垃圾颗粒由定量输送带经螺杆进料器加入热解炉内的工艺。在流化床内，作为载体的石英砂在热解生成气和助燃空气的作用下产生流动，从投料口进入的垃圾在流化床内接受热量，在大约 500℃ 时发生热分解，热解过程产生的炭黑在此过程中发生部分燃烧。热解产生的可燃性气体经旋风除尘器除尘后，再经分离塔分出气、油、水。分离的热解气一部分用于燃烧，用来加热辅助流化气回流到热解塔中，另一部分用于补充有机物热解系统所需热量。当热解气不足时，由热解油提供所需热量。

7.2.5 生物质的热解

7.2.5.1 生物质热解技术基本概况

生物质热解技术是通过气化炉将固态生物质转化为使用方便而且清洁的可燃气体，用作燃料或生产动力的技术。生物质原料进入气化炉后被干燥，伴随着温度的升高，析出挥发质，并在高温下裂解。热解后的气体和炭在氧化区与供入的气化介质（空气、氧气、水蒸气等）发生氧化反应并燃烧。燃烧放出的热量用于维持干燥、进行热解和还原反应，最终生成含有一定量 CO、H_2、CH_4、C_mH_n 的混合气体，去除焦油、杂质后即可燃用。该技术能以连续的工艺和工业化的生产方式，将低品位的生物质废物（木屑、秸秆、塑料、废橡胶等）转化成易贮存、易运输、能量密度高、具有商业价值的生物油。目前世界上生物质热解反应器主要有固定床反应器、流化床反应器、旋转锥反应器、辐射炉、循环流化床反应器、多炉膛反应器、旋风反应器、旋转叶片反应器等多种形式。

生物质热解的最终产物有三种，即炭（固体）、可冷凝气体（生物燃油）和可燃气体（不可冷凝），产物的比例取决于热解工艺的类型和反应条件。一般，低温低速热解温度不超过 500℃，产物以炭为主；高温快速热解温度为 700～1100℃，产物以不易冷凝的可燃气体为主；中温快速热解温度一般控制在 500～650℃，产物以可冷凝气体为主，其被冷凝后变成生物燃油。

7.2.5.2 热解工艺流程

（1）固定床反应器　固定床反应器包括上吸式气化炉、下吸式气化炉、层式下吸式气化炉等。

① 上吸式气化炉。上吸式气化炉在运行过程中，湿物料从顶部加入后被上升热气流干燥并将水蒸气排出，干燥后的物料下降时被热气流加热并热解，释放出挥发组分。剩余的炭继续下降，并与上升的 CO_2 和水蒸气反应，还原成 CO、H_2 及有机可燃气体，剩余的炭继续下行，在炉底被进入的空气氧化，产生的燃烧热为整个气化过程提供热量。

上吸式气化炉的优点是炭转换率高、原料适应性强、炉体结构简单、制造容易等。缺点是原料中的水分不能参加反应，减少了产品气中 H_2 和碳氢化合物的含量；原料热解温度低（250～400℃），CO_2 含量高，气体质量差；焦油含量高。

为改进普通上吸式气化炉的性能，后来出现了改进型上吸式气化炉，如图 7-13（a）所示。这种气化炉将干燥区和热解区分开，原料中水分蒸发后由专用管道随空气引入炉内参加还原反应，从而提高了产品气中 H_2 和碳氢化合物的含量，气体热值也相应提高了约 25%。改进型上吸式气化炉热解气的热值在 5000kJ/kg 左右，气化效率约为 75%，气体中焦油含量小于 25g/m³，炭转换率达 99%，原料适应性强，含水率在 15%～45% 之间均可稳定运行。

② 下吸式气化炉。下吸式气化炉结构如图 7-13（b）所示，其特点是物料与气体同向流动。物料由上部贮料仓向下移动，同时进行干燥与热解过程；空气由喷嘴进入，与下移的物料发生燃烧反应；生成的气体与炭一起经喉口排出。

该炉的特点是焦油经高温区裂解，气体中的焦油含量减少，同时由于原料中的水分含量不大于 20%，会使炉温降低，气体质量变差。

③ 层式下吸式气化炉。层式下吸式气化炉的结构如图 7-13（c）所示，其特点是上部敞口，加料操作简单，容易实现连续加料；炉身为筒状，使结构大为简化。其性能特点是：空气从敞口顶部均匀流过反应区整个截面，使截面温度分布均匀，氧化与热解在同一区域内同

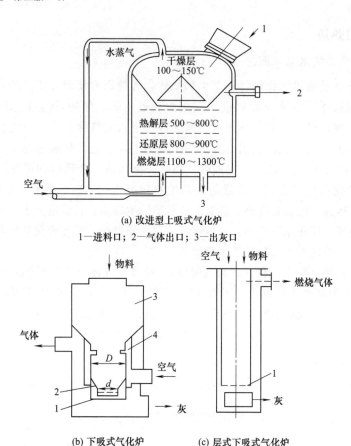

(a) 改进型上吸式气化炉

1—进料口；2—气体出口；3—出灰口

(b) 下吸式气化炉　　　(c) 层式下吸式气化炉

1—炉排；2—喉口；3—贮料仓；4—喷嘴　　1—炉排

图 7-13　固定床气化炉结构示意图

时进行，是整个反应过程的最高温度区，所以气体中焦油含量较低。该炉在固定床气化炉中生产强度较高。

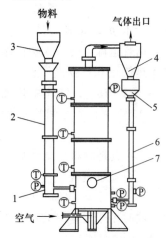

图 7-14　循环流化床系统

1—L 阀；2—下料直管；3—物料缓冲罐；
4—旋风分离器；5—炭受槽；6—循环管；
7—气化炉；P—测压点；T—测温点

（2）流化床反应器　循环流化床气化炉的气化过程由燃烧、还原和热解三个过程组成，而热解是其中最主要的一个反应过程。70%～75%的物料在热解过程中转换为气体燃料，剩余 25%～30%的炭中，有 15%左右的炭在燃烧过程中被烧掉，放出的燃烧热为气化过程供热，10%左右的炭在还原过程中被气化。在三个反应过程中，热解过程最快，燃烧过程其次，而还原过程最慢。图7-14 为循环流化床系统示意图，该炉采用粒度较细的物料、较高的流化速度，使炭在气化炉中不断循环，从而强化了颗粒的传热和传质，提高了气化炉的生产能力，延长了炭在炉内的停留时间，满足了物料还原反应速率低的需要。

（3）旋转锥反应器　生物质颗粒与过量的惰性热载体一道加入反应器转锥的底部，当生物质颗粒和热载体构成的混合物沿着炽热的锥壁螺旋向上传送时，生物质与热载体充分混合并快速热解。热解后产生的热解蒸气经分离器进入冷凝器进行冷凝，得到生物燃油，图 7-15 为旋转锥反应器工作原理。反应器中的载气需要量比流化床和传输系统要少，但需要增加用于炭燃烧和砂子输送的气体量；旋转锥热解反应器、鼓泡床炭燃烧器和砂子再循环管道三个子系统同时操作比较复杂，典型液体产物收率为 60%～70%（干燥基质量）。

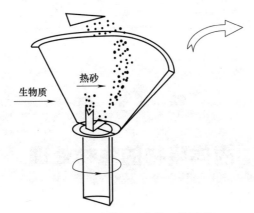

图 7-15　旋转锥反应器工作原理

 思考题

1. 热解的含义是什么？热解可以分为哪几种方式？
2. 和其他方法相比，废物热解有哪些优势？
3. 影响热解的因素有哪些？
4. 简述污泥热解的主要工艺及特点。
5. 国内外的废塑料热解反应器有哪几种？
6. 列举几种城市垃圾的热解方式。
7. 生物热解存在哪些不足？

第 **8** 章
固体废物的生物处理

本章主要介绍利用自然界普遍存在的微生物对固体废物进行无害化和资源化的处理技术。

自然界的许多微生物具有降解有机固体废物的能力，通过生物转化，将固体废物中的有机成分转化为腐殖肥料、沼气或其他化学转化品，如饲料蛋白、乙醇或糖类，从而实现固体废物无害化和资源化。目前固体废物的生物处理技术主要包括好氧堆肥技术和厌氧发酵技术。

8.1　好氧生物降解制堆肥

人类早已开始利用秸秆、落叶、野草和禽畜粪便堆积发酵制作肥料，在化肥没有广泛施用于农田之前，利用农业固体废物堆肥一直是农业肥料的主要来源。但由于采用传统的手工操作和自然堆积方式，并依靠自发的生物转化作用，发酵周期长，处理量小，卫生条件差，加之受到化肥的冲击，堆肥发展一度呈现萎靡态势。随着绿色有机农业的兴起、堆肥技术的进步和环境标准的提高，堆肥又开始受到重视。一方面，堆肥是有机肥，有利于改善土壤性能、提高肥力、维持农作物长期的优质高产；另一方面，有机固体废物数量逐年增加，对其处理的卫生要求日益严格，从节省资源与能源的角度来看，堆肥是实现有机废物无害化和资源化的重要手段。

现如今堆肥发酵已实现机械化和自动化，并且已发展到以城市生活垃圾、污水处理厂的污泥、人畜粪便、农业废物及食品工业废物等为原料。目前常见的适于生物降解处理的固体废物种类及其来源见表 8-1。

表 8-1　常见的适于生物降解处理的固体废物种类及其来源

固体废物种类	主　要　来　源
城市固体废物	主要有污水处理厂剩余污泥和有机生活垃圾
工业固体废物	主要包括含纤维素类固体废物、高浓度有机废水、发酵工业残渣（菌体及废原料）
畜牧业固体废物	主要指禽畜粪便
农林业固体废物	主要是农作物秸秆、壳、蔗渣、棉秆、棉壳、向日葵壳、玉米芯、油茶壳等
水产业固体废物	主要指海藻、鱼、虾、蟹类加工后的废物
泥炭类	包括褐煤和泥炭

8.1.1 堆肥的概念

堆肥（composting）的基本概念包括两方面的含义，即堆肥化和堆肥产物。堆肥化是在控制条件下，在不同阶段通过不同微生物群落的交替作用，使有机废物逐步实现生物降解，最终形成稳定的、对环境无害的类腐殖质复合物的过程。在有氧条件下通过好氧微生物的作用，固体废物中的有机物质有两个去向：一是通过矿化作用生成水、二氧化碳等物质，并释放能量；二是变成新的微生物细胞物质，继续堆肥化过程，并产生腐殖质。堆肥化的主要特征是将易降解的有机物分解转化为性质稳定、对土壤有益的物质，有效杀灭致病菌，确保堆肥产物能安全地应用于农业或林业。

废物经过堆肥化处理后，制得的成品产物叫作堆肥（compost）。它是一类腐殖质含量很高的疏松物质，故也称为"腐殖土"，是一种具有一定肥效的土壤改良剂和调节剂。废物经过堆肥化，体积一般只有原体积的 50%～70%。

堆肥的用途很广，既可以用作农田、绿地、果园、菜园、苗圃、畜牧场、庭院绿化、农业等的种植肥料，也可以用于水土流失控制、土壤改良等。堆肥的作用包括以下几个方面。

① 使土质松软、多孔隙、易耕作，增加保水性、透气性及渗水性，改善土壤的物理性状。

② 增加土壤有机质，提高带负电荷的腐殖质含量，促进阳离子养分的吸附，提高土壤保肥能力。

③ 堆肥腐殖质中的某些组分具有螯合能力，能抑制对作物生长不利的活性铝与磷酸结合。

④ 堆肥是缓效性肥料，不对农作物产生损害。

⑤ 堆肥的腐殖质成分能够促进植物根系的伸长和增长。

⑥ 将富含微生物的堆肥施于土壤之中可增加土壤中的微生物数量，改善作物根系微生物的生长条件，促进作物生长和对养分的吸收。

8.1.2 堆肥的原理

二维码8-1
微课：好氧堆肥
原理

堆肥是利用微生物在有氧或无氧的条件下降解固体废物的过程，因而分为好氧堆肥和厌氧堆肥两种过程。相应地，参与有机物生化降解的微生物分为好氧菌和厌氧菌两类；而根据微生物耐受温度或工作温度的特性，又分为嗜冷菌、嗜温菌和嗜热菌。

（1）好氧堆肥原理 现代化堆肥工艺，特别是城市生活垃圾堆肥工艺，大都是好氧堆肥。好氧堆肥是在有氧条件下，以好氧菌为主的微生物群落对废物进行吸收、氧化、分解的过程，见图 8-1。

在堆肥化过程中，有机废物中的可溶性小分子有机物质可透过微生物的细胞壁和细胞膜被微生物直接吸收；而不溶的大分子有机物质，先被吸附在微生物体外，依靠微生物分泌的胞外酶将其分解为可溶性小分子物质，再进入细胞内。微生物通过自身的生命代谢活动进行分解代谢（氧化还原过程）和合成代谢（生物合成过程），把一部分有机物氧化成简单的无机物，并释放生长活动所需要的能量，把另一部分有机物转化合成新的细胞物质，用于生长繁殖，产生更多的生物体。此过程原理可用下列反应式分别表示。

① 有机物的氧化。不含氮有机物（$C_x H_y O_z$）的氧化：

$$C_x H_y O_z + \left(x + \frac{1}{4}y - \frac{1}{2}z\right)O_2 \longrightarrow xCO_2 + \frac{1}{2}yH_2O + 能量 \tag{8-1}$$

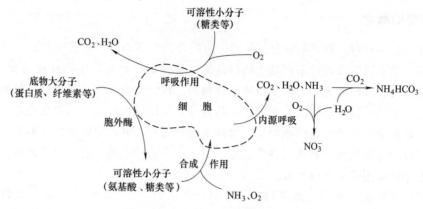

图 8-1 堆肥反应过程原理示意图

含氮有机物（$C_s H_t N_u O_v \cdot a H_2 O$）的氧化：

$$C_s H_t N_u O_v \cdot a H_2 O + b O_2 \longrightarrow C_w H_x N_y O_z \cdot c H_2 O（堆肥）$$
$$+ d H_2 O(g) + e H_2 O(l) + f CO_2 + g NH_3 + 能量 \tag{8-2}$$

② 细胞质的合成（包括有机物的氧化，并以 NH_3 作氮源）：

$$n(C_x H_y O_f) + NH_3 + \left(nx + \frac{ny}{4} - \frac{nf}{2} - 5\right) O_2 \longrightarrow C_5 H_7 NO_2（细胞质）$$
$$+ (nx - 5)CO_2 + \frac{1}{2}(ny - 4)H_2 O + 能量 \tag{8-3}$$

③ 细胞质的氧化：

$$C_5 H_7 NO_2（细胞质） + 5 O_2 \longrightarrow 5 CO_2 + 2 H_2 O + NH_3 + 能量 \tag{8-4}$$

综上可知，有机物生物降解的同时伴有能量产生，而该能量主要以辐射热的形式释放出来。由于堆肥工程中，这部分热量不会全部散发到环境中，因而使堆肥物料温度升高。这样一些不耐高温的微生物必然死亡或休眠，耐高温的细菌快速繁殖。生态动力学表明，好氧分解中，发挥主要作用的是菌体硕大、性能活泼的嗜热细菌群。该菌群在大量氧分子存在条件下将有机物氧化分解，同时释放出大量能量。据此，堆肥过程中主要经历两次升温，两次升温将堆肥过程分为三个阶段：起始阶段、高温阶段和熟化阶段。每一阶段各有其独特的微生物类群。

① 起始阶段。堆制初期，堆层呈中温（15～45℃），故也称为中温阶段。此时，嗜温菌活跃，并利用可溶性小分子物质（糖类等）不断增殖，在转换和利用化学能的过程中产生的能量超过细胞合成所需的能量，剩余能量主要以热能形式由内部释放。由于堆层热传导较慢，加之物料的保温作用，堆层内部温度不断上升，以细菌、真菌、放线菌为主的微生物迅速繁殖。

② 高温阶段。堆层温度上升至 45℃以上，进入高温阶段。此时，嗜温菌活性受到抑制甚至死亡，而嗜热菌逐渐替代嗜温菌，并迅速繁殖，在供氧条件下，大部分较难降解的有机物（蛋白质、纤维素等）继续被氧化分解，同时放出大量热能。从废物堆积发酵开始的不到 1 周时间，堆层温度就达到 65～70℃，或者更高。

高温阶段，嗜热菌的生长周期按其活性又可分为三个时期，即对数增长期、减速增长期和内源呼吸期，见图 8-2。微生物经历三个时期变化后，堆层中有机物质基本降解完全，嗜热菌因缺乏养料而停止生长，产热随之停止，堆肥的温度逐渐下降，当温度稳定在 40℃时，堆肥基本达到稳定,形成腐殖质。

③ 熟化阶段。冷却后的堆肥中,新的嗜温菌再次占有优势,借助残余有机物(包括死掉的细菌残体)生长,堆肥进入腐熟阶段,堆肥过程最终完成。

因此,堆肥过程既是微生物生长、死亡过程,也是堆肥物料温度上升和下降的动态过程。

(2)厌氧堆肥原理 厌氧堆肥是在缺氧条件下利用厌氧微生物进行的一种腐败发酵分解过程,其终产物除 CO_2 和水外,还有氨、硫

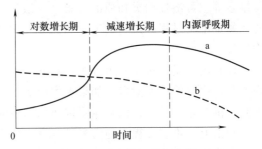

图 8-2 微生物活性示意图
a—微生物活性曲线;b—O_2 利用率曲线

化氢、甲烷和有机酸等还原性终产物,其中氨、硫化氢以及其他还原性终产物有令人讨厌的异臭,而且厌氧堆肥需要的时间也很长,完全腐熟往往需要几个月的时间。传统的农家堆肥就是厌氧堆肥。

厌氧堆肥过程主要分成以下两个阶段。

第一阶段是产酸阶段,产酸菌将大分子有机物降解为小分子的有机酸和乙醇、丙醇等物质,并提供部分能量因子 ATP(三磷酸腺苷),以乳酸菌分解有机物为例:

$$C_6H_{12}O_6 \xrightarrow{\text{乳酸菌}} 2C_3H_6O_3(\text{乳酸}) + 2ATP$$

第二阶段为产甲烷阶段,产甲烷菌把有机酸继续分解为甲烷气体。

$$2C_3H_6O_3 \xrightarrow{\text{甲烷菌}} 3CH_4 + 3CO_2 + \text{能量}$$

厌氧过程没有氧分子参加,酸化过程中产生的能量较少,许多能量保留在有机酸分子中,在产甲烷菌作用下以甲烷气体的形式释放出来,厌氧堆肥的特点是反应步骤多、速度慢、周期长。

8.1.3 堆肥过程影响因素

选择最佳的堆肥条件可促使微生物降解过程顺利进行,必须考虑以下影响因素,这些也是堆肥过程中需要控制的因素。

(1)有机物含量 堆肥技术一般用于处理含有一定有机物的物质,适宜作堆肥物料的有机物含量为 20%~80%。有机物含量低,不能提供足够的热能,影响嗜热菌繁殖,难以维持高温发酵过程,并且产出的堆肥也会因肥效低而影响其应用。有机物含量大于 80% 时,堆制过程要求大量供氧,实践中常会因通风不利和供氧不足而发生部分厌氧过程。

与发达国家比,我国城市生活垃圾中的无机物含量较高,这不利于堆肥化的顺利进行和堆肥的应用。因此,适当调整和增加其中的有机组分是十分必要的。

① 对生活垃圾进行预处理。通过破碎、筛分等工艺去掉原料中的部分无机成分,使城市生活垃圾中有机物含量提高到 50% 以上。

② 堆肥前可向垃圾原料中掺入一定比例的稀粪、城市污水、畜粪等。在这些掺进物中,以掺稀粪者为最多,最主要的理由是既可增加堆肥原料中的有机物含量,又可调节原料的含水率,同时又解决了现代城市粪便处理或下水道污泥处理的出路问题。目前这种方法在发达国家已得到广泛应用。

在堆肥过程中,首先被降解的是可溶、易分解的有机物质(如糖类),然后是蛋白质、

纤维素等。可溶性糖类物质的降解率一般在 95% 以上，而纤维素等的降解往往是逐步完成的。衡量堆肥过程有机物的变化可采用多种参数，例如 COD、挥发性物质、纤维素、糖类物质等。

（2）供氧量　对于好氧堆肥，氧气是微生物生存的必需条件，供氧不足会造成大量微生物死亡，使分解速度减慢，如果提供冷空气量过大又会使温度降低，不利于嗜热菌的活动。因此，供氧量要适宜，供氧靠强制通风和翻堆搅拌完成。

理论上，堆肥过程中的需氧量取决于被氧化的碳量，但是由于有机物在此过程中的分解存在不确定性，难以根据垃圾的含碳量变化精确确定需氧量。目前通常采用测定堆层中的氧浓度和耗氧速率的方法来了解堆层的生物活动过程和需氧量多少，从而达到控制供氧量的目的。

需氧量和耗氧速率是微生物活动强弱的宏观标志，它们的大小既能表征微生物活动的强弱，也可反映堆肥中有机物的分解程度。堆肥过程中合适的氧浓度应在 8%～18%。

（3）含水率　在堆肥工艺中，堆肥原料的含水率对发酵过程影响很大，水的主要作用为：一是溶解有机物，参与微生物的代谢活动；二是可以调节堆肥温度，当温度过高时，可以通过水分的蒸发带走一部分热量。堆肥发酵过程中应具备一定量的水。一般含水率低于 20% 时，微生物将停止活动，但含水率过高会导致空隙被水填满而减少空气量，甚至造成厌氧状态，同时过多的水蒸发会带走大部分热量而使温度达不到嗜热菌活动的要求，降低堆肥效果。

实践经验证明，堆肥原料中的含水率在 50%～60% 为宜，55% 左右最为理想，此时微生物活性最强。对于高含水率的堆肥原料可采用机械压缩脱水，也可以在场地和时间允许的条件下，将物料摊开、搅拌使水分蒸发。还可以在物料中加入稻草、木屑、干叶等松散物或吸水物。而对含水率低的原料（低于 30%），可添加污水、污泥、人畜粪尿等，使其含水率达到要求。

（4）碳氮比（C/N）　在微生物所需营养物中，以碳、氮为最多。碳主要为微生物生命活动提供能源，氮则用于合成细胞原生质。微生物每利用 30 份碳就需要 1 份氮，故初始物料中的碳氮比以 30 : 1 为宜，实践中其值一般在（26 : 1）～（35 : 1）之间时堆肥过程最快。成品堆肥的适宜碳氮比为（10 : 1）～（20 : 1）。若碳氮比过低（低于 20 : 1），微生物的繁殖就会因能量不足而受到抑制，导致分解缓慢且不彻底。而一旦碳氮比过高（超过 40 : 1），则在堆肥施入土壤后，将会发生夺取土壤中氮素的现象，呈现"氮饥饿"状态，对作物生长产生不良影响。总的趋势是，随着堆肥发酵的进行，在整个过程中 C/N 逐渐下降。

由于初始原料的碳氮比一般都高于前述最佳值，故应加入氮肥水溶液、粪便、污泥等调节剂，使之调到 30 : 1 以下。当有机原料的碳氮比为已知时（可通过分析测出），可按下式计算所需添加的氮源物质的数量：

$$K = \frac{C_1 + C_2}{N_1 + N_2} \tag{8-5}$$

式中，K 为混合原料的碳氮比，通常取最佳范围值 35 : 1；C_1、C_2、N_1、N_2 分别为有机原料和添加物料的碳、氮含量。

（5）温度　温度是影响堆肥中微生物种类和数量最重要的因素。一般情况下，微生物最适于生长的温度范围非常窄。在低于最佳温度时，温度对微生物生长的影响比在高于最佳温度时更大。堆肥温度升高，微生物的生长随之加速。研究发现，温度每增加大约 10℃，微生物的生长速率就会增加一倍，直至达到最佳温度。堆肥中的微生物种群通过自身活动产生热量，这反过来又影响微生物种群。不同温度阶段微生物的优势种群不同。表 8-2 为各种微生物种群的最佳生长温度范围。

表 8-2　微生物种群的最佳生长温度范围

微生物	温度范围/℃
嗜冷微生物	0～25
嗜温微生物	25～45
嗜热微生物	＞45

（6）pH　在堆肥化过程中，pH 随着时间和温度的变化而变化。好氧堆肥初期，堆肥化过程伴随着有机酸的生成，这有利于微生物生存和繁殖，pH 一般可下降至 5.0～6.0，而后又开始上升，发酵完成可达 8.0，最终产品为 7.0～8.0。其规律如图 8-3 所示。pH 在 5.5～7.5 时，是大多数微生物活动的最佳范围。在堆肥过程中，尽管 pH 不断变化，但微生物都能够通过自身活动得到调节。对用石灰调节再经真空过滤或加压脱水得到的污泥滤饼，其 pH 一般可高达 12，当采用此种污泥滤饼作堆肥原料时，需进行 pH 调整。

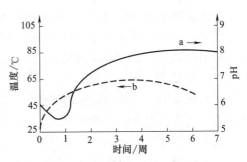

图 8-3　堆肥过程中 pH 和温度随时间的变化规律

（7）粒度　堆肥前需要对粗大垃圾进行破碎，分选出不可堆肥化物质，并使堆肥物料粒度达到一定程度的均匀化。颗粒变小，物料比表面积增加，便于微生物繁殖，可以促进发酵过程。但如果颗粒太小，又会减小空隙率，降低透气性能。一般适宜的粒径范围是 12～60mm，具体的粒度要由堆肥工艺和产品的性能要求而定。

（8）C/P　除了 C、N 之外，P 也是微生物必需的营养物质之一。例如垃圾堆肥时添加污泥，就是利用污泥中丰富的 P 来调整堆肥原料的 C/P。堆肥化适宜的 C/P 为 75∶1～150∶1。

8.1.4　堆肥工艺分类

堆肥工艺分类方法有多种，按照目前堆肥工艺的特点可有以下几种分类方法。

（1）按堆制过程中需氧程度分为好氧堆肥和厌氧堆肥　好氧堆肥是依靠专性和兼性好氧细菌的作用使有机物得以降解的生化过程。现代化城市垃圾堆肥工艺基本上都是采用好氧堆肥。好氧堆肥的系统温度一般为 50～65℃，最高可达 80～90℃，基质分解比较彻底，异味小，堆制周期短，故也称为高温快速堆肥。由于堆肥温度高，可以杀灭病原体、虫卵和垃圾中的植物种子，从而使堆肥达到无害化，其还具有可大规模采用机械处理等优点。但由于好氧堆肥必须维持一定的氧气浓度，因此运转费用较高。

厌氧堆肥是依赖专性和兼性厌氧细菌的作用降解有机物的过程。发酵原料与空气隔绝，堆制温度低，工艺比较简单，成品堆肥中氮素保留比较多。通过堆肥的自然发酵分解有机物，不必由外界提供能量，因而运转费用低。其所产生的甲烷还可以作为能源加以开发利用。但该方法堆制周期过长，需 3～12 个月，且分解不够充分，常伴有恶臭产生。因此，厌氧堆肥不适合大面积推广应用。

（2）按温度要求分为中温堆肥和高温堆肥　　中温堆肥是指中温好氧堆肥，所需温度为 15～45℃。由于温度不高，不能有效地杀灭病原菌，因此目前中温堆肥较少采用。

高温堆肥系统中，好氧堆肥所产生的高温一般在 50～65℃，极限可达 80～90℃，能有效地杀灭病菌，且温度越高，令人讨厌的臭气就会产生越少，因此高温堆肥已被各国公认，采用较多。高温堆肥最适宜的温度为 55～60℃。

（3）按发酵历程分为一次发酵和二次发酵　　一次发酵指从发酵初期开始，温度上升进入高温阶段，然后到温度开始下降的整个过程，一般需 10～12d，其中高温阶段持续时间较长。其实质是好氧堆肥的起始和高温两个阶段的微生物代谢过程。

二次发酵是指物料经过一次发酵操作处理之后再次进入发酵状态，直到腐熟。物料经过一次发酵，还有一部分易分解和大量难分解的有机物存在，需将其送到后发酵室，堆成 1～2m 高的堆垛进行二次发酵，使之腐熟。此时温度持续下降，当温度稳定在 40℃左右时即达腐熟，一般需 20～30d。

（4）按堆制方式分为间歇式堆肥和连续式堆肥　　间歇式堆肥法是我国长期以来沿用的一种方法。该法是把新收集的垃圾、粪便、污泥等废物混合分批堆积。一批原料堆积之后不再添加新料，待完成发酵成为腐殖土后运出。前期一次发酵大约需要 5 周，1 周要翻动 1～2 次，然后经过 6～10 周熟化稳定二次发酵，全部过程需要 30～90d。该法要求场地坚实、不渗水，其面积需能满足处理所在城市废物产生量的需要。

图 8-4 为日处理生活垃圾 100t 的实验厂工艺流程，该工艺采用二次发酵方式。第一次发酵为机械强制通风，经 10d 的发酵期，保持 60℃高温 5d 以上，堆料达到无害化。一次发酵后堆料经机械分选除去非堆腐物，再经 10d 左右的二次发酵即达腐熟。

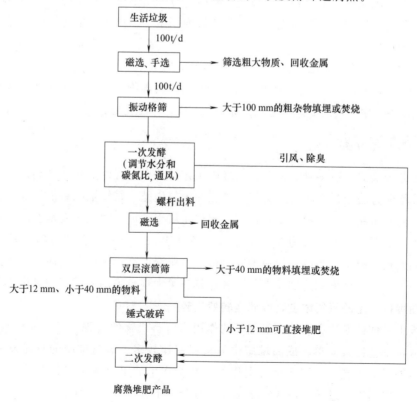

图 8-4　100t/d 垃圾处理实验厂工艺流程

间歇式堆肥法首先要求对堆肥原料进行前处理，然后根据其含水率和 C/N，确定原料配比。国外利用城市固体废物生产堆肥的配料方法有三种：纯垃圾堆肥、垃圾-粪便混合（7∶3）堆肥、垃圾-污泥混合（7∶3）堆肥。我国一般采用 70％～80％ 的垃圾与 30％～20％ 的稀粪配比。

连续式堆肥工艺采取连续进料和连续出料方式发酵，原料一般在一个专设的发酵装置内完成中温和高温发酵过程，然后将物料运往发酵室堆成堆体，再熟化。该法具有发酵快、堆肥质量高、能防臭、能杀灭病原微生物、成品质量高的特点。连续式堆肥可有效处理高有机质含量的原料，一些发达国家广泛采用该工艺。

（5）按原料发酵所处状态可分为静态和动态堆肥　静态堆肥设施投资成本很低，但供氧不均匀，物料结块比较严重，容易产生厌氧环境，好氧微生物难以迅速均匀地繁衍，发酵周期长，堆肥质量差。

与静态堆肥相比，动态堆肥的效果要好得多。动态堆肥通过将物料充分翻拌和粉碎，使氧气可以充分均匀地分布，微生物繁殖速度加快，堆肥周期短，仅为静态堆肥周期的 1/3～1/2，且堆肥效果明显优于静态堆肥。此外，动态堆肥占地面积远远小于静态堆肥，更适合经济比较发达、土地缺乏的城市。

首先，动态堆肥周期短。例如，北京市某最大日处理能力 2000t 的堆肥处理厂的筒式发酵装置堆肥周期仅为 2d，而二级静态堆肥周期共 70～90d。其次，动态堆肥设施的装机容量与静态设施相当。该堆肥处理厂的动态筒式发酵装置装机总容量为 1900kW，而静态堆肥如需实现充足供风，因其通风面积大，含有供风、引风两套风机，一个 2000t/d 的堆肥处理厂堆肥装置装机容量需要 4200kW 以上。可见，在同等装机容量下，动态设施的运行时间远少于静态设施，因此其用电量低于静态堆肥。另外，由于动态堆肥实现了全自动控制，人员较静态堆肥没有增加。因此，在垃圾处理厂建设场地受限的情况下，应选择动态堆肥设施。

（6）按堆制方式分为露天式堆肥和装置式堆肥　露天式堆肥，即露天堆积，物料在开放的场地上堆成条垛或条堆进行发酵。通过自然通风、翻堆或强制通风方式，供给有机物降解所需的氧气。这种堆肥方式所需设备简单，投资成本较低。其缺点是发酵周期长，占地面积大，受气候的影响大，有恶臭，易招致蚊蝇、老鼠的滋生，影响环境卫生安全。这种堆肥方式仅适于在农村或偏远的郊区应用，而不适合城市。

装置式堆肥，也称为封闭式堆肥或密闭型堆肥，是将堆肥物密闭在堆肥发酵设备中，如发酵塔、发酵筒、发酵仓等，通过风机强制通风提供氧源，或不通风进行厌氧堆肥。装置式堆肥具有机械化程度高、堆肥时间短、占地面积小、环境条件好、堆肥质量可控可调等优点，因此适用于大规模工业化生产。

此外，根据堆肥过程中所采用的机械设备的复杂程度，又可分为简易堆肥和机械堆肥。

以上为堆肥基本工艺的分类方法，仅按其中某一分类方式难以全面地描述实际采用的堆肥工艺，因此常采用多种分类方式同时并用的形式描述堆肥工艺，如高温好氧静态堆肥、高温好氧连续式动态堆肥、高温好氧间歇式动态堆肥等。国外较为简便直观的分类方式被广泛采用，如按照堆肥技术的复杂程度，将堆肥系统分为条垛式堆肥系统、通风静态垛系统、反应器系统（或发酵仓系统）等。实际上，条垛式和通风静态垛式堆肥属于露天好氧堆肥；反应器式堆肥即为装置式堆肥，有的属于连续式或间歇式好氧动态堆肥，有的属于静态堆肥。

8.1.5 堆肥的基本程序

目前常采用的好氧堆肥系统多种多样，但其基本工序通常都由前处理、主发酵（一次发酵）、后发酵（二次发酵）、后处理等工序组成。

8.1.5.1 前处理

包括通过破碎、分选等去除粗大垃圾和不能用于堆肥的物质，并通过破碎使堆肥原料和含水率达到一定程度的均匀化。破碎同时使原料的表面积增大，便于微生物繁殖，从而提高发酵速度。理论上，粒径越小越利于分解，但考虑到在增加物料表面积的同时，还必须保持一定程度的空隙率，以便于通风而使物料能够获得充足的氧量供应，因此粒径不宜过小。

该过程还包括调节原料含水率和碳氮比，或者添加菌种和酶制剂，使原料达到最佳待发酵状态。

8.1.5.2 主发酵（一次发酵）

主发酵可在露天或发酵装置内进行，通过翻堆或强制通风向堆层或发酵装置内堆肥物料供给氧气。物料在微生物的作用下开始发酵，首先是易分解物质分解产生 CO_2 和 H_2O，同时产生热量使堆温上升。这时微生物吸取有机物的碳、氮等营养成分，在细菌自身繁殖的同时，将细胞中吸收的物质分解而产生热量。

发酵初期起分解作用的是嗜温菌。随着堆温上升至 45℃ 左右，堆肥进入高温阶段，嗜热菌活性增强并占有优势。此时应采取温度控制手段，以免温度过高，同时应确保供氧充足。经过一段时间的分解作用后，大部分有机物已经降解，各种病原菌均被杀灭，堆层温度开始下降。通常，将温度从升高到开始降低的阶段称为主发酵阶段。

8.1.5.3 后发酵（二次发酵）

经过主发酵的半成品堆肥被送到后发酵室，将主发酵阶段未彻底分解的易分解和较难分解的有机物进一步分解，使之变成腐殖酸、氨基酸等比较稳定的有机物，得到完全腐熟的堆肥制品。

在这一阶段的分解过程中，反应速率降低，耗氧量下降，所需时间较长。后发酵时间的长短取决于堆肥的使用情况。例如，堆肥用于温床（利用堆肥的分解热）时，可在主发酵后直接使用；对几个月不耕作的土地，大部分可以不经后发酵而直接施用堆肥；对一直耕作的土地，则要确保堆肥不致夺取土壤中的氮元素。

8.1.5.4 后处理

经过二次发酵后的物料中，几乎所有的有机物都已细碎和变形，数量也有所减少，已成为粗堆肥。然而，对城市生活垃圾堆肥时，在预分选工序没有去除的塑料、玻璃、陶瓷、金属、小石块等杂物依然存在。因此后处理应去除这些杂物，并根据需要（如生产精制堆肥等），进行必要的再破碎处理。

8.1.5.5 恶臭控制

在堆肥化工艺过程中，某个工序或堆肥物料局部会产生氨、硫化氢、甲硫醇、胺类等臭气物质，污染工作环境，必须对其进行处理和控制。去除臭气的方法主要包括化学洗涤、物理吸附、生物过滤以及基于热化学原理的热处理等。相对于化学洗涤法、吸附法和热处理方法，生物过滤法较为经济和实用，因此在工程中应用较多。下面以生物过滤法为例介绍脱臭技术。

（1）生物过滤　生物滤池（biological filter）和生物滴滤池（biotrickling filter）是两种主要的生物除臭系统。

在开放式的生物滤池中，拟处理的臭气通过填料床向上运动；在加盖生物滤池中，将拟处理的气体从下部鼓入填料，或者从填料上部抽吸使其进入滤池中。典型生物滤池如图 8-5 所示，填料大多是腐熟的堆肥产物。

在臭气通过生物滤池中的填料床时，同时发生吸附、吸收和生物转化。臭气在潮湿的表层生物膜和填料表面发生吸收和吸附作用，附着在填料介质上的微生物（主要是细菌、放线菌和真菌）将其氧化。池内的温度和湿度是生物滤池重要的环境条件，必须保持合适的温度和湿度以使微生物活性优化。该处理系统的缺点是占地面积大。

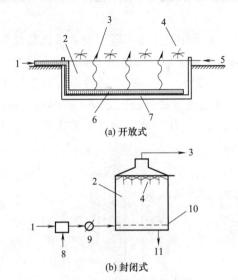

图 8-5　典型的生物滤池
1—拟处理空气；2—填料；3—处理后空气；
4—喷洒系统；5—水；6—多孔管；7—砾石层；
8—蒸汽注入器；9—换热器；
10—多孔填料托板；11—排水

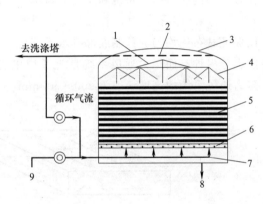

图 8-6　典型的生物滴滤池
1—旋转式或固定式废水配水系统；2—处理后气体
收集系统；3—穹盖；4—湿润填料用水；5—塑料
填料；6—填料多孔托板；7—布气系统；8—出水；
9—由头部工程及一级处理排出的拟处理空气

生物滴滤池与生物滤池基本相同，不同之处在于前者持续地向填料上喷洒水，而后者间歇地向填料上喷洒水，如图 8-6 所示。水是循环使用的，通常需向水中添加营养物。由于滤池释放出的气体会带走水分，所以必须及时补给水。此外，由于循环水中盐类的累积，需要定期排污。典型的填料有鲍尔环（Pall ring）、拉西环、火山岩块以及颗粒状活性炭等。腐熟的堆肥产物不适合用作该系统的填料，这主要是由于腐熟堆肥产物吸收水分能力强，易堵塞空隙，从而限制滤池中空气的自由流动。

（2）脱臭设施的选择和设计　臭气控制和处理设施的选择和设计应按照下列步骤进行：确定拟处理臭气的性质和体积；明确处理后气体的排放要求；评价气候和大气条件；选出拟评价的一种或多种气体控制和处理的技术；进行中间试验，以得到设计的标准和性能；进行生命周期评价和经济分析。

（3）生物滤池的设计 生物滤池的设计需考虑以下几个方面：填料性质、配气设施、保持生物滤池内部的湿度、控制温度等。

① 填料性质。生物滤池所用的填料必须满足以下条件：一是足够的空隙率和近似均匀的粒径；二是颗粒表面积大，能支撑大量微生物群体；三是较强的 pH 缓冲能力。常用的生物滤池填料有堆肥、泥炭以及各种合成材料。为保证堆肥及泥炭类生物填料的空隙率，可考虑添加膨胀材料，例如珍珠岩、泡沫聚苯乙烯团粒、木屑、树皮、各种陶瓷及塑料材料。典型堆肥生物滤池的填料配比为堆肥：膨胀材料＝50：50（体积比），每克填料含 1mmol $CaCO_3$。

② 填料最佳物理性质。pH 值 7～8，空隙率 40%～80%，有机物含量 35%～55%。当采用腐熟堆肥时，必须定期添加新堆肥以补偿生物转化造成的堆肥量损失。采用的滤床深度可达 1.8m。由于大部分的去除作用发生在滤床深度的 20% 以内，故不推荐采用更大的滤床厚度。

③ 气体分布。将拟处理气体引入系统是生物滤池设计的关键步骤。最常用的布气系统有多孔管、预制底部排水系统和压力通风系统。多孔管通常设置在堆肥下面的卵石层中，如图 8-7 所示。采用多孔管时，管径的大小非常重要，应使其发挥贮水池的作用而不是集液管，以保证其布气均匀。预制底部排水系统可使气体通过堆肥床向上运动，并可收集排水，该系统也分多种。而压力通风系统是为了均化空气压力，使得向上通过堆肥床的气流量均匀，压力通风系统的高度一般为 200～500mm。

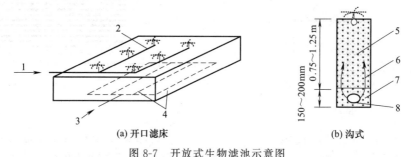

图 8-7 开放式生物滤池示意图

1—水；2—喷洒系统；3—臭气；4—多孔布气集管；5—堆肥或合成填料（有适当湿度）；

6—气流；7—粗砾石；8—多孔管（一般 100mm）

④ 湿度控制。保持滤床中适宜的湿度是生物滤池操作最为关键的问题。研究表明，最佳湿度范围为 50%～65%。如果湿度过低，生物活性就会减弱，严重情况下还会使生物滤池有变干趋势。反之，空气流量会受到限制，导致滤床中产生厌氧条件。湿度的供给可以采用向滤床顶部加水（通常采用喷洒法）和加湿空气两种措施。在滤池的操作温度下，其进入的空气相对湿度应为 100%，典型的液体投加率为 0.75～1.25$\text{m}^3/(\text{m}^2 \cdot \text{d})$。

⑤ 温度控制。生物滤池的操作温度为 15～45℃，最佳温度则为 25～35℃。在北方寒冷地区，生物滤池应采取保温措施，进气也必须进行预热。当进气温度较高时，应在进入生物滤池前进行冷却。在气温保持相对稳定的高温（如 45～60℃）下操作也是可行的。

⑥ 生物滤池的设计参数和操作参数。生物滤池尺寸的计算一般根据空气在滤床中的停留时间、空气的单位符合率以及组分去除能力而定。表 8-3 列出了生物滤池常用的设计参数。

表 8-3　用于散装填料滤池的设计和分析参数

参　数	定　义
空床停留时间　$EBRT = \dfrac{V_f}{Q}$	EBRT 为空床停留时间，h； V_f 为滤床接触池的总容积，m^3； Q 为体积流量，m^3/h
滤池中实际停留时间　$RT = \dfrac{V_f a}{Q}$	RT 为停留时间，h，min，s； a 为滤床接触池空隙率
表面负荷率　$SLR = \dfrac{Q}{A_f}$	SLR 为表面负荷率，$m^3/(m^2 \cdot h)$； A_f 为滤床接触池表面积，m^2
表面质量负荷率　$SLR_m = \dfrac{QC_0}{A_f}$	SLR_m 为表面质量负荷率，$g/(m^2 \cdot h)$； C_0 为进气浓度，g/m^3
容积负荷率　$VLR = \dfrac{Q}{V_f}$	VLR 为容积负荷率，$m^3/(m^3 \cdot h)$
去除效率　$RE = \dfrac{C_0 - C_e}{C_0} \times 100\%$	RE 为去除效率，%； C_e 为出气浓度，g/m^3
去除能力　$EC = \dfrac{Q(C_0 - C_e)}{V_f}$	EC 为去除能力，$g/(m^3 \cdot h)$

堆肥气体在生物滤池内的停留时间一般为 15～40s；在 H_2S 浓度达 20mg/L 时，表面负荷可达 $120m^3/(m^2 \cdot min)$。图 8-8 为生物滤池对 H_2S 和其他致臭化合物的去除能力曲线，可以看出，在达到临界负荷率之前，去除能力与质量负荷基本为 1：1 的线性关系，达到临界值后，去除能力渐近最大值。这些结果表明，采用生物滤池很容易去除 H_2S。表 8-4 为生物除臭系统的典型参数设计范围。

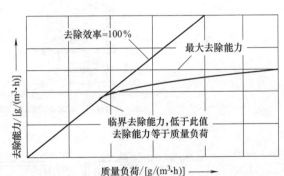

图 8-8　相对于施加负荷的去除能力典型曲线

表 8-4　生物除臭系统的典型参数设计范围

项目	单位	类型	
		生物滤池	生物滴滤池
氧浓度	氧份数/臭气份数	100	100
堆肥含量（质量分数）	%	50～65	50～65
合成介质含量（质量分数）	%	55～65	55～65
最佳温度	℃	15～35	15～35
pH	量纲为1	6～8	6～8
空隙率	%	35～50	35～50
臭气停留时间	s	30～60	30～60
填料厚度	m	1～1.25	1～1.25
臭气进气浓度	g/m^3	0.01～0.5	0.01～0.5
表面负荷率	$m^3/(m^2 \cdot h)$	10～100	10～100
容积负荷率	$m^3/(m^3 \cdot h)$	10～100	10～100
液体投配率	$m^3/(m^2 \cdot d)$	—	0.75～1.25
H_2S	$g/(m^3 \cdot h)$	80～130	80～130
其他臭气	$g/(m^3 \cdot h)$	20～100	20～100
最大背压	mmH_2O	50～100	50～100

注：$1mmH_2O = 133.322Pa$，下同。

8.1.6 堆肥发酵装置

堆肥发酵装置是指堆肥物料进行生化反应的反应器装置，是堆肥系统的主要组成部分。它的类型主要有立式堆肥发酵塔、卧式回转窑式发酵仓、箱式堆肥发酵池和筒仓式堆肥发酵仓等。

（1）立式堆肥发酵塔　立式堆肥发酵塔通常有5～8层。堆肥物料由塔顶进入塔内，在塔内堆肥通过不同形式的机械运动，由塔顶一层层地向塔底移动。一般经过5～8d的好氧发酵，堆肥产物便到达塔底而完成一次发酵。立式堆肥发酵塔通常为密闭结构，塔内温度分布从上层到下层逐渐升高，塔式装置的供氧通常利用风机强制通风，以满足微生物对氧的需要。立式堆肥发酵塔的种类通常包括立式多层圆筒式、立式多层板闭合门式、立式多层桨叶刮板式、立式多层移动床式等。图8-9所示为立式多层发酵塔及发酵系统流程。

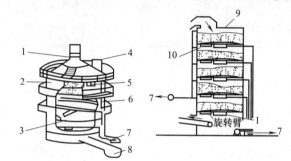

(a) 立式多层圆筒式堆肥发酵塔　　(b) 立式多层板闭合门式堆肥发酵塔

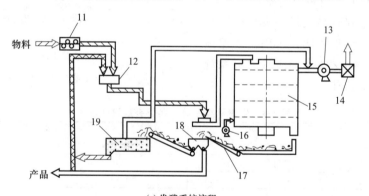

(c) 发酵系统流程

图8-9　立式多层发酵塔及发酵系统流程

1—驱动装置；2—池体；3—犁；4—进料口；5—观察窗；6—进气管；7—风机；8—出料口；
9—发酵小池；10—下料门；11—脱水机；12—混合机；13—抽风机；14—脱臭装置；
15—发酵仓；16—热风风机；17—旋转臂；18—分配器；19—干燥器

（2）卧式回转窑式发酵仓　卧式回转窑式发酵仓又称达诺式（Dano）发酵仓。在该发酵装置中，废物靠与筒体之间的摩擦沿旋转方向向上提升，上升到一定高度，依靠自身重力作用而落下。通过这样反复升落，废物不但被均匀地翻搅，而且有充足的空气与之接触，在微生物的作用下进行充分发酵。此外，由于筒体斜置，当沿旋转方向提升的废物靠自身重力下落时，逐渐向筒体出口一端移动，这样回转窑可自动稳定地供应、传送和排出堆肥产品。

如果发酵全过程都在此装置内完成，停留时间应为2～5d；当以此装置进行全过程发酵时，发酵过程中堆肥物料的平均温度为50～60℃，最高温度可达70～80℃；当以此装置进行一次发酵时，则平均温度为 35～45℃，最高温度可达 60℃左右。

如图 8-10 所示为 Dano 卧式回转窑垃圾堆肥系统流程。加入料斗的垃圾经过皮带输送机送到磁选机除去铁类物质，由给料机供给低速旋转的发酵仓，在发酵仓进行发酵，连续数日后成为堆肥物排出仓外，随后经振动筛筛分，筛上产物经溜槽排出进行焚烧或填埋，筛下产物经去除玻璃后即成为堆肥产品。

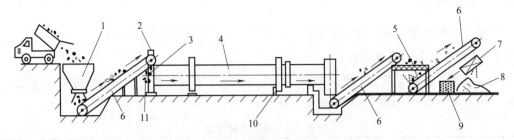

图 8-10　Dano 卧式回转窑垃圾堆肥系统流程
1—加料斗；2—磁选机；3—给料机；4—达诺式回转窑发酵仓；5—振动筛；6—皮带运输机；
7—玻璃选出机；8—堆肥；9—玻璃片；10—驱动装置；11—铁屑

（3）箱式堆肥发酵池　箱式堆肥发酵池种类很多，应用也十分广泛。其主要分为矩形固定式犁翻倒发酵池和斗翻倒式发酵池。

矩形固定式犁翻倒发酵池设置犁形翻倒搅拌装置，起机械搅拌废物的作用，可定期搅拌兼移动物料数次，既保证了池内通气，使物料均匀，又具有一定的运输功能，可将物料从进料端移至出料端。物料在池内停留 5～10d，空气通过池底布气板进行强制通风，采用这种输送式搅拌装置，能够提高物料的堆积高度。

斗翻倒式发酵池呈水平固定，发酵池装有一台搅拌机及一架安置于车式输送机上的翻倒机，翻倒机对废物进行搅拌使物料湿度均匀并与空气接触，促进物料发酵分解，防止臭气产生。池内物料被翻倒完毕后，翻倒机返回到活动车上，搅拌机由绳索牵引或机械活塞式倾倒装置提升，再次翻倒时，可放下搅拌机开始搅拌。堆肥经搅拌机搅拌，被位于发酵池末端的车式传送机传送，最后由安置在活动车上的刮板输送机刮出池外。整个过程所需空气由压缩机从发酵池底部送入，物料一般的停留时间为 7～10d，废物翻倒频率以一天一次为标准。

（4）卧式桨叶发酵池　该发酵装置的显著特点是搅拌装置能够横向和纵向移动，操作时搅拌装置纵向反复移动搅拌物料并同时横向传送物料。由于搅拌可以遍及整个发酵池，故可将发酵池设计得很宽，从而增大了处理能力。

（5）卧式刮板发酵池　这种发酵池的主要部件是一个呈片状的刮板，由齿轮齿条驱动，刮板由左向右摆动搅拌废物，从右向左空载返回，然后从左向右摆动推入一定量的物料。池体为密封负压式构造，臭气不会外逸。发酵池有许多通风孔以保证接触充足的氧气，保持好氧状态。

（6）筒仓式堆肥发酵仓　该装置为单层圆筒状（或矩形），发酵仓深度一般为 4～5m，大多采用钢筋混凝土筑成。发酵仓内采用高压离心风机强制供氧，以维持仓内堆肥好氧发酵。空气一般从仓底进入发酵仓，堆肥原料由仓顶加入，经过 6～12d 的好氧发酵，堆肥产品从仓底通过出料机出料。

根据堆肥物料在发酵仓内的运动形式不同，筒仓式发酵可分为静态和动态两种。静态发酵仓由于结构简单，在我国应用较广。堆肥物料由仓顶经布料机进入仓内，经过 10～12d 的好氧发酵后，由仓底的螺杆出料机进行出料。筒仓式动态发酵仓在堆肥过程中，经预处理工序分选破碎的物料被输送机传送至池顶中部，然后由布料机均匀地向池内布料。位于旋转层的螺旋转以公转和自转来搅拌池内物料，防止形成沟槽。产品从池底排出，好氧发酵所需的空气从池底的布气泵强制通入。

8.1.7 堆肥质量

堆肥的质量包括农用的成分和养分，应符合卫生安全和稳定性要求。

8.1.7.1 堆肥产品的成分和养分

由于堆肥原料、工艺、堆制周期和过程条件控制等不同，堆肥产品的成分和养分也不尽相同，表 8-5 给出了一般堆肥产品的养分含量。

表 8-5　堆肥养分含量

分析项目	平均值(干基)	平均值(鲜基)	分析项目	平均值(干基)	平均值(鲜基)
水分/%	—	45.062	有机碳/%	11.142	5.811
粗有机物/%	26.103	14.175	全氮/%	0.695	0.347
C/N	18.832	18.832	全磷/%	0.240	0.111
全钾/%	1.066	0.399	pH	—	7.744
灰分/%	69.029	37.077	钙/%	3.023	1.611
镁/%	0.736	0.338	钠/%	10.126	0.295
铜/(mg/kg)	28.336	16.914	锌/(mg/kg)	77.704	57.398
铁/(mg/kg)	1.51×10^4	8.45×10^3	锰/(mg/kg)	5.86×10^5	3.34×10^5
硼/(mg/kg)	14.602	11.552	钼/(mg/kg)	0.707	0.276
硫/%	0.127	0.047	硅/%	26.485	12.630
铵态氮/(mg/kg)	—	64.2	速效氮/(mg/kg)	—	266.3

（1）含水率　堆肥本身具有较高的含水率，含水率越高，表明其持水能力越强。国内外城市垃圾堆肥的持水能力为每 100g 干物质可持水 85～120g。

（2）pH 和全盐含量　堆肥的 pH 应该为中性偏碱。堆肥的全盐含量是指堆肥中可溶性盐的总量。堆肥全盐含量不宜过高，否则长期使用会导致土壤碱化。堆肥的全盐含量可通过其全盐溶液的电导率求出。国内垃圾堆肥的 pH 为中性偏碱，与国外堆肥的 pH 额定值范围7～8.5 非常接近。

（3）全碳含量　堆肥的全碳含量反映堆肥中有机物的含量，堆肥中有机物含量越高，持水性和吸附铵离子的能力越强。国内堆肥中有机物含量相当于土壤中有机物含量的 4 倍，全碳含量大多在 11%，接近国外额定值（12%～20%）的低限。

（4）养分含量　堆肥的养分主要指氮、磷、钾三种元素，此外还包括一部分微量元素。国内堆肥中氮、磷、钾三种养分的含量有的低于国外堆肥的额定值（0.4%～0.8%）。

（5）重金属含量　国内堆肥中重金属汞的含量接近国外的允许值 1～4mg/kg，镉、铬、铅的含量依次低于国外的额定值范围 1～6mg/kg、50～300mg/kg、200～900mg/kg，在农业利用方面可以认为是比较安全的，但砷的含量相当于国外允许值的 2 倍，应予以重视。

（6）杂质　堆肥中的杂质包括玻璃、塑料、铁类以及其他金属类物质，杂质不但对土壤和植物有害，当其颗粒较大及数量较多时，还会对堆肥的质量有不良影响。它们的存在会妨碍堆肥的外观，降低堆肥的密度以及堆肥的有机组分和养分的含量，不利于耕作。堆肥中的杂质粒度的额定范围国内外不同，国外标准是最大直径超过11.2mm的颗粒最高允许含量为堆肥干物质的3%，玻璃杂质的最大直径超过6.3mm的不超过0.5%，我国对各种杂质的粒度规定为≤5mm。

8.1.7.2 堆肥的卫生安全性

堆肥的卫生安全性应从其重金属含量和致病性微生物的数量方面进行考察。20世纪80年代，我国曾先后颁布了《农用污泥中污染物控制标准》（GB 4284—1984）、《城镇垃圾农用控制标准》（GB 8172—1987）以及包括高温堆肥的卫生标准在内的《粪便无害化卫生标准》（GB 7959—1987）。这些标准对垃圾、污泥、粪便用于堆肥时的重金属含量以及卫生安全要求都有明确的规定，可以综合运用于考察堆肥的无害化质量。

8.1.7.3 堆肥的稳定性

堆肥的稳定性是指堆肥产品的稳定程度，也称为腐熟度。在工程上，它是衡量堆肥反应是否完成的信号；在农业上，它是堆肥质量的指标。

堆肥的腐熟度对堆肥的使用会产生很大的影响。未腐熟的堆肥施入土壤，会在土壤中保持较高的分解代谢速率，可在某种程度上引起氮源的缺乏，形成厌氧环境并产生氨和某些低分子量的有机酸，从而严重影响植物根系的生长。因此使用前，需要对堆肥的腐熟度进行评价。最常用的腐熟度评定方法包括直观经验法、淀粉测试法和耗氧速率法。

（1）直观经验法　成品堆肥显棕色或暗灰色，并具有霉臭的土壤气味，无明显的纤维。采用该法评定堆肥质量比较简便，但过于"粗糙"，且因人的感觉而异，缺乏统一尺度。

（2）淀粉测试法　该法的理论依据是在正常的发酵过程中，堆肥中的淀粉量随时间的增加而减少，一般当发酵到达第4~5周时，淀粉绝大部分分解，在最终成品堆肥中，淀粉应全部消失。测定方法是向堆肥样品加入高氯酸溶液，经搅拌、过滤，用碘液检验滤液：如果变黄、略有沉淀物，表明堆肥已经稳定；如果呈现蓝色，表明堆肥未腐熟。此法简便，适于现场检测用。但由于有些堆肥原料中淀粉含量一般不多，如生活垃圾中只有2%~6%，被检出的也仅是物料中可降解部分中的一部分，使用该方法不足以充分反映堆肥的腐熟程度。

（3）耗氧速率法　此法理论依据为通过堆肥过程中O_2的消耗速率来评定堆肥的发酵程度和腐熟情况。好氧微生物必须在有氧气的环境下，依靠对氧气的消耗来降解有机物。因此堆层中O_2的浓度和耗氧速率可以表征微生物活动的强弱和有机物的分解程度。堆肥原料中有机物含量不同，其耗氧速率也不同。有机物含量越高，耗氧速率上升越快，达到最大值的时间就越短。此外，由于氧气可转变成相同物质的量的CO_2，故也可用CO_2的生成速率来表征堆肥的耗氧速率。

用该法作为堆肥腐熟程度的评定依据，符合卫生学原理，具有良好的稳定性、专一性和可靠性，不受原料组分的影响，易于在工程上应用。

8.2 厌氧发酵制沼气

厌氧发酵也称甲烷发酵或沼气发酵，是指有机物在无氧条件下，经厌氧菌作用分解转化为甲烷（或称沼气）的过程。厌氧发酵是一种在自然界普遍存在的微生物过程，常发生的地方有：沼泽淤泥，海底、湖底的沉积物，污泥。

利用固体废物的厌氧发酵生产沼气的方法有两种：一种是将有机固体废物进行卫生填埋，通过自然过程发酵产生沼气，如城市垃圾的卫生填埋，有机物分解过程中产生的气体含甲烷 $45\%\sim60\%$，含二氧化碳 $35\%\sim50\%$，还有少量的碳氢化合物和少量硫化氢，可把这部分气体收集、净化以回收利用；另一种方法是农业废物发酵产沼气，这种方法简便易行，便于推广，因此在我国发展较快。如广州市郊区鹤岗村发展猪舍与沼气相结合的低压沼气池，农民利用收集的厨房垃圾作饲料喂生猪，猪粪尿注入沼气池制取沼气，沼气作燃料，滤液用来养鱼，沼气渣用作农田肥料，形成一个多功能典型生态农场。农业废物沼气化是处理农村垃圾、粪便、农业废物的有效途径。

8.2.1 厌氧发酵原理

厌氧发酵是一个复杂的生物化学过程。研究表明，厌氧发酵主要依靠四大主要类群的细菌，即水解发酵细菌群、产氢产乙酸细菌群、产甲烷细菌群和同型产乙酸细菌群的联合作用共同完成厌氧发酵制沼气的过程。因此厌氧发酵可分为三个阶段，即水解酸化阶段、产氢产乙酸阶段和产沼气阶段，如图 8-11 所示。

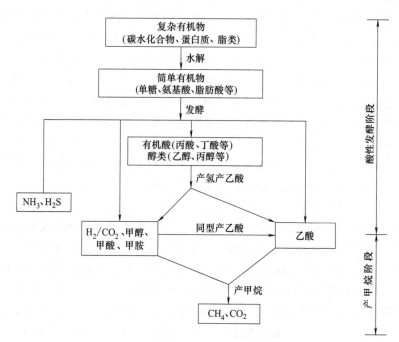

图 8-11　固体废物厌氧发酵制沼气过程

（1）水解酸化阶段（液化阶段）　该阶段，发酵微生物利用胞外酶对有机物进行体外酶解，使有机固体废物的复杂大分子、不溶性有机物（如蛋白质、纤维素、淀粉、脂肪等）水解为小分子、可溶于水的有机物（如氨基酸、脂肪酸、葡萄糖、甘油等），然后这些小分子有机物被发酵细菌摄入细胞内，经过一系列生化反应转化成不同的代谢产物，如有机酸（主要有甲酸、乙酸、丙酸、丁酸、戊酸、乳酸等）、醇（甲醇、乙醇、丁醇等）、醛、CO_2、H_2S、NH_3、H_2 等，最后排出体外。由于发酵细菌种群不一、代谢途径各异，故代谢产物也各不相同。

这些代谢产物中，只有 CO_2、H_2 及甲酸、甲醇、甲胺和乙酸等简单物质可直接被产甲烷细菌吸收利用，转化为甲烷。

（2）产氢产乙酸阶段（产酸阶段） 在产氢产乙酸细菌群作用下，水解酸化阶段所产生的各种不能为产甲烷细菌直接利用的代谢产物进一步分解转化为乙酸和 H_2 等简单物质。此阶段同型产乙酸细菌群同时还将一部分 CO_2、H_2 转化为产甲烷细菌群的另一种基质——乙酸。

（3）产沼气阶段 产甲烷细菌群利用无机物 CO_2、H_2 及有机物甲酸、甲醇、甲胺和乙酸产生甲烷。研究表明，厌氧发酵过程中 70% 的甲烷来自乙酸的分解，其余 30% 主要来自 CO_2 和 H_2 的合成。可能的反应过程如下：

$$CH_3COOH \longrightarrow CH_4 + CO_2 \tag{8-6}$$

$$4H_2 + CO_2 \longrightarrow CH_4 + 2H_2O \tag{8-7}$$

$$4HCOOH \longrightarrow CH_4 + 3CO_2 + 2H_2O \tag{8-8}$$

$$4CH_3OH \longrightarrow 3CH_4 + CO_2 + 2H_2O \tag{8-9}$$

$$4(CH_3)_3N + 6H_2O \longrightarrow 9CH_4 + 3CO_2 + 4NH_3 \tag{8-10}$$

$$4CO + 2H_2O \longrightarrow CH_4 + 3CO_2 \tag{8-11}$$

与好氧生物处理相比，厌氧生物处理的主要特征有以下几点。

① 能量需求少，并可产生能量。厌氧处理不需要氧气，并能产生含有 50%~70% 甲烷的沼气，含有较高热值，可作为可再生能源利用。

② 厌氧微生物可降解（或部分降解）好氧微生物不能降解的某些有机物。

③ 厌氧菌的生物量增长缓慢。厌氧发酵的最终产物之一甲烷含有很高能量，使得有机物厌氧降解过程所释放的能量较少，即可供给厌氧菌用于细胞合成的能量较少，导致厌氧菌尤其是产甲烷细菌的增殖速率比好氧微生物低很多。

④ 对温度、pH 等环境因素更为敏感。

⑤ 厌氧处理效果不如好氧处理。

⑥ 处理过程的反应较复杂，周期较长。

8.2.2 厌氧发酵原料

堆肥原料都可以作为厌氧发酵原料。

8.2.2.1 常见厌氧发酵原料的理论产气量

有机物厌氧分解的总反应可用下式表示：

$$C_aH_bO_cN_d + nH_2O \longrightarrow mC_5H_7O_2N + xCH_4 + yCO_2 + wNH_3 \tag{8-12}$$

该公式中 $C_aH_bO_cN_d$ 和 $C_5H_7O_2N$ 分别表示固体废物中有机降解物的经验化学式和微生物的化学组成。假如反应系统中停留时间无限长，转化为生物量的有机物大约为 4%，则转化为生物量的部分可忽略不计，式（8-12）变为：

$$C_aH_bO_cN_d + \frac{1}{4}(4a - b - 2c + 3d)H_2O \longrightarrow \frac{1}{8}(4a + b - 2c - 3d) \tag{8-13}$$

$$CH_4 + \frac{1}{8}(4a - b + 2c + 3d)CO_2 + dNH_3$$

如果已知有机废物的元素组成，通过式（8-13）就可计算产生气体的质量和体积。典型城市垃圾可降解部分的元素组成如表8-6所示。

表 8-6 典型城市垃圾中可降解部分的元素组成

组分	湿重/kg	干重/kg	元素组成/%					
			C	H	O	N	S	灰分
食物	11.4	4.6	4.7	4.7	4.4	13.0	10.0	4.0
纸	42.8	55.0	50.8	53.0	61.3	18.5	60.0	55.2
纸板	7.5	9.8	9.2	9.4	11.1	3.7	10.0	8.0
塑料	8.8	11.9	15.1	13.8	6.8	—	—	19.8
织物	0.6	0.9	1.4	1.4	—	1.9	—	1.4
橡胶	0.6	0.7	0.9	0.8	0.2	7.4	—	1.1
皮革	23.3	11.2	11.4	10.8	10.8	40.7	20.0	8.3
木材	2.5	2.8	2.9	2.8	3.0	—	—	0.6
其他	2.5	3.1	3.6	3.3	2.4	14.8	—	1.6
总计	100.0	100.0	100.0	100.0	100.0	100.0	100.0	100.0

由式 (8-13) 可知，1mol 有机碳可转化成 1mol 气体，在标准状况下，1mol 气体的体积为 22.4L，因此有机物中含有 1g 有机碳，则理论上可以产生 1.867L 气体（CH_4 + CO_2），即：

$$1gC(有机物)=1.867L 气体(CH_4+CO_2) \tag{8-14}$$

根据式 (8-13)，由有机废物的通式 $C_aH_bO_cN_d$ 可以估计气体的最大理论产量，即可以根据某已知化合物的分子式或者代表城市垃圾可降解部分的经验公式来加以估计。

根据有机物完全氧化所消耗的氧，城市垃圾降解产生的甲烷气体产量也可以通过 COD 表示。

氧化 1mol CH_4 需要 2mol O_2：

$$CH_4+2O_2 \longrightarrow CO_2+2H_2O \tag{8-15}$$

$$1mol\ CH_4 \longrightarrow 2mol\ COD \tag{8-16}$$

假设对 COD 有贡献的所有碳都转化为甲烷：

$$COD_{有机物}=COD_{甲烷} \tag{8-17}$$

甲烷产量为：

$$2mol\ COD_{有机物}=1mol\ CH_4 \tag{8-18}$$

以质量表示为：

$$1g\ COD_{有机物}=0.25g\ CH_4 \tag{8-19}$$

以气体体积表示为：

$$1g\ COD_{有机物}=0.35L\ CH_4 \tag{8-20}$$

该方法并不能估计出 CO_2 的产量，因而必须根据式 (8-13) 或者 CH_4 和 CO_2 的比例来估计二氧化碳的产量。

由于以下几个原因，在任何情况下，通过式 (8-13) 计算出的 CO_2 的量并不是在垃圾填埋场测得的产量：

① 渗滤液溶解 CO_2（相反，CH_4 在渗滤液中溶解度很小）。

② 与碳酸根离子或碳酸氢根离子平衡的二氧化碳（沉淀为碳酸盐）造成的消耗。

③ 在好氧发酵中二氧化碳的产生。

由于以上原因，垃圾填埋场 CH_4 的最大理论气体产量主要根据式 (8-14) 计算，一般假设 $\dfrac{CH_4}{CO_2}=0.55\sim0.6$。

此外，以上所有的计算只是考虑废物中的有机物量，并没有考虑它的降解效率。根据 Andreottola 和 Cossu 的计算，城市垃圾干重的 50% 为有机物，是可以被降解的。

8.2.2.2 原料的产气率和甲烷含量

沼气发酵原料的产气率是指单位质量的原料在发酵过程中产生的沼气量。我国通常用原料所含总固体（TS）的量作为原料单位，表示原料的产气量。表 8-7 列出了常用沼气发酵原料的产气率和甲烷含量。

表 8-7　常用沼气发酵原料的产气率和甲烷含量

原料名称	每吨干物质产生的沼气量/m³	甲烷含量/%	产气持续时间/d
牲畜厩肥	260~280	50~60	—
猪粪	561	65	60
牛粪	280	59	90
马粪	200~300	60	90
人粪	240	50	30
青草	630	70	60
亚麻梗	359	59	90
玉米秆	250	53	90
麦秸	342	59	—
松树叶	310	69	65
杂树叶	210~294	58	—
马铃薯梗叶	260~280	60	60
谷壳	651	62	90
向日葵梗	300	58	—
废物污泥	640	50	—
酒厂废水	300~600	58	—
碳水化合物	750	49	—
类脂化合物	1400	72	—
蛋白质	980	50	—

8.2.2.3　发酵原料的总固体百分含量和总固体质量

发酵原料的总固体（TS）百分含量和总固体质量可按下式计算：

$$M_{TS}=\frac{W_2}{W_1}\times100\% \tag{8-21}$$

$$W_{TS}=WM_{TS} \tag{8-22}$$

式中，M_{TS} 为发酵原料总固体百分含量；W_1 为发酵原料样品质量；W_2 为样品在 $(105\pm2)℃$ 条件下烘干恒重后的质量；W 为发酵原料质量；W_{TS} 为发酵原料所含总固体质量。

原料总固体包括挥发性固体和灰分。产生甲烷的有机物存在于挥发性固体中，所以用原料的挥发性固体的质量作为原料计量单位，即用单位质量挥发性固体所产生甲烷的量表示原料产气率更为准确。

挥发性固体的含量可用发酵原料总固体中挥发性固体的百分含量或者发酵原料中的挥发性固体含量表示。可分别用下式计算：

$$M_{VS}=\frac{W_2-W_3}{W_2}\times100\% \tag{8-23}$$

$$M'_{VS}=\frac{W_2-W_3}{W_1}\times100\% \tag{8-24}$$

$$W_{VS}=W_{TS}M_{VS} \tag{8-25}$$

或者

$$W_{VS}=WM'_{VS} \tag{8-26}$$

式中，W_3 为样品的总固体在 $(550\pm20)℃$ 灼烧至恒重后的质量（灰分）；M_{VS} 为发酵原料总固体中挥发性固体的百分含量；M'_{VS} 为发酵原料中挥发性固体物质的百分含量；

W_{VS} 为发酵原料所含挥发性固体的质量。

8.2.2.4 原料的碳氮比

如同好氧堆肥中的好氧微生物，厌氧微生物对原料中的碳氮质量比也有一定要求。表8-8列出了一些常用沼气发酵原料的碳氮比。

表 8-8 常用沼气发酵原料的碳氮比

原料	原料中碳素含量/%	原料中氮素含量/%	碳氮比(C：N)
干麦秸	46	0.53	87：1
干稻草	42	0.63	67：1
玉米秆	40	0.75	53：1
落叶	41	1.00	41：1
大豆茎	41	1.30	32：1
野草	14	0.54	26：1
花生茎	11	0.59	19：1
鲜羊粪	16	0.55	29：1
鲜牛粪	7.3	0.29	25：1
鲜马粪	10	0.42	24：1
鲜猪粪	7.8	0.60	13：1
鲜人粪	2.5	0.85	3：1
鲜人尿	0.4	0.93	0.43：1

由表8-8可知，不同原料的碳氮比差别很大。比值大的为贫氮原料，如作物的秸秆、叶、茎等；比值小的为富氮原料，如人畜粪便。厌氧发酵原料的适宜碳氮比为（20：1）~（30：1），碳氮比达到35：1时，产气量明显下降。

为提高发酵产气量，可将贫氮原料与富氮原料适当混合配成具有适宜碳氮比的混合原料。

① 混合原料碳氮比的计算。根据各种原料的碳氮比，由以下公式可以计算混合后原料的碳氮比，或者根据要求的碳氮比计算搭配原料的组合方式。

$$K=\frac{C_1X_1+C_2X_2+C_3X_3+\cdots+C_iX_i}{N_1X_1+N_2X_2+N_3X_3+\cdots+N_iX_i}=\frac{\sum CX}{\sum NX} \tag{8-27}$$

式中，K 为混合原料的碳氮比；C、N 分别为原料中碳、氮含量,%；X 为原料的质量，kg。

② 发酵料浆的配制计算。原料配制成料浆，可根据料浆要求的总固体百分含量计算加水量。

$$M_{TS}=\frac{\sum XM}{\sum X}\times100\% \tag{8-28}$$

式中，M_{TS} 为沼气发酵料浆中总固体百分含量；X 为各种原料（包括水）的质量；M 为各种原料中总固体的百分含量。

8.2.3 厌氧发酵影响因素

影响沼气发酵效率的因素有很多，其中最重要的有以下几种。

（1）厌氧环境 厌氧发酵是厌氧菌分解有机固体废物的过程，而厌氧菌的生存环境要求无氧条件，微量氧也会对各个阶段的厌氧菌产生不良反应，从而影响厌氧发酵的效率。因此必须创造良好的厌氧环境。

发酵池中除了厌氧菌外，还有很多好氧菌。在发酵初期，这些好氧菌会将原料物带入的空气很快吸收利用，因此只要发酵池不漏气，这种发酵池中的厌氧环境很快能实现。

（2）温度　温度是影响产气量的关键因素。在一定温度范围内，温度越高，产气量越高。这是因为温度高时，原料中的细菌活跃，分解速度快，使得产气量增加。一般地，池内发酵温度在10℃时，只要其他条件适宜，就可以开始发酵，产生沼气。由于细菌代谢速度在35~38℃有一个高峰，50~65℃有另一个高峰，因此，厌氧发酵一般常控制在这两个温度范围内，以获得尽可能高的降解速度，对应两种方法分别称为中温发酵和高温发酵，低于20℃的称为常温发酵。常温发酵能耗低、设备简单，但产气量不稳定，转化效率低，且不能达到杀菌的目的。高温发酵分解速度快，处理时间短，产气量高，且能有效杀死寄生虫卵，但是能耗高。中温发酵产气率虽然低于高温发酵，但是高于低温发酵。

（3）pH　细胞内的细胞质pH一般呈中性，同时细胞具有保持中性环境、进行自我调节的能力。一般的发酵菌的生长pH范围较广，在pH值5~10的范围内均可发酵。但是产甲烷菌要求的pH范围很窄，pH值为7.0左右，因此厌氧发酵制沼气的发酵过程都是维持在pH值6.8~7.5之间。

pH值低将使二氧化碳增加，大量水溶性有机酸和硫化氢产生，硫化物含量增加，进而抑制产甲烷菌生长。在甲烷发酵过程中，pH也有规律地变化。发酵初期大量产酸，pH下降；随后，由于氨化作用而产生氨，氨溶于水，中和有机酸使pH回升，这样可以使pH保持在一定的范围之内，维持环境酸碱性质稳定。在正常的发酵过程中，依靠原料本身可以维持发酵所需的pH，但如果突然增加进料，或者改变原料时会冲击负荷，使发酵系统酸化，发酵过程受到抑制。为了使发酵环境稳定维持在最佳pH范围，可用石灰乳进行调节。

（4）原料配比　不同的微生物所需的营养物质不同，达到最佳活性时所需底物组成各异。例如，产甲烷菌只能利用简单的有机酸和醇类等作为碳源，形成甲烷。绝大多数产甲烷菌可以利用二氧化碳为碳源，形成甲烷；氮源方面只能利用氨态氮，而不能利用蛋白质等复杂的有机氮化合物。有机物必须先经过不产甲烷微生物群的分解作用，才能进一步被产甲烷菌利用。因此配料时，应该控制适宜的碳氮比。为了满足最佳碳氮比需求，获得较高的产气量，需将贫氮有机物和富氮有机物进行合理配比。碳氮比如果过小，则细菌增殖量降低，氮不能被充分利用，过剩的氨变成游离NH_3，抑制了产甲烷菌的活动，发酵不容易进行；碳氮比过高，反应速率降低，其值为35:1时，产气量明显下降。

（5）有毒物质

① 重金属离子（Me^+）的抑制作用。重金属离子（Me^+）对甲烷发酵的抑制作用有两个方面。

a. 与酶结合产生变性物质，使酶的作用消失。如与酶中的巯基（SH）及氨基、羧基、含氮化合物结合时，使酶系统失去作用：

$$R—SH+Me^+ \Longrightarrow R—S—Me+H^+ \tag{8-29}$$

b. 重金属离子及氢氧化物的絮凝作用使酶沉淀。

② 阴离子的毒害作用。主要表现在S^{2-}的毒害作用，其来源有两种。

a. 由无机硫酸盐还原而来：

$$SO_4^{2-}+8H^++8e^- \longrightarrow S^{2-}+4H_2O \tag{8-30}$$

$$SO_3^{2-}+6H^++6e^- \longrightarrow S^{2-}+3H_2O \tag{8-31}$$

硫酸盐还原时作为氢受体释放出S^{2-}，因而在甲烷生成过程中竞争氢。硫酸盐浓度超过5000mg/L，即有抑制作用。

b. 由蛋白质分解释放出 S^{2-}。

硫也有有利的方面：低浓度的硫是细菌生长所需的元素，可促进发酵；硫直接与重金属配位形成硫化物沉淀。硫的毒害作用表现在：若重金属离子较少，则在发酵过程中有过多的 H_2S 释放进入沼气中，降低沼气的质量并腐蚀金属设备；降低甲烷产量。

③ 氨的毒害作用。氨的存在形式有游离氨（NH_3）和铵离子（NH_4^+），两者的平衡浓度取决于发酵环境的 pH：

$$NH_3 + H_2O \rightleftharpoons NH_4^+ + OH^- \tag{8-32}$$

$$K_1 = \frac{[NH_4^+][OH^-]}{[NH_3]} = 1.85 \times 10^{-5} \quad (35℃) \tag{8-33}$$

$$K_2 = [H^+][OH^-] = 2.09 \times 10^{-14} \quad (35℃) \tag{8-34}$$

由上可得：

$$[NH_3] = 1.13 \times 10^{-9} \frac{[NH_4^+]}{[H^+]} \tag{8-35}$$

有机酸积累，pH 降低，平衡向右移动，NH_3 水解为 NH_4^+，当 NH_4^+ 浓度超过 150mg/L 时，发酵受到抑制。

（6）搅拌 搅拌可以使发酵原料均匀分布，增加微生物与发酵基质的接触，也使发酵的产物及时分离，并保证有较高的池容产气率和防止局部酸积累等。立式沼气池、卧式沼气池搅拌与不搅拌的比较试验见表 8-9。搅拌方式有机械搅拌、充气搅拌和充液搅拌。

表 8-9 立式沼气池、卧式沼气池搅拌与不搅拌的比较试验

组别	平均日产气 /L	卧式搅拌组比其他各组提高/%	池容产气率 /[m³/(m³·d)]	气体成分/%	
				CH_4	CO_2
卧式搅拌	112	—	0.70	59.0	31.5
卧式不搅拌	104.5	7.18	0.66	59.8	32.3
立式搅拌	100.5	11.44	0.63	60.8	27.2
立式不搅拌	77	45.45	0.46	62.7	28.5

二维码8-2
微课：厌氧发酵设备

8.2.4 沼气发酵设备

沼气发酵设备主要经历了两个发展阶段，第一阶段的发酵设备称为传统发酵设备，第二阶段的发酵设备称为现代高效工业化发酵设备系统，后者是在前者的基础上发展起来的，是能够工业化、系统化、高效化地大量处理城市垃圾等固体废物的现代沼气发酵处理系统。

传统发酵设备内一般没有搅拌设备，发酵原料投入发酵设备后与厌氧活性污泥等不能很好地充分接触，因而影响发酵效率。传统发酵设备内分层现象十分严重，液面上有很厚的浮渣层，久而久之，会形成板结层，妨碍气体的顺利逸出；池底堆积的老化污泥不能及时排出，占据有效容积；中间的上清液含有很高浓度的溶解态有机污染物，但因难以与底层的厌氧活性污泥接触，处理效果很差。除此之外，传统发酵设备没有人工加热设施，也会导致发酵效率低。

（1）传统发酵系统 传统发酵系统主要用于间歇性、低容量、小型的农业或半工业化人工制取沼气过程中，一般称为沼气发酵池、沼气发生器或厌氧发酵器。其中发酵罐是整套发酵装置的核心部分，其他附属设备还有气压表、导气管、出料机、预处理装置（用于粉碎、升温等预处理）、搅拌器、加热管等，主要是进行原料的处理和产气的控制、监测，以提高沼气的质量。

传统的发酵罐工作原理如图 8-12 所示，是借助发酵罐内的厌氧活性污泥来净化有机污染物，产生沼气，其建造材料通常有炉渣、碎石、卵石、石灰、砖、水泥、混凝土、三合土、钢板、镀锌管件等。根据发酵间的结构形式分类，有圆形池、长方形池、坛形池和扁球池等多种；按照贮气方式分类，有气袋式、水压式和浮罩式；按埋没方式分类，有地下式、半埋式和地上式。

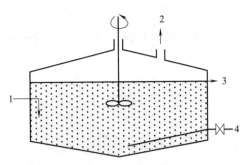

图 8-12　传统的发酵罐工作原理图
1—污水或污泥；2—沼气；3—出水；4—排泥

① 立式圆形水压式沼气池。立式圆形水压式沼气池是我国农村使用比较广泛的沼气池，埋没方式多采用地下埋没式，多为水压式贮气。其发酵间为立式圆柱形，两侧带有进出料口，容积有 $6m^3$、$8m^3$、$10m^3$、$12m^3$ 几种规格；池顶有活动盖板，便于检修以防中毒。池盖和池底是具有一定曲率半径的壳体，主要结构包括加料管、发酵间、出料管、水压间、导气管几个部分。

圆形结构的沼气池受力性能好，比相同容积的长方形池表面积小 20％左右，池内无死角，容易密闭，有利于产甲烷菌的活动，以发挥产气作用。

水压式贮气池的优点是：结构比较简单，造价低，施工方便。缺点是：气压不稳定，对产气不利；池温低，不能保持升温，严重影响产气量；原料利用率低（仅 10％～20％）；换料和密封都不方便；产气率低 [平均 $0.1～0.15m^3/(m^3 \cdot d)$]；对防渗措施的要求较高，给反应器的设计增加了难度。

立式圆形水压式沼气池的结构和工作原理见图 8-13。

图 8-13（a）是沼气池启动前的状态，池内初加新料，处于尚未产生沼气阶段。此时，发酵间的液面为 O—O 水平，发酵间内尚存的空间（V_0）为死气箱容积。

图 8-13（b）是启动后的状态，此时发酵间内发酵产气，发酵间的气压随产气量增加而增大，水压间液面高于发酵间液面。当发酵间内贮气量达到最大量（$V_{贮}$）时，发酵间的液面下降到可下降的最低位置 A—A 水平，水压间的液面上升到可上升的最高位置 B—B 水平，这时称为极限工作状态。极限工作状态时，两液面的高度差最大，称为极限沼气压强，其值可用下式表示：

$$\Delta H = H_1 + H_2 \tag{8-36}$$

式中，H_1 为发酵间液面最大下降值；H_2 为水压间液面最大上升值；ΔH 为水压间与发酵间之间最大液面差。

图 8-13（c）表示使用沼气时，发酵间压力减小，水压间液体被压回发酵间。

在不断产气和不断用气的过程中，发酵间和水压间液面总是在初始状态和极限状态之间不断上升或下降。

② 立式圆形浮罩式沼气池。图 8-14 是浮罩式沼气池示意图。这种沼气池也多采用地下埋设方式，它把发酵间和贮气间分开，因而具有压力低、发酵好、产气多等优点。产生的沼气由浮沉式的气罩贮存起来。气罩可直接安装在沼气发酵池顶，如图 8-14（a）所示；也可安装在沼气发酵池侧，如图 8-14（b）所示。浮沉式气罩由水封池和气罩两部分组成。当由于沼气的产生，内部压力大于气罩重量时，气罩便沿水池内壁的导向轨道上升，直至平衡为止。使用气体后，罩内气压下降，气罩也随之下沉。

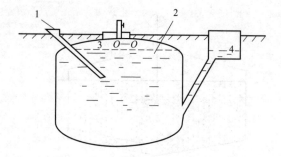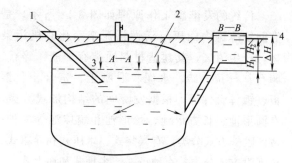

(a) 沼气池启动前状态

1—加料管；2—发酵间（贮气部分）；

3—池内液面O—O；4—出料间液面

(b) 沼气池启动后状态

1—加料管；2—发酵间（贮气部分）；

3—池内料液液面A—A；4—出料间液面B—B

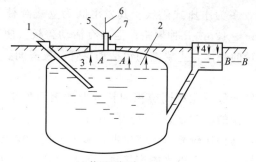

(c) 使用沼气时

1—加料管；2—发酵间（贮气部分）；3—池内料液液面A—A；4—出料间液面B—B；

5—导气管；6—沼气输气管；7—控制阀

图 8-13　立式圆形水压式沼气池的结构和工作原理示意图

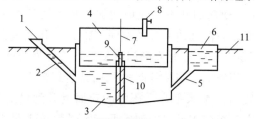

(a) 顶浮罩式

1—进料口；2—进料管；3—发酵间；4—浮罩；5—出料连通管；6—出料间；

7—导向轨；8—导气管；9—导向槽；10—隔墙；11—地面

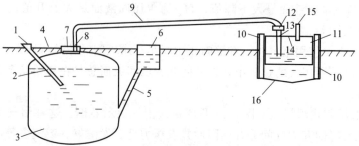

(b) 侧浮罩式

1—进料口；2—进料管；3—发酵间；4—地面；5—出料连通管；6—出料间；

7—活动盖；8—导气管；9—输气管；10—导向柱；11—卡具；12—开关；

13—进气管；14—浮罩；15—排气管；16—水池

图 8-14　浮罩式沼气池示意图

顶浮罩式沼气贮气池造价比较低，但气压不够稳定；侧浮罩式沼气贮气池气压稳定，比较适合沼气发酵工艺的要求，但对材料要求比较高，造价昂贵。

③ 上流式污泥床反应器。早在 20 世纪 60 年代，美国斯坦福大学就有学者提出了厌氧过滤器的装置，内部装有可固定菌种的卵石之类的填料，为新型装置的研究开辟了道路。但是，这种填料极易引起堵塞，影响装置的实际运行。随后软性填料、半软性填料相继问世，为此项研究作出了一定贡献。到了 70 年代，荷兰瓦赫宁恩大学的教授对装置的设施进行了改革，在其上部装上气、液、固三相分离器，能有效地起到气液分离和截留活性污泥的作用，保证装置的高效运行，一直到目前，上流式污泥床反应器技术在国内被普遍应用。

此外，还有一种装置是上流式全混合型装置，该装置内有布水、防堵、防爆、恒压等设备，运行稳定，适于畜禽类及固形物含量高的有机废水处理。

(2) 现代大型工业化沼气发酵设备　传统的小型沼气发酵系统由于结构简单、造价低、施工方便、管理技术要求不高等优点得到普及，但是其发酵罐体积小，不能消纳大量有机废物；产生的沼气量小、质量低、利用效率不高、利用途径单一；发酵过程一般在自然条件下进行，发酵周期较长。因此，为了满足城市污水处理厂污泥以及城市垃圾的处理与处置要求，提高沼气的产量和质量，扩大沼气利用途径，提高利用效率，缩短发酵周期，实现沼气发酵的系统化、自动化管理，近年来国内外逐渐开发现代大型工业化沼气发酵技术。

要获得比较完善的厌氧反应过程，必须具备以下条件：要有一个完全密闭的反应空间，使之处于完全厌氧状态；反应器反应空间的大小要保证反应物质有足够的反应停留时间；要有可自动控制的有机废物、营养物添加系统；要具备一定的反应温度；反应器中反应所需的物理条件要均衡稳定。一般需要在反应器中增加循环设备，使反应物处于不断的循环状态。这种充分足够的循环条件是非常必要的，只有这样才能保证稳定的物料运输和热量交换过程。这两个因素直接关系到有机废物的稳定程度和稳定时间，以及整个污泥体系内热量的均匀分布，同时，循环过程还有助于防止污泥在底部沉积和表面浮渣层的形成。

如今，配备有完全循环装置的发酵罐是一个比较完美的设计，得到了普遍认同。这种设计具有发酵时间短、厌氧微生物与有机废物接触充分、反应温度均衡、发酵空间利用率高等优点。

在整个沼气发酵系统中，发酵罐是核心部分。发酵罐的大小、结构类型直接影响到整个发酵系统的应用范围、工业化程度、沼气的产量和质量、回收能源的利用途径以及堆肥产品的市场前景等。所以在设计发酵罐时，要充分考虑到上述几个关键因素，选择合适的发酵罐类型和安装技术，要有助于发酵罐内反应污泥的完全混合，防止底部污泥的沉积，防止或减少表面浮渣层的形成，有利于沼气的产生。另外，在整个反应系统内，能量的分布状况随着发酵罐类型的不同而不同，好的发酵罐有助于降低能耗、节约能源以及控制能量在整个发酵罐内的合理分配。如图 8-15 所示是目前最常用的几种类型的发酵罐。

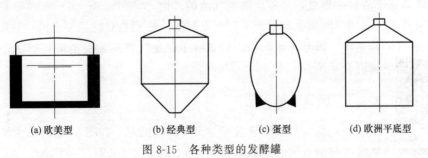

(a) 欧美型　　　　　(b) 经典型　　　　(c) 蛋型　　　　(d) 欧洲平底型

图 8-15　各种类型的发酵罐

① 欧美型。这种结构的发酵罐，其直径与高度的比一般大于1，顶部具有浮罩，顶部和底部都有一小的坡度，由四周向中心凹陷形成一个小锥体。在运行过程中，发酵罐底部污泥沉积以及表面形成浮渣层的问题可以通过向罐中加气形成强烈的循环对流来消除。

② 经典型。经典型发酵罐在结构上主要分三个部分，中间是一个直径与高度比为1的圆桶，上下两头分别有一个圆锥体。底部锥体的倾斜度为 1.0～1.7，顶部为 0.6～1.0。该结构有助于发酵污泥处于均匀的、完全循环的状态。

③ 蛋型。蛋型发酵罐是在经典型发酵罐的基础上加以改进而形成的。混凝土技术的进步使得这种类型的发酵罐得以建造并迅速发展起来。蛋型发酵罐具有两个特点：一是发酵罐两端的锥体与中部罐体结合时，不像经典型发酵罐那样形成一个角度，而是光滑的、逐步过渡的，这样有利于发酵污泥完全、彻底的循环，不会形成循环死角；二是底部锥体比较陡峭，反应污泥与罐壁接触面积比较小。这二者为发酵罐内污泥形成循环及达到均一反应提供了最佳条件。

有研究者认为，蛋型发酵罐是最佳构型的发酵罐，这种发酵罐在操作运行和设计施工上都有一定的优势。由于这种结构能够分散应力，因此罐体不需要太厚，这样就会降低材料费用。蛋型发酵罐在工艺上的这种优势即使在相对小型的发酵罐上也是比较经济合理的选择。另外蛋型发酵罐与经典型比较，还具有占地面积小、日常管理费用低等明显优势。目前德国所有大型或中型的发酵罐都采用蛋型发酵罐。

④ 欧洲平底型。欧洲平底型发酵罐介于欧美型与经典型之间。同经典型相比，它的施工费用较低；同欧美型相比，它的直径与高度的比值更为合理。但是这种结构的发酵罐在其内部安装的污泥循环设备种类方面，选择的余地较小。

沼气发酵罐的污泥循环系统主要有以下三个基本结构单元。

① 发酵罐外部的动力泵。利用外部的动力泵实现反应污泥的循环，这一过程比较简单，主要用于最大容积为 4000m³ 左右的发酵罐，对于更大容积的发酵罐要用 2 台泵来完成。这种机械式动力循环方式非常适用于经典型与欧洲平底型发酵罐。另外，为防止在发酵罐底部形成沉积，需安装刮泥器。

② 混合搅拌装置。螺旋桨机械搅拌混合器作为一种循环装置，主要由升液管、加速器、混合器、循环折流板和驱动泵几部分组成。垂直安装在发酵罐中间的升液管上，四周用钢缆或钢筋固定在发酵罐的罐壁上。螺旋转轮式的循环混合器既起到混合污泥的作用，又有利于形成污泥循环。循环折流板的作用有两个：一是当污泥通过升液管由下而上流动时，可以将污泥更好地均匀分布在表面浮渣层上；二是当污泥由上向下流动时，可以将已破碎浮动的污泥导入升液管中。

③ 加气循环设备。一直以来，加气循环被认为是一种古老但很有效的方法。气体经空气压缩泵压缩后进入发酵罐底部并形成气泡，气泡在上升过程中带动污泥向上运动形成循环，从而达到预期的混合目的。在厌氧污泥发酵系统中所通入的气体主要是发酵气——沼气，既可以防止浮渣层的形成，又不会影响气泡的产生。

加气循环系统适用于欧美型和欧洲平底型发酵罐，特别是对欧美型来说，只能用加气循环系统。但是在相同的运行条件下，加气循环系统的能耗要高于螺旋桨机械混合系统。

二维码8-3　微课：
厌氧发酵工艺

8.2.5　厌氧发酵工艺

（1）城市垃圾厌氧发酵与沼气回收流程　如图 8-16 所示为城市垃圾厌氧发酵与沼气回收基本流程。

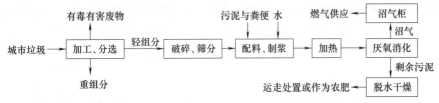

图 8-16　城市垃圾厌氧发酵与沼气回收基本流程

　　厌氧发酵只适用于垃圾经过加工、分选预处理后的大部分可生物降解的有机组分，预处理过程也去除了有毒有害废物。但是此时颗粒仍较大，不能满足发酵处理的技术要求，还需进一步经过破碎与筛分，以减小颗粒粒度，实现质地均匀后再进行厌氧发酵。

　　城市浆料垃圾厌氧发酵处理设备与操作基本工艺参数：设备内水力停留时间为 3～4d，多数采用机械搅拌，也可以采用沼气回流搅拌方式；采用合适的搅拌度和搅拌频率，以保证槽内浆料混合均匀、防止表面结壳为准；为防止破坏厌氧菌活性，浆液最大运动线速度应小于 0.5m/s；一般在高温下即 55～60℃条件下进行操作；新鲜浆液必须预加热到操作温度再输入发酵反应器内；设备有机负荷率应为 0.6～1.6kg/(m³·d)。垃圾中有机成分部分被厌氧菌分解成沼气或部分被转化为低分子有机物质，不可生物降解的有机物质基本上不被分解。

　　我国城市垃圾中可生物降解物质的含量相对较少，不具备厌氧发酵的处理优势。但在农村，利用农业秸秆与禽畜粪便建立家庭用小型沼气池，生产沼气供家庭生活用气，已得到广泛发展，并积累了一定的经验。

　　(2) 禽畜粪便的生物处理流程　禽畜粪便含有大量有机质及丰富的氮、磷、钾等营养物质，一直被作为农作物宝贵的有机肥而利用。如今，由于大规模化、集约化养殖业产出的粪便量大，采用传统方法还田往往难以消纳，必须借助于高新技术及装备，高效率地把禽畜粪便转化成有用的资源。如通过干湿分开、固液分离得到的干粪，可应用高效菌种发酵转变成饲料或肥料。高浓度粪水可采用厌氧处理技术产生沼气、回收利用能源；也可应用光合细菌(PSB)等高效菌种进行稳定化、无害化处理，转化为液体肥料及回用于棚舍冲洗等。把禽畜粪便视作一项可开发利用的资源加以综合利用并实行产业化，就集约化的禽畜养殖场来说，应该更有利、更有优势。

　　禽畜粪便生物综合治理工艺流程如图 8-17 所示。该生物处理无论是技术、工艺还是设

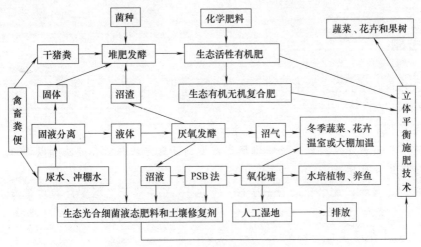

图 8-17　禽畜粪便生物综合治理工艺流程

备都已相当成熟。我国有一些农场和乡村，就是以禽畜饲养、粪便产沼、沼液沼渣制肥这一整套工程为龙头，带动了生态农业的建设，用洁净的生物能代替了烧煤、烧柴，以有机肥代替了农肥，使环境改善、土壤改良、农牧业得到更好发展。

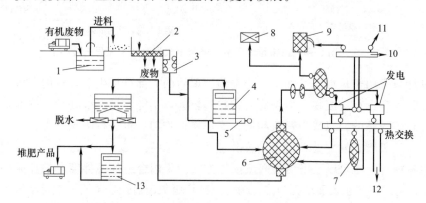

图 8-18 典型的现代大型工业化沼气发酵工艺流程

1—料槽；2—分选机；3—破碎机；4—临时贮存仓；5—换热器；6—发酵仓；7—发酵热贮存罐；
8—天然气供应站；9—加气站；10—主变电站；11—电网；12—区域供热系统；13—堆肥精制车间

（3）现代大型工业化沼气发酵工艺流程 该工艺流程如图 8-18 所示。有机废物通过分选、破碎等预处理工序，预热后被送入发酵罐发酵。发酵罐底部设有加热系统，可以提高温度，缩短发酵时间，提高发酵效率。产生的沼气经处理后贮存在沼气贮存罐中。一部分沼气可进入加气站作为汽车燃料或进入天然气供应网，一部分沼气可用于发电。产生的电能除了满足自身系统运行所需电力外，还可并入电网或用于区域供热系统。另外，发酵产物——稳定的发酵污泥，经脱水后在堆肥精制车间制成堆肥产品，作为肥料用于农作物的生长。

现代大型工业化沼气发酵工艺能够更好地利用沼气和堆肥产品，对周围的环境不造成破坏性污染，具有良好的环境效益、经济效益和社会效益，是真正的生态工业沼气发酵生产系统。它的主要特点有：①能处理大量有机物，适于城市垃圾和污水处理厂污泥的处理和处置；②发酵周期比较短；③产生的沼气量大，质量高，用途广泛；④发酵污泥可制堆肥，产品肥效高，市场潜力大；⑤整个系统在运行过程中不会产生二次污染，不会对周围的环境造成危害；⑥整个系统的运行完全是自动化管理。

思考题

1. 概念解释：堆肥化，好氧堆肥，堆肥，高温快速堆肥，一次发酵，二次发酵，腐熟度，厌氧发酵工艺。

2. 简述堆肥原理和堆肥工艺分类。

3. 略述堆肥质量评定内容，说明堆肥腐熟度的评定方法并对各方法加以评价。

4. 简述厌氧发酵原理。

5. 有 800kg 猪粪，从中称取 10g 样品：①在 105℃下烘干至恒重后的质量为 1.80g，求其总固体百分含量和总固体量；②如将 10g 样品的总固体在（550±20）℃下灼烧至恒重后的质量为 0.32g，求猪粪原料中挥发性固体的百分含量。

第 **9** 章

固体废物的处置方法

目前，固体废物的处置方法一般可分为海洋处置和陆地处置两大类。海洋处置是利用海洋的巨大稀释能力，在海洋上选择适宜的区域作为固体废物的处置场所进行处理，包括深海抛弃和海上焚烧两种。陆地处置分为土地填埋、土地耕作、深井灌注和深地层处置等。

土地填埋具有成本低、工艺简单和适于处置各种类型固体废物等优点，成为固体废物处置的主要方法之一。土地填埋主要有卫生填埋和安全填埋两种类型，前者主要用于生活垃圾等一般固体废物的填埋，后者则针对危险固体废物。

9.1 卫生土地填埋

9.1.1 卫生填埋概述

20世纪60年代，卫生填埋首先在工业发达的国家兴起并得到广泛推广。卫生填埋由于具有工艺简单、操作方便、建设和运行费用较低等优点，几十年来一直是固体废物处置的主流方法之一。

所谓卫生填埋，就是利用工程技术的手段，将一般固体废物如居民生活垃圾、商业垃圾等在密封型屏障隔离的条件下进行土地填埋，使其对人体健康和生态环境安全不会产生明显的危害。卫生填埋场主要由填埋区、污水处理区和生活管理区构成。填埋区主要由作业区、雨水沟、监测井、垃圾坝、分期坝和分区坝等组成；污水处理区主要由污水调节池、处理站和中水池等组成；生活管理区主要由办公室、服务区、配电室、传达室和计量室等组成。典型的城市生活垃圾卫生填埋场如图9-1所示。

根据固体废物在封闭场所中的降解机理，即微生物发酵方式，可将卫生填埋分为好氧填埋、准好氧填埋和厌氧填埋三种类型。

好氧填埋是在填埋场中的垃圾堆体内布置通风管网，利用通风机向堆体中通入空气，在充足的空气供给下，垃圾发生好氧分解，有机物的降解速度加快，堆体温度上升，产生的高温（可达60℃）有利于消灭大肠杆菌等致病菌。随后，垃圾很快稳定化，垃圾体积迅速减小，而且产生的渗滤液也比较少。因此，好氧填埋场无须布置复杂的渗滤液收集管网系统。

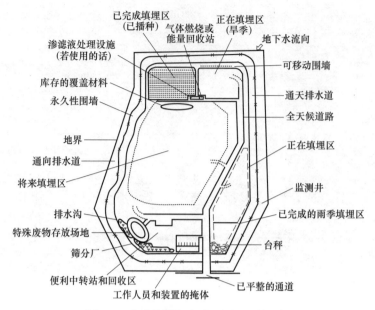

图 9-1 典型的城市生活垃圾卫生填埋场

与传统的厌氧填埋方式相比，好氧填埋可将厌氧消化过程所需要的数年历程缩短到数月甚至几十天以内。然而，好氧填埋场库区结构设计较为复杂，施工要求高，建设运行费用高，使其应用具有很大的局限性，在大中型填埋场中的推广和应用较少。

厌氧填埋是一种在厌氧状态下利用微生物使垃圾中的有机物快速转化为甲烷和氨的厌氧消化技术。其本质是将垃圾完全与外界环境相隔绝，垃圾堆体内达到厌氧状态后各种废物发生发酵分解，有机物经由有机酸和乙醇变成沼气、氨气及二氧化碳等。与好氧填埋相比较，微生物的生长及活性被抑制，填埋场地的稳定化比较慢。厌氧填埋场库区结构设计简单，填埋成本低，操作方便，可回收甲烷气体，资源化效果好，而且基本不受外界气候条件、垃圾成分和填埋高度的限制。因此，厌氧填埋成为目前世界上应用广泛的固体废物填埋方式。

准好氧填埋介于好氧和厌氧之间，它利用填埋场的集水管道与大气相通，空气以自然通风的方式进入垃圾中。在填埋体中，与空气接触的垃圾进行好氧分解，接触不到空气的垃圾则进行厌氧反应。准好氧填埋中好氧与厌氧反应同时存在，其中好氧区域实现了有机物的好氧分解，厌氧区域实现了重金属的截留。与好氧填埋相比，它的建设和运行成本均比较低。因此，准好氧填埋在实际应用中得到了一定的发展。

厌氧填埋通常采用改良型厌氧卫生填埋，好氧填埋通常采用准好氧型卫生填埋。两种填埋库区构造设计除了在有无通风管网上有区别外，其渗滤液收集、排出系统也截然不同。前者要求密封，即在渗滤液集、排水系统出水口有水封，禁止空气进入，同时不必考虑排水管道的空气流动空间；后者则相反，不能封住出水口，要保证空气自由进入，同时要保证管道上部的空气流动空间。

9.1.2 填埋场选址

填埋场的选址应采用合理的技术经济方案，达到经济效益、环境效益和社会效益三者的统一，不可为突出某个效益而损害其他效益。科学合理的场址选择，可以避免对环境的二次污染，降低处置成本，有利于填埋场的高效、安全管理。填埋场场址的选择是垃圾卫生填埋处置过程中最重要、最关键的第一步，决定着后续复杂的系统工程的设计、建设、运营管理等。填埋场选址的影响因素很多，主要从工程学、环境学、经济学以及社会和法律等方面考虑，具体包括当地经济、交通、地理、气候、环境地质、地表水文条件、工程地质及水文地质条件等因素。这几个因素是相互影响、相互联系和相互制约的。

在选址过程中，应满足以下基本原则。

(1) 场址应服从城市的总体规划及其他相关规划　卫生填埋场作为城市环卫基础设施的一个重要组成部分，它的功能是对城市生活垃圾进行控制和处置，目的是维持城市环境卫生及生态平衡，保障人民的身体健康和经济的正常发展。因此，卫生填埋场的建设规模应与城市建设规模和经济发展水平相一致，其场址的选择应服从当地城市总体规划，符合当地城市环境卫生专业规划要求。

(2) 场址应符合社会和法律的要求　填埋场场址的选择必须符合相应的法律和法规。如大气污染防治法规、水土资源保护法规、自然资源保护及生态平衡法规等。同时场址要征得周围居民的同意，确保建设和运行的规范化，无不良社会影响。

(3) 场址应满足城市远期规划的填埋库容规模要求　卫生填埋场的建设库容量必须满足一定的服务年限。一般要求使用年限不少于 10 年，特殊情况下不少于 8 年。填埋场使用年限必须在选址和设计时就确定，以利于满足废物综合处理等长远规划的需要。当单位库区面积填埋容量大时，单位库容量投资小、投资效益好，因此最好选择填埋库容量大的场址。

填埋库容指填埋库区填入的生活垃圾和功能性辅助材料所占用的体积，即封场堆体表层曲面与平整场底层曲面之间的体积。有效库容指填埋库区填入的生活垃圾所占用的体积。在选址环节也应考虑是否能充分利用天然地形来扩大填埋容量。填埋城市生活垃圾应在规范的技术指导下进行，填埋计划和填埋进度图也是填埋场建设的重要文件。填埋场使用年限是填埋场从填入垃圾开始至封场的时间。填埋场的处理规模与分类见表 9-1。

表 9-1　填埋场处理规模与分类

类型	Ⅰ型	Ⅱ型	Ⅲ型	Ⅳ型
日平均填埋量/(t/d)	>1200	500~1200	200~500	<200

填埋场填埋量应根据城市环境卫生专业规划和该工程服务范围的生活垃圾现状产生量及预测产生量和使用年限确定。

卫生填埋场中生活垃圾等固体废物的填埋库容量可按式（9-1）进行规划。

$$V_t = 365 \times \frac{mPt}{\rho} + V_s \tag{9-1}$$

式中，V_t 为填埋库容量，m^3；m 为垃圾单位产生量，一般按 $0.8 \sim 1.2 kg/(人·d)$ 计；P 为填埋场服务区域内的预测人口，人；t 为填埋年限，a；ρ 为废物最终压实密度，kg/m^3；V_s 为覆土量，m^3。

(4) 地形、地貌及土壤条件　填埋场选址的地形、地貌及坡度等应有利于填埋场的建设施工和建筑设施的布置，最好不要选在地形坡度起伏较大的地方或低洼汇水处。原则上地形的自然坡度不应大于 5%，场地内可利用的地形范围应满足使用年限内可预测的固体废物的产生量，应有足够的可填埋作业的容积，并留有余地。尽量利用现有的自然地形空间，将场地施工土方量减少至最小。填埋场的底层土壤要求有较好的抗渗能力，防止渗滤液污染地下水。固体废物填埋完要用黏土覆盖，填埋区最好有覆土材料，减少从外地运土的费用。

(5) 气象条件　场址宜位于具有较好的大气混合扩散作用的下风向，以及白天人口不密集的地区。场址应该避开高寒区，选择蒸发量大于降水量的地区；不应位于龙卷风和台风经过的地区，宜设在暴风雨发生率较低的地区。寒冷、潮湿、冰冻等气候条件将影响填埋场的作业，要根据具体情况采取相应的措施。

（6）对地表水域的保护　所选场地防洪标准应按不小于 50 年一遇的洪水水位设计，按 100 年一遇的洪水水位校核。场址要避开湿地、湖、溪、泉，同时远离供水水源；场地的自然条件应有利于地表水排泄，避开滨海带和洪积平原。填埋场不应设在下列地区：地下水集中供水水源地及补给区，水源保护区、洪泛区和泄洪区；填埋库区与敞开式渗滤液处理区边界距居民居住区或人畜供水点的卫生防护距离在 500m 以内的地区；填埋库区与渗滤液处理区边界距河流和湖泊 50m 以内或距民用机场 3km 以内的地区；尚未开采的地下蕴矿区，珍贵动植物保护区和国家、地方自然保护区以及公园、风景游览区，文物古迹区，考古学、历史学及生物学研究考察区，军事要地、军工基地和国家保密地区。最佳的场址是在封闭的流域内，这样对地下水资源造成危害的风险最小。

（7）对居民区的影响　填埋场场址尽量选择在人口密度小、对社会不产生明显不良影响的地区，至少应位于居民区 500m 以外或更远。场址最好位于居民区的下风向，使运输或作业期间废物飘尘及臭气不影响当地居民，同时应考虑作业期间的噪声是否符合居民区的噪声标准。

（8）对场地地质条件的要求　场址应选在渗透性较弱的松散岩石或坚硬岩层的基础上，天然地层的渗透系数最好低于 10^{-8}m/s，并具有一定厚度。场地基础的岩性最好为黏质土、砂质黏土以及页岩、黏土岩或致密的火成岩，场地基础岩性应对有害物质的迁移、扩散具有一定的阻滞能力。同时要求基岩完整，抗溶蚀能力强，而且覆盖层越厚越好。场地应避开断层活动带、构造破坏带、褶皱变化带、地震活动带、石灰岩溶洞发育带、废弃矿区或坍塌区、含矿带或矿产分布区以及地表为强透水层的河谷区或其他沟谷分布区。

（9）场址工程地质条件的要求　填埋场的场址应位于滑坡、倒石堆等不利的自然地质现象的影响范围之外，不应选择建在砾石、石灰岩溶洞发育地区。场址应选在对工程地质性质有利的最密实或坚硬的岩层之上，填埋库区地基应进行承载力计算及最大堆高验算。工程地质力学性质应保证场地基础的稳定性，以使沉降量最小，并能够满足填埋场边坡稳定性的要求。

（10）场址选择应考虑交通条件　填埋场的场址周围要求交通方便，运输距离尽量小，具有能在各种气候条件下运输的全天候公路，宽度合适，承载力适宜，尽量避免交通堵塞。对于一个城市建设的唯一卫生填埋场，其与城市生活垃圾产生源中心的距离最好不超过 15km，否则，需要增设大型垃圾压缩中转站以提高单位车辆的运输效率，或者建设几个分散填埋场。

根据有关资料，垃圾填埋处理费用中 60%～90% 为垃圾清运费，尽量缩短清运距离可明显降低垃圾处理费。因此，场址选择应综合评价场址征地费用和垃圾运输费用，选择费用最低者为优选场址。

（11）填埋场封场后的开发利用　填埋场被填满后，有相当面积的土地可以作为他用。由于我国土地资源缺乏，因此在选址时要充分考虑封场后的土地用途，以安全合理的方式开发，比如可作为林场、草地和公园等，以便获得更多的社会、经济和环境效益。

由此可知，填埋场选址必须做好基础资料的收集，具体内容在《生活垃圾卫生填埋处理技术规范》（GB 50869—2013）中有详细规定。

9.1.3　卫生填埋工艺

二维码9-2　微课：
卫生填埋工艺

卫生填埋场每天运来的垃圾，进行检查和计量后进入填埋场内。在分区、分单元的前提下，进行分层填埋。垃圾按指定的单元作业点卸下，卸车后用推土机推铺，再用压实机压实。分层压实到一定高度后，在上面覆盖黏土和高密度聚乙烯（HDPE）或线型低密度聚乙烯（LLDPE）膜材料，并重复上述的卸料、分层摊铺、压实和覆盖的过程。每日控制填埋作业面面积，实现每日一层或几层完整的作业单元并尽量做到当日覆盖，这样可防止蚊蝇滋生，抑制垃圾轻质成分飞散（尤其在有风的天气），保持填埋场的整洁以及抑制臭味散发。此外，宜从作业单元的边坡底部到顶部完成摊铺、压实，最后进行土层的日覆盖、中间覆盖或封场覆盖。垃圾的压实密度应大于 $600kg/m^3$，每层生活垃圾高度为 2～4m，单元作业宽度不宜小于 6m，每层覆盖自然土或黏土厚度为 20～25cm，单元的边坡比不宜大于 1∶3，HDPE 膜或者 LLDPE 膜厚度宜为 0.50mm。通常四层厚度组成一个大单元，上面覆盖土厚度宜大于 30cm，膜厚度不宜小于 0.75mm。随着填埋作业高度的增加，可利用的填埋作业有效面积也在增加，这可为气体利用提供方便，已经经过临时封场的填埋单元，可以通过导气石笼中间的垂直气井将导气管和周围的移动式集气站连接起来，这样就可以对气体进行再利用。

填埋时一般从右到左推进，然后从前向后推进。左、中、右之间的连线呈圆弧形，使覆盖表面排水畅通地流向两侧，进入排水沟或边沟等，以防止雨水渗入填埋场垃圾内。单元厚度达到设计尺寸后，可进行临时封场，在其上面覆盖 45～50cm 厚的黏土，并均匀压实，然后覆盖大约 15cm 厚的营养土，种植浅根植物。垃圾填埋作业工艺流程如图 9-2 所示。

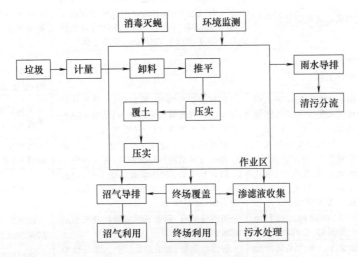

图 9-2　垃圾填埋作业工艺流程图

9.1.4　卫生填埋场防渗系统

防渗系统用于阻止填埋场内的渗滤液向下渗透或向四周扩散而污染地下水和地表水，同时也防止地下水进入填埋场，是发挥填埋场封闭系统正常功能的关键组成部分。

9.1.4.1　防渗材料

防渗层一般由透水性较弱的防渗材料铺设而成。渗透系数小、稳定性好、价格便宜是防渗材料选择的主要依据。目前通用的防渗材料主要有两种：黏土和人工合成材料。黏土除天然黏土外，还有改良土（如改良膨润土）；人工合成材料虽然有许多种，但目前最常用的是高密度聚乙烯。

（1）黏土　黏土是土衬层中最重要的成分，因为黏土具有低渗透率。黏土颗粒是岩石风化后产生的次生矿物，其中主要为蒙脱石、伊利石和高岭石。一般在环境要求不太高或者水文地质条件较好的情况下可单独使用黏土作为防渗材料。改良土是在天然材料中加入添加剂而形成的。添加剂主要分为有机和无机两种。有机添加剂包括有机单体（如甲基脲等）聚合物；无机添加剂包括石灰、粉煤灰和膨润土等。其中无机添加剂由于价格低廉以及效果好被广泛应用。目前，主要根据现场条件下所能达到的压实渗透系数来选择黏土。具体方法是：在最佳湿度条件下，当被压制到 $90\%\sim95\%$ 的最大普氏（Proctor）干湿度时，渗透性很低（渗透系数通常为 $10^{-7}\mathrm{cm/s}$ 甚至更小）的黏土，可以作为填埋场的衬层材料。

（2）人工合成材料　卫生填埋场防渗衬层的理想材料是防渗性能好的黏土。但是严格地讲，一般的黏土只能延缓渗滤液的渗漏，而不能阻止渗漏。因此，人工合成的渗透系数小于 $1.0\times10^{-12}\mathrm{cm/s}$ 的聚合物防渗膜（塑料防渗膜）成为用于阻止渗滤液向黏土和地下水扩散，并减少环境污染的重要材料。目前已经应用的聚合物防渗膜的 9 个主要品种及性能见表 9-2。其中 HDPE 由于防腐蚀能力强、制造工艺成熟、易于现场焊接，并积累了比较成熟的工程实施经验，广泛应用于填埋场的防渗。

表 9-2　常用人工合成防渗膜及其性能

种类	合成方法	适应性	缺点
高密度聚乙烯（HDPE）	由聚乙烯树脂聚合而成	良好的防渗性能；对大部分化学物质具有抗腐蚀能力；具有良好的机械和焊接特性；低温下具有良好的工作特性；可制成各种厚度，如 15～310mm；不易老化	耐不均匀沉陷能力较差；耐穿刺能力较差
聚氯乙烯（PVC）	氯乙烯单体聚合而成，热塑性塑料	耐无机物腐蚀；良好的可塑性；高强度；易焊接	易被有机物腐蚀；耐紫外线辐射能力差；气候适应性不强；易受微生物侵蚀
氯化聚乙烯（CPE）	由氯气与高密度聚乙烯经化学反应而成，热塑性合成橡胶	良好的强度特性；易焊接；对紫外线和气候因素有较强的适应能力；低温下具有良好的工作特性；防渗性能好	耐有机物腐蚀能力差；焊接质量不强；易老化
丁基橡胶（IIR）	异丁烯与少量的异戊二烯共聚而成，合成橡胶	耐高低温，耐紫外线辐射能力强；氧化性和极性溶剂对其略有影响；胀缩性强	对碳氢化合物抵抗能力差；接缝难；强度不高
氯磺化聚乙烯（CSM）	由聚乙烯、氯气、二氧化硫反应生成的聚合物，热塑性合成橡胶	防渗性能好；耐化学腐蚀能力强；耐紫外线辐射及适应气候变化能力强；抗细菌能力强；易焊接	易受油污染；强度较低
乙丙橡胶（EPDM）	乙烯、丙烯和二烯烃的三元共聚物，合成橡胶	防渗性能好；耐紫外线辐射以及气候适应能力强	强度较低；耐油、耐卤代溶剂腐蚀能力差；焊接质量不高
氯丁橡胶（CR）	以氯丁二烯为基础的合成橡胶	防渗性能好；耐油腐蚀、老化、紫外线辐射和磨损；不易穿孔	难焊接和修补
热塑性合成橡胶	极性范围从极性到无极性的新型聚合物	防渗性能好；拉伸强度高；耐油腐蚀、老化、紫外线辐射	焊接质量须提高
氯醚橡胶	饱和的强极性聚醚型橡胶	拉伸强度较高；热稳定性好；耐老化；不受烃类溶液、燃料、油类等影响	难以现场焊接和修补

9.1.4.2　防渗方式

当卫生填埋场的场地为完整的不透水层或渗透系数小于 $10^{-7}\mathrm{cm/s}$ 且厚度大于 2m 的黏土时，可采用天然防渗。如果填埋场的地质条件不具备天然防渗条件，必须对其进行人工防渗处理。人工防渗按设施铺设的方向可分为垂直防渗和水平防渗两种。

（1）垂直防渗　垂直防渗主要为帷幕灌浆、防渗墙和 HDPE 垂直帷幕防渗。帷幕灌浆，即在可能出现的渗透区段上，钻一排或数排注浆孔，施加一定的压力注入适量的浆液，待浆液固化后堵塞地下水径流通道,从而达到防渗的目的。

根据填埋场地质水文条件,垂直防渗采用如下三种工程措施的组合:在地质条件较好的基岩上设置垃圾坝及帷幕灌浆垂直防渗措施以形成贮存垃圾的库区,防止库区内的渗滤液从垃圾坝坝基渗入污水处理系统,使其只能从设计的管涵中流入污水处理系统;在地下水汇集出口处建筑防渗帷幕灌浆的截污坝,以使填埋场底部渗滤液和其下部受污染的地下水阻积于帷幕前水池中,不向下游及附近地区渗漏;上游建筑拦洪坝进行基底帷幕灌浆以截断地下水,使之不进入填埋场底部。填埋场能否采用帷幕灌浆垂直防渗方案,取决于场址具体的水文地质情况。通过场址工程、水文地质勘察,在得到相应资料的基础上,进行防渗方案对比论证后才能确定。

(2) 水平防渗 水平防渗主要有压实黏土和人工合成材料衬层等,它是目前使用最为广泛的防渗方式。水平防渗是指在填埋场的底部和四周铺设黏土或人工合成防渗材料,防止渗滤液污染地下水,同时也阻止地下水进入填埋场内。

根据渗滤液收集系统、防渗系统和保护层、过滤层的不同组合,一般可分为单层衬层防渗系统、单层复合衬层防渗系统、双层衬层防渗系统和双层复合衬层防渗系统四种。

① 单层衬层防渗系统。单层衬层系统(图9-3)只有一个防渗层,上面是渗滤液收集系统和保护层,有时在下面增加地下水收集系统和一个保护层。其优点为造价低、施工方便;缺点为防渗性能差,只能在填埋垃圾毒性小、地下水贫乏、土质防渗性好以及防渗要求低的填埋场使用。

根据《生活垃圾卫生填埋处理技术规范》(GB 50869—2013)中的规定,填埋区底部单层衬层结构要求如下:基础、地下水导流层,厚度不应小于30cm;膜下保护层,黏土厚度不宜小于50cm,渗透系数不应大于$1.0×10^{-5}$cm/s;HDPE 土工膜厚度不应小于1.5mm;膜上保护层;渗滤液导流与缓冲层,厚度不应小于30cm。

填埋区边坡单层衬层结构要求如下:基础;膜下保护层,黏土厚度不宜小于30cm,渗透系数不应大于$1.0×10^{-5}$cm/s,或采用非织造土工布;HDPE 土工膜宜为双糙面膜,厚度不应小于1.5mm。

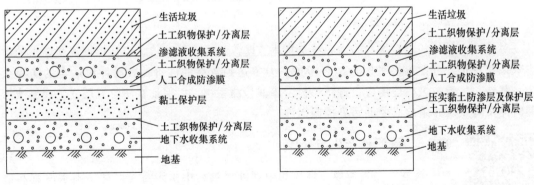

图 9-3 单层衬层系统   图 9-4 单层复合衬层系统

② 单层复合衬层防渗系统。单层复合衬层系统(图9-4)是由两种防渗材料贴在一起而构成的复合防渗层。复合防渗层的上方为渗滤液收集系统,下方为地下水收集系统。防渗层可由两种相同或不同的防渗材料组成,相互紧密地排列在一起,可以提高防渗层的防渗安全系数。与单层衬层系统相比,单层复合衬层系统中柔性膜与黏土紧密相连,具有良好的密封

性，渗滤液在黏土上的分布面积较小，从而使其防渗性能比较好。

单层复合衬层有两种形式，即"HDPE＋黏土"和"HDPE＋GCL"（GCL 指钠基膨润土垫）。"HDPE＋黏土"的结构为：膜防渗层应采用 HDPE 土工膜，厚度不应小于 1.5mm；防渗层及膜下保护层的黏土渗透系数不应大于 $1.0×10^{-7}$ cm/s，厚度不宜小于 75cm。"HDPE＋GCL"的结构为：膜防渗层应采用 HDPE 土工膜，厚度不应小于 1.5mm；GCL 防渗层渗透系数不应大于 $5.0×10^{-9}$ cm/s，规格不应小于 4800g/m^2；膜下保护层的黏土渗透系数不应大于 $1.0×10^{-5}$ cm/s，厚度不宜小于 30cm。

③ 双层衬层防渗系统。双层衬层系统（图 9-5）包含两层防渗层，但在两层防渗层之间设有一层排水层，以导排两层之间的液体和气体。与复合衬层相比，双层衬层中的两层防渗层是分开的，而不是紧贴在一起的，不过其上方仍为渗滤液收集系统，下方为地下水收集系统。双层衬层系统的主防渗层和辅助防渗层之间的收集系统可以起到检漏的作用，优于单层衬层系统；但是与复合衬层相比，它的施工费用比较高，衬层坚固性较差。

④双层复合衬层防渗系统。双层复合衬层系统（图 9-6）上方为渗滤液收集系统，下方为地下水收集系统。两个防渗层之间设有排水层，用于控制和收集从填埋场中渗出的液体，而且上部防渗层采用复合防渗结构。两个防渗层之间设有排水层，用于控制和收集从填埋场中渗出的液体。它的优点是抗破坏能力强、防渗效果好、坚固性好等；缺点是造价较高。

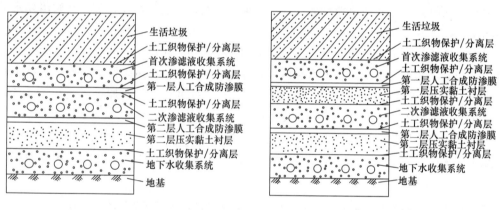

图 9-5 双层衬层系统　　　　图 9-6 双层复合衬层系统

对于一个具体的填埋场，防渗系统选择垂直防渗还是水平防渗，应从填埋场所要求的防渗效果和投资经济性等多种因素综合考虑，力争达到较高的性价比，设计最适合的防渗系统。此外，生活垃圾填埋场应设置防渗衬层渗漏检测系统，以保证在防渗衬层发生渗滤液渗漏时能及时发现并采取必要的污染控制措施。

二维码9-3
微课：渗滤液的
产生与处置

9.1.5　渗滤液产生与处理

渗滤液是指垃圾在堆放和填埋处置过程中由于自身发酵、雨水淋刷和地表水、地下水的浸泡而淋滤出来的污水。渗滤液中含有大量的有机污染物、无机污染物、重金属、细菌等有毒有害物质，COD、BOD 含量都很高。因此，必须严格控制垃圾渗滤液的产生量，并做好渗滤液的污染控制工作。

9.1.5.1　垃圾渗滤液的产生

垃圾渗滤液的产生量与许多因素有关，主要来源于以下几个方面。

（1）大气降水　包括降雨和降雪，这是渗滤液的主要来源，它们的特性直接影响到渗滤液的产生量。降雨的特性主要为降雨强度、降雨频率、雨量和降雨持续时间等；降雪的特性主要为降雪量、升华量和融雪量等。一般认为降雪量的 1/10 相当于等量的降雨。

（2）地表径流　主要指来自场址地表上坡方向的径流水，对垃圾渗滤液的产生量有一定的影响，影响程度主要取决于场址的地势、场地的绿化植被、覆土材料的渗透性能以及有无排水设施等因素。

（3）地下水渗入　如果填埋场地下水位低于填埋场场底，可以不考虑地下水的渗入；如果地下水位高于填埋场场底，地下水就可能渗入填埋场内。渗滤液的产生量和性质与地下水同垃圾接触的时间、接触量等有关。

（4）垃圾含的水分　除了垃圾本身所含的水分，还包括垃圾在填埋场内进行氧化分解所产生的水分。

9.1.5.2　渗滤液的性质

由于渗滤液的来源特殊，其水质具有与城市污水不同的性质。渗滤液的性质主要包含以下几方面。

（1）水质复杂　不同地区的卫生填埋场，以及同一卫生填埋场不同时段的渗滤液水质均有很大变化，且水量波动也比较大。渗滤液是一种含高浓度有机物的废水，同时含有重金属和氮、磷等植物营养元素。影响渗滤液水质的因素主要为垃圾的成分、颗粒直径、压实程度、填埋年限以及填埋场所处位置的水文、气象条件等。

（2）COD 和 BOD 值高　渗滤液中有机污染指标值变化范围很大，如 COD_{Cr} 最高可达到 90000mg/L，BOD_5 最高可达到 45000mg/L。BOD 与 COD 的比值（BOD/COD）与填埋场运行时间有关。一般 BOD/COD 在运行开始的 3～5 年比较高，可达 0.3 以上。随着运行时间的延长，其比值逐渐下降，最后可能小于 0.1，可生化性显著降低。

（3）氨氮含量高、C/N 低　渗滤液中氨氮浓度很高，占总氮的 90% 以上，且氨氮浓度在一定时期随时间的延长会有所升高，主要是因为垃圾堆体内部发生厌氧降解，有机氮转化为氨氮。氨氮浓度的增加和有机质含量的下降造成了 C/N 随垃圾降解程度的增加而下降。在中晚期卫生填埋场中，渗滤液中氨氮浓度有时可高达 2000mg/L 以上，C/N 低至 2 以下，这也是导致渗滤液处理难度大的一个重要原因。

（4）金属离子含量高　渗滤液中含有汞、铬、镉、铅等多种有毒有害的重金属离子。一般情况下，新建垃圾填埋场的渗滤液中重金属离子的浓度不是很高，但重金属的富集对环境和人体健康危害比较严重。

卫生填埋场渗滤液的性质与垃圾的稳定过程有着密切的关系，即随填埋场运行发生变化，其稳定过程一般可分为五个阶段，如图 9-7 所示。

9.1.5.3　垃圾渗滤液产生量计算

根据渗滤液中水的来源可知，其产生量受填埋场填埋期、气候、降水等因素影响较大。据估算，目前全国生活垃圾填埋场日产生渗滤液约 11 万吨，年总产量近 4000 万吨。

垃圾填埋场渗滤液产生量宜按下式计算，其中渗出系数应结合填埋场实际情况选取。

$$Q = I(C_1 A_1 + C_2 A_2 + C_3 A_3)/1000 \tag{9-2}$$

式中，Q 为渗滤液产生量，m^3/d；I 为多年平均日降雨量，mm/d，数据充足时宜按 20 年的数据计取，数据不足 20 年时按现有全部年数据计取；C_1 为正在填埋作业单元渗出

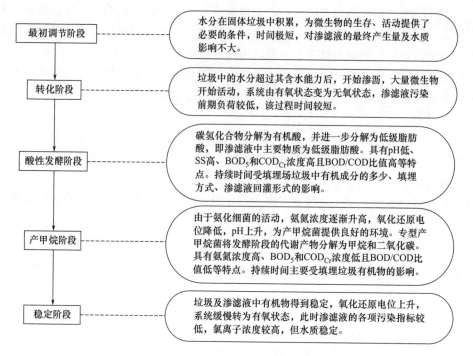

图 9-7 卫生填埋场内垃圾的稳定过程

系数，与所在地年降雨量和生活垃圾中有机物含量有关，宜取 0.4～1.0，具体取值可参考 GB 50869—2013 附录 B 中表 B.0.1；A_1 为正在填埋作业单元汇水面积，m^2；C_2 为中间覆盖单元渗出系数，当采用膜覆盖时宜取（0.2～0.3）C_1，当采用土覆盖时宜取（0.4～0.6）C_1；A_2 为中间覆盖单元汇水面积，m^2；C_3 为终场覆盖单元渗出系数，宜取 0.1～0.2；A_3 为终场覆盖单元汇水面积，m^2。

9.1.5.4 控制渗滤液产生的主要措施

（1）选择合理的场址 影响渗滤液产生量的诸多因素中大部分是自然因素，因此首先要合理选择填埋场场址，应选择集雨面积较小、库容大、地下水位较低的优势区域。另外，还要综合考虑垃圾运输距离、周围环境、地形地质、交通、覆土来源等。

（2）设置必要的截洪沟 在北方地区，建设的垃圾填埋场多选用山谷式填埋场，这就需要在适宜的位置建设必要的截洪沟，截留填埋区上游山区地表径流和部分潜水。

（3）填埋场底部的防渗处理 根据场址的工程地质和水文地质情况，对填埋场底部进行防渗处理。防渗处理的目的一方面是防止渗滤液渗入地下，污染地下水；另一方面是防止地下水侵入填埋场，造成渗滤液水量大幅度上升。

（4）规范化的填埋作业 严格、规范的填埋作业可以有效地控制降水的渗入量。对山谷式填埋场，宜采用斜坡作业法，填埋单元按 1～2d 的垃圾量划分（冬季可扩大至 5～7d），布置成矩形网格，经垃圾铺摊、压实、覆土，完成一个单元操作，如此反复。作业面布置成斜坡，每升高 2～5m 设一平台，两阶平台间堆成斜坡，平台上设排水沟，以排出表面径流。在填埋场使用初期，未进行填埋的区域应设临时排水沟，将地表径流引出。

9.1.5.5 渗滤液导排系统

渗滤液的导排系统要保证及时收集填埋场内产生的渗滤液，并将其输送至填埋单元外的渗滤液处理设施,从而避免在填埋场底部蓄积。该系统应确保在填埋场的运行期内防渗衬层上的渗滤液深度不大于30cm,并通过设置渗滤液监测井及时监测渗滤液深度。否则,渗滤液蓄积会导致以下不利情况:填埋场内的水位升高,导致渗滤液浸出程度大大提高,从而使渗滤液污染物浓度增大;影响填埋场的稳定性;使底部衬层上的静水压增加而导致衬层破损,从而导致渗滤液渗漏,甚至扩散至地下水和土壤系统中,危害生态环境。

渗滤液的导排系统包括汇流系统和输送系统。汇流系统是位于底部防渗层上面由砂或砾石组成的排水层。一般情况下,渗滤液的输送系统包括集水池、提升多孔管、输送管道和调节池等。

典型的卫生填埋场渗滤液导排系统一般由以下几部分组成。

(1) 排水层 排水层用来将填埋场的渗滤液疏通,及时导入收集沟内的收集管中。在建设前,需要对填埋库区进行场底的清理。要将排水层铺设范围内的植被清除,并按照设计的纵横坡度进行平整。排水层的厚度应不小于30cm,主要由粗砂砾或卵石组成,覆盖在整个填埋场的底部衬层上,水平渗透系数大于$1×10^{-3}$cm/s,渗滤液从垂直方向上进入排水层的最小底面坡降不小于2%。排水层和垃圾之间宜设土工织物等人工过滤层,以避免细粒物质堵塞,影响其正常排水功能的发挥。

(2) 收集沟和多孔收集管 收集沟位于排水层的最低标高处,贯穿于整个场底,铺设在场底中轴线上的是主沟,在主沟上按间距30~50m设置支沟,支沟与主沟的夹角宜采用15°的倍数(通常为60°),这样有利于渗滤液收集管的弯头加工和安装。收集沟中一般填充卵石,上部卵石粒径采用40~60mm,下部粒径为25~40mm,整体形成上大下小的反滤模式。收集管在设计时宜设置成直管,中间不出现反弯折点。

多孔收集管分为支管和主管,分别埋设在收集沟的支沟和主沟中。由于渗滤液对混凝土可能产生腐蚀作用,多孔收集管一般采用高密度聚乙烯,预先制孔,孔距一般为50~100mm,孔径为15~20mm,开孔率为2%~5%。管道安装时,为了使垃圾渗滤液的水头尽可能低,要使开孔的管道部分朝下,但孔口不能靠近起拱线,否则会降低管身的纵向刚度和强度。

(3) 集水池和提升系统 如果利用地形条件以重力流的形式将渗滤液输送到调节池或处理设施内,则可以省掉集液池和提升系统。但是平原型填埋场不能利用重力流将垃圾中的渗滤液导出,必须设置集水池和提升系统。集水池一般位于垃圾主坝前的最低洼处,垃圾中的渗滤液汇集到集水池,然后通过提升系统导入调节池内。集水池应保证合理的容积,合理配置排水泵,且应具有防渗和防腐性能,同时采取必要的安全措施。

(4) 调节池 调节池的主要作用是对渗滤液进行水质和水量的调节,平衡丰水期和枯水期的水量,以便为后续系统提供恒定的水量。调节池是渗滤液导排系统的最后一个环节,可作为渗滤液的初步处理阶段。调节池常采用地下式和半地下式,其池底和内侧常采用HDPE膜进行防渗,膜上采用预制的混凝土板保护。

调节池的容积一般按下面步骤计算得到。

① 每月渗滤液产量

$$Q_m = I_i CA / 1000 \qquad (9-3)$$

式中,Q_m为每月渗滤液产量,m^3;I_i为多年(一般采用20年)逐月平均降雨量,mm;C为渗出系数;A为填埋场的汇水面积,m^2。

其中C值随填埋场覆土性质及坡度的不同而改变,一般介于0.2~0.8之间;在运行的填埋场常取0.35~0.5;封场的填埋场可取0.1~0.3。

② 每月渗滤液剩余量

$$Q_r = Q_m - Q_t \qquad (9\text{-}4)$$

式中，Q_r 为每月渗滤液剩余量，m^3；Q_t 为渗滤液月处理量，m^3。

③ 需调节的渗滤液体积

$$V_a = \sum Q_r \qquad (9\text{-}5)$$

式中，V_a 为需调节的渗滤液体积，m^3；Q_r 为每月渗滤液剩余量为正值者（一般多在 6—9 月的雨季），m^3。

为了设计安全，可选择多年（如 20 年）降雨资料中最大暴雨的降雨季节，用上面方法计算出该期间需要调节的渗滤液体积 V_s。则调节池容积 V 可通过比较 V_a 和 V_s 的大小确定，取大者设计。

不同卫生填埋场根据填埋垃圾性质、场地地形条件、填埋场规模、气候条件、稳定技术以及法律法规等因素设计适宜的渗滤液导排系统。

下面介绍两个卫生填埋防渗系统及渗滤液导排系统设计工程实例。

① 福州某非正规垃圾堆放场的基坑防渗，采用复合衬层结构对基坑底和边坡进行防渗处理，其层次从下至上为：膜下保护层、主防渗层、膜上保护层、渣砾渗滤液导排层、反滤层。采用 1.5mm 厚的 HDPE 膜代替黏土防渗层作为主防渗层。为了保证防渗结构的环境安全性和规范要求，在 HDPE 膜上、下保护层使用 $300g/m^2$ 的无纺土工布。该防渗系统具备性价比高、应用广泛的特点。

② 广州市某生活垃圾简易填埋场进行基底防渗，选用符合 GB 50869—2013 要求的单层复合防渗系统对场底进行防渗处理。具体结构如下。a. 防渗衬层结构：主体结构采用 2.0mm HDPE 膜＋钠基膨润土防水毯（GCL）；b. 渗滤液导流层：碎石层厚 40cm；c. 膜上保护层：非织造土工布，$600g/m^2$；d. 膜防渗层：2.0mm HDPE 土工防渗膜；e. GCL 防渗层：渗透系数不大于 5.0×10^{-9} cm/s，$4800g/m^2$；f. 膜下黏土保护层：渗透系数不大于 1.0×10^{-5} cm/s，厚度 1m；g. 地下水导排层：碎石导排盲沟外包裹 $200g/m^2$ 无纺土工布，内含地下水导流管；h. 基础层：压实表面处理过的地基（土压实度不小于 0.93，表面平整、密实、无裂缝、无松土、无积水，无石块、树根及尖锐杂物），并在垃圾堆体开挖的过程中设置临时设施，对开挖过程产生的渗滤液进行收集导排，在各开挖分区设置渗滤液临时导排沟（纵向坡度不小于 2%）、渗滤液临时收集池和沟底/池底临时防渗膜，垃圾堆体中未能下渗至库底的渗滤液通过临时收集盲沟汇集到临时收集池内。

9.1.5.6　渗滤液处理

渗滤液处理一直是生活垃圾填埋场设计、运行和管理中非常棘手的问题。其方法包括物理化学法、生物法和土地法等，需要在综合技术、经济和环保等因素的基础上，确定适宜的渗滤液处理方案。

(1) 物理化学法　物理化学法主要有活性炭吸附、化学沉淀、化学氧化、化学还原、离子交换、膜渗析、气浮及湿式氧化法等多种方法，在 COD_{Cr} 为 2000～4000mg/L 时，物理化学法（以下简称物化法）的 COD_{Cr} 去除率可达 50%～87%。物化法不受水质、水量变动的影响，出水水质比较稳定，尤其是对 BOD_5/COD_{Cr} 值较低（0.07～0.20）的难以生物处理的垃圾渗滤液有较好的处理效果。但是物化法处理成本较高，不适于大量垃圾渗滤液的处理。

(2) 生物法　生物法分为好氧生物处理、厌氧生物处理以及二者的结合。好氧生物处理包括好氧活性污泥法、好氧稳定塘、生物转盘和滴滤池等。厌氧生物处理包括升流式厌氧污泥床、厌氧生物滤池、厌氧固定化生物反应器、厌氧混合反应器及厌氧稳定塘等。生物法的运行处理费用相对较低，有机物在微生物的作用下被降解，主要的产物为水、CO_2、CH_4等对环境影响较小的物质（其中 CH_4 可作为能源回收利用），不会产生化学污泥造成环境的二次污染问题。

目前国内外广泛使用生物法，不过该方法用于处理渗滤液中的氨氮比较困难。一般情况下，当 COD_{Cr} 值在 50000mg/L 以上的高浓度时，建议采用厌氧生物法（后接好氧处理）处理垃圾渗滤液；当 COD_{Cr} 浓度在 5000mg/L 以下时，建议采用好氧生物法处理垃圾渗滤液。对于 COD_{Cr} 在 5000～50000mg/L 之间的垃圾渗滤液，好氧或厌氧生物法均可，主要考虑其他相关因素选择适宜的处理工艺。

（3）土地法　土地法利用土壤中微生物的降解作用使渗滤液中的有机物和氨氮进行转化，在土壤中有机物和无机胶体的吸附、配位，颗粒的过滤、离子交换和吸附的作用下，去除渗滤液中的悬浮固体和溶解成分，而且通过蒸发减少渗滤液的产生量。作为最早采用的污水处理方法，土地法主要包括填埋场回灌处理系统和土壤植物处理系统。

（4）工艺流程　渗滤液处理工艺可分为预处理、生物处理和深度处理。由于垃圾渗滤液具有成分复杂、污染物浓度高、水质水量变化大、BOD 与 COD 的比值低等特点，传统的、单一的污水处理技术已不能满足《生活垃圾填埋场污染控制标准》（GB 16889）日趋严苛的排放限制要求。生活垃圾渗滤液处理工艺应根据渗滤液进水水质、水量及排放要求确定，宜采用组合工艺，如"预处理＋生物处理＋深度处理""生物处理＋深度处理"或"预处理＋深度处理"。《生活垃圾渗沥液处理技术标准》（CJJ/T 150—2023）规定生活垃圾渗滤液处理系统常规工艺流程宜包括预处理、主处理、深度处理和辅助处理（图 9-8）。

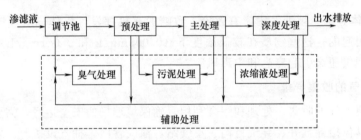

图 9-8　生活垃圾渗滤液处理系统常规工艺流程图

在生活垃圾填埋初期或中期时，宜采用"预处理＋主处理＋深度处理"组合工艺或"主处理＋深度处理"组合工艺；在填埋后期或封场时，可采用"预处理＋深度处理"组合工艺。其中，预处理工艺宜选择混凝沉淀、厌氧生物处理等工艺；主处理工艺宜选择膜生物反应器（MBR）或其他生物处理工艺；深度处理工艺可选择膜处理工艺（纳滤、反渗透或二者组合）、高级氧化、蒸发或其他处理工艺。

最后产生的浓缩液应单独处置，不得回灌生活垃圾填埋场或进入污水集中处理设施。膜浓缩液处理可选择浸没燃烧蒸发（SCE）、机械蒸汽再压缩（MVR）、高级氧化等工艺。

9.1.6　填埋气导排与收集利用

垃圾填埋气指垃圾以填埋方式进行处置时，垃圾中的可生物降解有机成分在微生物的作用下分解产生的 CH_4、CO_2 以及具有刺激性的硫化物

二维码9-4　微课：填埋气收集、净化和利用

等气体。CH_4 与 CO_2 都属于温室气体，同等质量的 CH_4 导致的温室效应相当于 CO_2 的 20 倍以上。根据调查研究，垃圾填埋场产生的 CH_4 排放量占全球 CH_4 排放量的 6％～18％，对全球性气候变暖有不可忽视的作用。稳定后的垃圾填埋场中废气的成分主要是 CH_4 和 CO_2，其中 CH_4 占 50％～70％，CO_2 占 30％～50％，而 NH_3、H_2S 和 N_2 总和占比不到 5％。NH_3 和 H_2S 所占比例虽少，但属于恶臭气体，其危害不容忽视。另外，约有 1％的微量挥发性有机物，包括氯代烃类、苯系物、氯代苯类和烃类等，种类可达 100 多种，这些气体挥发性较强，毒性较大，对环境的污染比较严重。

生活垃圾填埋场应建设填埋气体导排系统，在填埋场的运行期和后期维护与管理期内将填埋层内的气体导出后利用、焚烧或达到 GB 16889 要求后直接排放。如果不采取适宜的方式进行导排处理，填埋气会在填埋场中积累并透过覆土层和侧壁向场外释放，甚至产生以下危害。

① 爆炸事故和火灾。填埋释放气体由大量 CH_4 和 CO_2 组成，当 CH_4 在空气中的浓度超过它的最低爆炸极限（CH_4 浓度达到空气体积的 5％）时，就容易引起爆炸。

② 地下水污染。填埋场释放气体中的挥发性有机物及 CO_2 都会溶解进入地下水，打破原来地下水中 CO_2 的压力平衡，促进 $CaCO_3$ 的溶解，引起地下水硬度升高。全封闭型填埋场中填埋气体的逸出会造成衬层渗漏，从而加剧渗滤液的浸出，导致地下水污染。

③ 温室效应。CH_4 和 CO_2 是主要的温室气体，会产生温室效应，使全球气候变暖。CH_4 对臭氧的破坏是 CO_2 的 40 倍，产生的温室效应要比 CO_2 高 20 倍以上。

④ 导致植物根区缺氧。CH_4 虽对维管植物不会产生直接生理影响，但可以通过直接气体置换作用或通过甲烷细菌对氧气的消耗，降低植物根际的氧气水平，从而使植物根区因氧气缺乏而死亡。

⑤ 危害人体健康。填埋气中含有致癌、致畸的有机挥发性气体。填埋气的气味是由硫化氢和硫醇等引起的，这些物质在较低浓度下（0.005mg/L 和 0.001mg/L）就会引起人体不适。同时填埋气还会引起窒息和中毒风险。

9.1.6.1　填埋气的收集导排

为了保证填埋气的收集、处理和综合利用，确保填埋场的安全运行，需要设置填埋气收集导排系统，其包括导气井、导气盲沟、集气站、输气管网、抽气设备等。填埋气体收集导排设施的服务范围应覆盖垃圾堆体全部。

填埋气体的导排设施宜采用导气井与导气盲沟相结合的方式，导排井和导排盲沟的布设数量应根据单个导气井和导气盲沟的导气作用范围和垃圾堆体面积确定，垃圾堆体填埋气体导气设施覆盖率应不小于 95％。对于新建垃圾填埋场，宜在垃圾填埋高度达 1～2m 时开始铺设导气井或（和）导气盲沟。导气井分为主动导排导气井和被动导排导气井，其中主动导排的填埋场，应设置填埋气体燃烧火炬；填埋气体收集量大于 $100m^3/h$ 的填埋场，应设置封闭式火炬。垃圾堆体布设导气井和盲沟较多时可设置集气站，将多个导气井或盲沟集中在一个集气站内进行流量和压力调节。集气站应具有排水或透水性能，集气管道和阀门不得被雨水淹没；集气站的集气总管标高比导气井低时，应在集气总管最低点设置排水管，并连接自动排水或定期排水装置，且保持密封，防止空气吸入。每个导气井或（和）导气盲沟宜连接一根集气支管，每个集气支管应设置一个独立调节阀门，并应与集气总管独立连接。输气管应设不小于 1％的坡度，管段最低点处应设凝结水收集和排放装置，同样要防止空气吸入。

9.1.6.2 填埋气的净化

填埋气的净化一般是脱除气体中的水分、H_2S 和 CO_2。它们的去除方法具有不同的特点，具体见表 9-3。

表 9-3 填埋气净化方法的比较

净化技术	H_2O	H_2S	CO_2
固体物理吸附	活性氧化铝	活性炭	—
	硅胶	—	
液体物理吸附	氯化物	水洗	水洗
	乙二醇	丙烯酯	—
化学吸收	固体:生石灰、氧化钙	固体:水合氧化铁、生石灰、熟石灰	固体:生石灰
	液体:无	液体:氢氧化钠、碳酸钠、乙醇胺	液体:氢氧化钠、碳酸钠、乙醇胺
其他	冷凝、压缩冷凝、膜法、活性炭与分子筛	活性炭与分子筛、膜法、微生物氧化	膜法、活性炭与分子筛

9.1.6.3 填埋气的利用

一般，设计垃圾填埋总量大于或等于 100 万吨、垃圾填埋平均厚度大于或等于 15m 且填埋气体具有利用价值的填埋场，应建设填埋气利用设施。填埋气体的利用方式应根据当地的条件，经过技术经济比较后确定，要选择效率高的利用方式，且总气体利用率不宜小于 70%。目前国内外对填埋气综合利用的途径有：①直接燃烧产生蒸汽；②通过内燃机发电；③作为运输工具的动力燃料；④经脱水净化处理后用作管道煤气；⑤用于 CO_2 制造工业；⑥用于制造甲醇原料。

填埋气处理和利用技术的未来发展前景非常广阔，尤其是利用垃圾填埋气发电上网，并将发电产生的碳减排指标通过 CDM（清洁发展机制）销往国际市场的运营模式，将大大促进填埋气资源化利用技术的创新发展。

9.1.7 填埋场封场及综合利用

卫生填埋场达到设计年限后，需要根据有关规定进行封场和后期管理。填埋场封场设计应考虑地表水径流、排水防渗、填埋气体的收集、植被类型、填埋场的稳定性及土地利用等因素。填埋场封场的目的：①减少雨水或其他外来水的渗入，减少渗滤液的产生量；②防止地表水被污染，避免垃圾扩散，促进垃圾堆体尽快稳定化；③控制填埋场散发恶臭，抑制病原菌及其传播媒介蚊蝇的繁殖和扩散；④提供一个可以进行景观美化的表面，提供植被生长的土壤，同时便于封场后填埋场的综合利用。填埋场封场后应继续进行填埋气体、渗滤液处理及环境与安全监测等运行管理，直至填埋堆体稳定。

封场堆体整形顶面坡度宜为 5%～10%，坡度的设置应考虑堆体沉降因素，防止因沉降形成倒坡。边坡大于 10% 时宜采用多级台阶，台阶间边坡坡度不宜大于 1:3，并应根据当地降雨强度和边坡长度确定边坡台阶及排水设施的设置方案，边坡的两台阶之间的高度差宜为 5～10m，平台宽度不宜小于 3m。

填埋场终场覆盖包括五层，从上到下依次为：表层、保护层、排水层、防渗层（包括底土层）和排气层。各结构层使用的材料、条件和功能如下。

（1）表层 表层使用的材料为可生长植物的土壤或其他天然土壤。表层土壤层的厚度要保证植物的根系不会破坏下面的保护层和防水层，同时，在结冻区其厚度必须保证防渗层位于霜冻带之下。表层的设计取决于填埋场封场后的土地利用规划，一般情况下，表层的最小厚度不应小于50cm。在设计时，表层土壤要有3%～5%的倾斜度，并且在表层上还可能需要设置地表水控制层。

（2）保护层 保护层一般使用天然土壤或者砾石等材料。该层可防止上部植物根系以及挖洞动物对下层的破坏，保护防渗层不受干燥收缩、冻结解冻等破坏，防止排水层被堵塞，维持稳定。根据填埋场封场后的土地利用规划，保护层和表层可以合并使用同一种材料。

（3）排水层 在通过保护层入渗的水量（来自雨水、融化雪水、地表水和渗滤液回灌等）较多，对防渗层的渗透压较大等情况下才需设置排水层，因此排水层并不是必须要有的一层。不过，现代化填埋场的表层密封系统中一般都有排水层。排水层可排泄入渗进来的地表水等，降低入渗水对下部防渗层的水压力，还可以设置气体导排管道和渗滤液回收管道等。排水层的主要材料为砂、砾石、土工网格和土工合成材料等，其最小透水率应为10^{-2}m/s，倾斜度一般不大于3%。

（4）防渗层 防渗层一般使用压实黏土、柔性膜、人工改性防渗材料和复合材料等，用来防止入渗水进入填埋废物中以及填埋气体逸出。防渗层的渗透系数要求是$K \leqslant 10^{-7}$cm/s。国外填埋场的实践经验表明，单独使用黏土作为防渗层时会出现一些问题：①黏土对填埋气体的防护能力较差；②黏土在软的基础上不容易压实，而且压实的黏土在脱水干燥后容易断裂；③黏土层会由于填埋场的不均匀沉降断裂，且破坏后不易恢复。因此，一般使用柔性膜，使其与下方的黏土层结合形成复合防渗结构。

（5）排气层 只有当填埋场产生大量填埋气体时，才需要设置排气层。如果填埋场已经安装了填埋气的收集系统，则也需要排气层。排气层用来控制填埋气体，将其导入填埋气体收集设施进行处理或利用。排气层的材料一般包括砂、土工网格和土工布等。

根据《生活垃圾卫生填埋处理技术规范》（GB 50869—2013）中的规定，填埋场封场后的土地使用必须符合下列规定。

① 填埋场封场后的土地利用应符合现行国家标准《生活垃圾填埋场稳定化场地利用技术要求》（GB/T 25179）的规定。

② 填埋场土地利用前应作出场地稳定化鉴定、土地利用论证及有关部门审定。

③ 未经环境卫生、岩土、环保专业技术鉴定前，填埋场地严禁作为永久性封闭式建（构）筑物用地。

目前，由于人口的高速增长和经济的快速发展，一些大城市急需开发新的闲置地段来满足其对土地日益增长的需求，因此填埋场成为土地开发使用的热点。填埋场封场后，根据现场调查和城市规划，可作为公园、植物园、自然保护区和娱乐场所，甚至是商用设施。

9.2 安全土地填埋

9.2.1 安全土地填埋概述

二维码9-5 微课：
安全填埋概述

安全填埋场也称危险废物填埋场，是处置危险废物的一种陆地处置设施，它由若干个处置单元和构筑物组成。安全填埋场应包括以下设施：接收与贮存设施、分析与鉴别系统、预处理设施、填埋处置设施（其中包括防渗系统、渗滤液收集和导排系统、填埋气体控制设施）、环境监测系统（其中包括人工合成材料衬层渗漏监测、地下水监测、稳定性监测和大气与地表水等的环境监测）、封场覆盖系统（填埋封场阶段）、应急设施及其他公用工程和配套设施。

安全土地填埋实际上是一种改进的卫生土地填埋，是危险废物集中处置必不可少的设施，包括柔性和刚性两种结构。柔性填埋场采用双人工复合衬层作为防渗层，刚性填埋场采用钢筋混凝土作为防渗阻隔结构。值得注意的是，《危险废物填埋污染控制标准》（GB 18598—2019）中明确要求：医疗废物、与衬层具有不相容性反应的废物以及液态废物不得入场填埋，而一些危险废物的入场需满足一定条件；填埋场处置不相容的废物应设置不同的填埋区，分区设计要有利于以后可能的废物回取操作。

安全土地填埋场的规划设计原则如下。

① 根据估算的废物处理量，构筑适当大小的填埋空间，并应考虑到将来场地的发展和利用。

② 应重点考虑危险废物填埋场渗滤液可能产生的风险、填埋场结构及防渗层长期安全性。

③ 系统要满足全天候操作要求。

④ 根据其所在地区的环境功能区类别，结合该地区的长期发展规划和填埋场设计寿命期，考虑其对周围地下水环境，居住人群的身体健康、日常生活和生产活动的长期影响。

⑤ 处置系统符合现行法律和制度规定，满足有害废物土地填埋处置标准。

9.2.2 场地的选择

危险废物填埋场场址的选择应满足安全、社会、环境和政治等要求，其目的在于将危险废物对人体健康的危害和对环境的影响降低到最小，同时还应满足处理技术和节省工程投资的要求。工程实践证明，做好安全填埋场场址的工程地质调查工作，可以起到事半功倍的作用。

二维码9-6 微课：
填埋场的选址、
结构、封场等

关于场址选择，在工程地质方面应注意以下问题。

① 填埋场场址不应选在被划定的生态保护红线区域、永久基本农田和其他需要特别保护的区域内。

② 填埋场场址不得选在以下区域：破坏性地震及活动构造区，海啸及涌浪影响区；湿地；地应力高度集中、地面抬升或沉降速率快的地区；石灰岩溶洞发育带；废弃矿区、塌陷区；崩塌、岩堆、滑坡区；山洪、泥石流影响地区；活动沙丘区；尚未稳定的冲积扇、冲沟地区及其他可能危及填埋场安全的区域。

③ 填埋场选址的标高应位于重现期不小于100年一遇的洪水位之上，并在长远规划中的水库等人工蓄水设施淹没区和保护区之外。

④ 填埋场场址地质条件应符合下列要求：a. 场区的区域稳定性和岩土体稳定性良好，渗透性弱，没有泉水出露；b. 填埋场防渗结构底部应与地下水有记录以来的最高水位保持3m以上的距离。

⑤ 填埋场场址不应选在高压缩性淤泥、泥炭及软土区域。

⑥ 填埋场场址天然基础层的饱和渗透系数不应大于 1.0×10^{-5} cm/s，且其厚度不应小于2m。

如以上④～⑥的要求无法满足，必须按照刚性填埋场要求建设。

安全填埋场场址如果拥有方便的外部交通、可靠的供电电源、充足的供水条件，不仅可以减少安全填埋场辅助工程的投资，加快填埋场的建设进程，让城市建设有限的资金发挥最大的社会效益，而且对于提高填埋场的环境效益和经济效益将十分有利。

安全填埋场选址的基本流程如下。

① 确定选址的区域范围，该范围必须根据所要处置废物的生产厂家的分布情况来确定，要尽量使选择的区域与生产厂家的距离足够短。

② 收集该区域的有关资料，包括区域地形图（1∶10000）、地质图（比例尺最好是1∶50000，如果没有，则至少需收集到1∶20000的地质图）以及相应的水文地质和工程地质图件、地震资料、气象资料、发洪情况、市政公用设施的分布情况、土地利用和开发现状及其远期规划、区内名胜古迹及各类保护区的分布以及工厂和居民区的分布情况等。

③ 根据选址标准，对该区域的上述资料进行全面分析，排除不适于作填埋场的地址，例如地下水保护区、居民区、自然保护区等；根据环境条件找出有可能适合的地址，环境条件是指道路连接情况、地域大小、地形情况等。

④ 对几个候选场址的数据加以收集、整理以后，先按场地标准进行初步评估（包括确定基本的候选场地、评估财政可行性和进一步的场地调查等），筛选出几个预选场址。

⑤ 对所选择的预选场址进行实地考察，同时进行一些必要的访问调查，以补充资料的不足。

⑥ 根据掌握的情况，对几个预选场址做进一步筛选，优选出一到两个场址进行初步地质勘探，通过初勘主要了解基底岩石类型、产状、厚度等资料以及基底含水层特征。

⑦ 根据初勘结果，结合以前的资料，对两个预选场址进行技术经济方面的综合评价和对比，通过对比择优，选出较为理想的安全填埋场场址。

⑧ 场址一经确定，应立即进行委托设计，着手详细勘探工作，详细勘探时必须充分利用先进的技术手段查清场址的天然地质、水文地质和工程地质等条件，提交相应的勘探报告和各种图件。

⑨ 由负责选址的技术人员根据上述工作成果撰写出选址可行性报告，为填埋场工程的环境影响评价、场地规划及其总体结构设计提供依据。

9.2.3 填埋场防渗系统

与卫生填埋场一样，安全填埋场也会产生大量渗滤液，且渗滤液中含有更加有毒有害的物质。因此，为避免渗滤液污染土壤和地下水，渗滤液防渗处理是关键。

我国目前执行的《危险废物填埋污染控制标准》（GB 18598—2019）中对柔性填埋场的防渗层要求是双层人工复合防渗，采用 HDPE 膜时厚度不小于 2.0mm，而黏土衬层应满足下列条件：a. 主衬层应具有厚度不小于 0.3m，且被压实、人工改性等措施后的饱和渗透系数小于 1.0×10^{-7}cm/s 的黏土衬层；b. 次衬层应具有厚度不小于 0.5m，且被压实、人工改性等措施后的饱和渗透系数小于 1.0×10^{-7}cm/s 的黏土衬层。同时保证黏土衬层施工过程充分考虑压实度与含水率对其饱和渗透系数的影响，并满足下列条件：a. 每平方米黏土层高度差不得大于 2cm；b. 黏土的细粒（粒径小于 0.075mm）含量应大于 20%，塑性指数应大于 10%，不应含有粒径大于 5mm 的尖锐颗粒物；c. 黏土衬层的施工不应对渗滤液收集和导排系统、人工合成材料衬层、渗漏检测层造成破坏。

防渗方案的选择有时也考虑场地的工程地质条件和当地的实际情况。例如上海危险废物安全填埋场场址的埋深 6m 以下有 3~4m 厚的淤泥层，地下水位埋深仅为 0.4~1.5m，上海的土地资源紧张，地价昂贵，选址困难，经对各方案论证后，最终采用刚柔结合的防渗方案。目前国内外安全填埋场防渗方案采用较多的是柔性方案，一方面柔性方案的工程造价低，技术成熟；另一方面其工艺技术组合灵活，对场址的地形、地质及水文条件适应性强。

下面介绍两个填埋场防渗系统实例。

① 天津某安全填埋场采用双层复合防渗措施,场底防渗从上到下依次为:a. 300mm 厚卵石导排层——渗滤液主导排层,中间敷设导排管;b. 600g/m² 长丝无纺土工布——主防渗层保护层,防止膜被尖锐的杂物刺穿;c. 2.0mm 厚 HDPE 土工膜 + 4800g/m² GCL 衬垫——主防渗层,HDPE 膜由于防渗性能好,渗透系数小于 1×10^{-13} cm/s,GCL 渗透系数不得大于 5×10^{-11} m/s,规格不得小于 4800g/m²;d. 200g/m² 长丝无纺土工布——隔离主防渗层与渗滤液次导排层;e. 300mm 厚卵石导排层——渗滤液次导排层,中间敷设导排管;f. 600g/m² 长丝无纺土工布——次防渗层保护层;g. 1.5mm 厚 HDPE 土工膜 + 4800g/m² GCL 衬层——次防渗层;h. 500mm 压实黏土保护层(压实系数 0.93)。边坡防渗采用与场底防渗相同等级,自上而下具体为:600g/m² 长丝无纺土工布、复合土工排水网、双层 1.5mm 厚 HDPE 单糙面土工膜 + 4800g/m² GCL 衬垫、600g/m² 长丝无纺土工布、边坡地基,边坡坡顶设锚固沟加以固定。

② 内蒙古阿拉善腾格里经济技术开发区某填埋场采用双重防渗措施,一方面刚性填埋场钢筋混凝土要满足《地下工程防水技术规范》(GB 50108—2008)中一级防水标准;另一方面在池底和池壁铺设 2mm 厚 HDPE 防渗膜。单元池防渗结构层从下到上依次是钢筋混凝土底板、2.0mm 厚 HDPE 膜(光面)、600g/m² 无纺土工布一层、6mm 土工复合排水网(池壁无此层)、危险废物。双重防渗措施可以保证刚性填埋场的安全防渗要求,如图 9-9 所示。

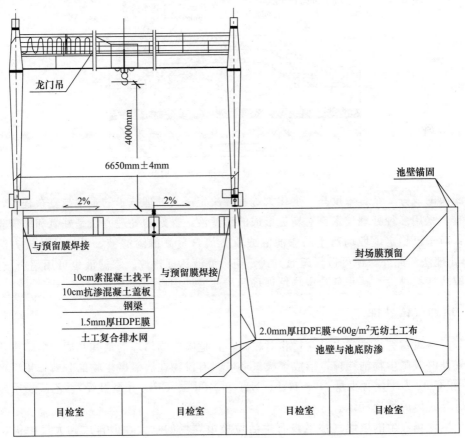

图 9-9 防渗结构层

9.2.4　渗滤液导排

柔性填埋场应设置渗滤液收集和导排系统，包括渗滤液导排层、导排管道和集水井。渗滤液导排层的坡度不宜小于 2%，导排效果要保证人工衬层之上的渗滤液深度不大于 30cm，并应满足下列条件：①渗滤液导排层采用石料时应选用卵石，初始渗透系数应不小于 0.1cm/s，碳酸钙含量应不大于 5%；②渗滤液导排层与填埋废物之间应设置反滤层，防止导排层淤堵；③渗滤液导排管出口应设置端头井等反冲洗装置，定期冲洗管道，维持管道通畅；④渗滤液收集与导排设施应分区设置。

柔性填埋场应设置两层人工复合衬层之间的渗漏检测层，包括双人工复合衬层之间的导排介质、集排水管道和集水井，并应分区设置。检测层渗透系数应大于 0.1cm/s。

图 9-10 为沧州市危险废物集中处置场填埋区两级渗滤液收集导排系统结构断面图。渗滤液初级收集导排系统是安全填埋场的主收集导排系统，初级收集系统位于上衬层表面和填埋废物之间，由碎石过滤导排层和 HDPE 穿孔集水管组成，用于收集和导排初级防渗衬层上的渗滤液。

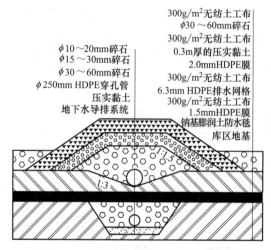

图 9-10　渗滤液收集导排系统结构断面

渗滤液的成分复杂、浓度高、变化大等特性决定了其处理技术的难度与复杂程度，一般因地制宜，采用多种处理技术：对新近形成的渗滤液，最好的处理方法是好氧和厌氧生物处理方法；对于已稳定填埋场产生的渗滤液或重金属含量高的渗滤液，最好的处理方法为物理-化学处理法；此外，还可选择超滤方式，使渗滤液达标排放；渗滤液也可用超声波振荡，通过电解法达标排放。禁止危险废物填埋场的渗滤液处理后回灌。

9.2.5　填埋气体导排

部分危险废物有机物或水分含量相对较高，在危险废物填埋的最初几周，危险废物堆体中的氧气被好氧微生物消耗掉，形成了厌氧环境。有机物在厌氧微生物的分解作用下产生了以 CH_4 和 CO_2 为主，含少量 N_2、H_2S、NH_3、VOCs、CFCs（氯氟烃）、乙醛、甲苯、硫醇、硫醚等气体的填埋气体。

安全填埋场产生的填埋气体虽没有生活垃圾填埋场的量大，但排放到大气中仍是有害的，其中的挥发性有机物不仅使空气具有毒性，而且影响周围居民的生活，增强大气的温室效应。此外，填埋气体容易聚集迁移，导致填埋场及附近地区发生沼气爆炸事故。填埋气体还会影响地下水的水质，溶于水中的二氧化碳还会改变地下水的硬度和矿物质的成分。

填埋深度较浅或是填埋容积较小的填埋场，因为填埋气体中甲烷的浓度较低，往往利用导气石笼将填埋气体直接排放。填埋气体导排管理的关键问题是产气量估算、气体收集系统设计和气体净化系统设计。当然，通过稳定化/固化预处理后填埋的危险废物，废物堆体相对稳定，产生气体较少，所要求的导排系统相对简单。

9.2.6　终场覆盖与封场

垃圾填埋场的终场覆盖系统须考虑雨水的浸渗及渗滤液的控制、垃圾堆体的沉降及稳定、填埋气体的迁移、植被根系的侵入及动物的破坏、终场后的土地恢复利用等；整形后的垃圾堆体应有利于水流的收集、导排和填埋气体的安全控制与导排。应尽量减少垃圾渗滤液的产生。

柔性填埋场封场结构自下而上为：a. 导气层，由砂砾组成，渗透系数应大于 0.01cm/s，厚度不小于 30cm；b. 防渗层，厚度 1.5mm 以上的糙面 HDPE 防渗膜或 LLDPE 防渗膜，采用黏土时，厚度不小于 30cm，饱和渗透系数小于 1.0×10^{-7} cm/s；c. 排水层，渗透系数不应小于 0.1cm/s，边坡应采用土工复合排水网，排水层应与填埋库区四周的排水沟相连；d. 植被层，由营养植被层和覆盖支持土层组成，营养植被层厚度应大于 15cm，覆盖支持土层由压实土层构成，厚度应大于 45cm。其基本结构如图 9-11 所示。刚性填埋场封场结构应包括 1.5mm 以上的 HDPE 防渗膜及抗渗混凝土。

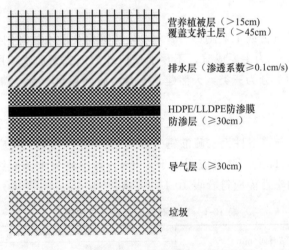

营养植被层（＞15cm）
覆盖支持土层（＞45cm）

排水层（渗透系数≥0.1cm/s）

HDPE/LLDPE防渗膜
防渗层（≥30cm）

导气层（≥30cm）

垃圾

图 9-11　柔性填埋场终场覆盖系统剖面图

 思考题

1. 概述填埋场选址过程需要符合的基本原则。
2. 渗滤液的性质主要包括哪几个方面？
3. 论述典型的卫生填埋场渗滤液收集系统的组成部分。
4. 概述常用的人工合成防渗膜及其性能。
5. 简要叙述填埋气的利用途径。
6. 简述安全填埋场的结构和填埋方式。

第10章

固体废物制备建筑材料

10.1 建筑材料

10.1.1 无机建筑材料

10.1.1.1 建筑石膏

建筑石膏是指天然石膏或工业副产石膏经一定温度煅烧脱水处理制得的,以 β 半水硫酸钙（β-CaSO$_4$·1/2H$_2$O）为主要成分,不预加任何外加剂或添加物,用于建筑材料的粉状胶凝材料。按原材料种类分为三类:天然建筑石膏、脱硫建筑石膏、磷建筑石膏。按 2h 湿抗折强度分为 4.0、3.0、2.0 三个等级。

《建筑石膏》（GB/T 9776—2022）中规定,建筑石膏组成中有效胶凝材料 β 半水硫酸钙（β-CaSO$_4$·1/2H$_2$O）与可溶性无水硫酸钙（A Ⅲ-CaSO$_4$）含量之和应不小于 60.0%,且二水硫酸钙（CaSO$_4$·2H$_2$O）含量应不大于 4.0%;可溶性无水硫酸钙含量由供需双方商定。建筑石膏的物理力学性能应符合表 10-1 的要求。

表 10-1 建筑石膏的物理力学性质

等级	凝结时间/min		强度/MPa			
			2h 湿强度		干强度	
	初凝	终凝	抗折	抗压	抗折	抗压
4.0	≥3	≤30	≥4.0	≥8.0	≥7.0	≥15.0
3.0			≥3.0	≥6.0	≥5.0	≥12.0
2.0			≥2.0	≥4.0	≥4.0	≥8.0

工业副产石膏应进行必要的预处理后,方可作为制备建筑石膏的原材料,其中需加以限制的成分包括:水溶性氧化镁（MgO）、水溶性氧化钠（Na$_2$O）、水溶性氯离子（Cl$^-$）、水溶性五氧化二磷（P$_2$O$_5$）和水溶性氟离子（F$^-$）。

生产石膏胶凝材料的工序主要有破碎、加热与磨细,生产原理是二水石膏脱水生成半水石膏或无水石膏,加热方式一般是在炉窑中进行煅烧,或在蒸压釜中进行蒸炼。由于加热温度和方式不同,可以得到具有不同性质的石膏产品。

10.1.1.2　建筑石灰

建筑石灰作为建筑中使用最早的无机胶凝材料，历史悠久，其原材料蕴藏丰富、生产设备简单、成本低廉，在建筑工程中广泛用于配制砌筑砂浆、抹面砂浆、刷墙涂料以及灰砂硅酸盐制品等。

建筑石灰包括建筑生石灰、建筑生石灰粉和建筑消石灰粉等。建筑石灰是将以 $CaCO_3$ 为主要成分的石灰岩、白云质石灰岩等，在低于烧结温度下煅烧，分解得到的以 CaO 为主要成分的块状材料，常称为生石灰。将煅烧生成的块状生石灰经过不同工艺加工，还可得到生石灰的另外三种产品。

① 生石灰粉。石灰石、白云石、白垩、贝壳等原料经过煅烧后，即得到块状的生石灰，块状生石灰磨细即得到生石灰粉。

② 消石灰粉。生石灰先用适量水消化，然后进行干燥而得到的粉末，主要成分为 $Ca(OH)_2$，称为消石灰粉。

③ 石灰膏。块状生石灰用适量水（为生石灰体积的 3～4 倍）消化，或消石灰粉和水拌和所得到的具有一定稠度的膏状物，主要成分为 $Ca(OH)_2$ 和 H_2O。

10.1.2　水泥

水泥是一种粉状水硬性胶凝材料，加水后可以拌和成塑性浆体，能胶结砂、石等材料，不仅能在空气中硬化，而且能更好地在水中硬化，其强度可以保持并继续增长。

硅酸盐水泥是一类以高碱性硅酸盐为主要化合物的水泥的总称。硅酸盐水泥的生产技术可简单概述为"二磨一烧"，通常是将石灰石、黏土和少量铁矿粉按一定比例混合、磨细制成水泥生料，经均化后，送立窑或回转窑在 1720K 下煅烧，经过复杂的高温烧成反应，烧成块状熟料，再加入少量石膏，最后混合磨细即可。

（1）硅酸盐水泥原料的化学成分　一般硅酸盐水泥原料的化学组成如表 10-2 所示。

表 10-2　硅酸盐水泥原料的化学组成

化学成分	常用缩写	大致含量/%	化学成分	常用缩写	大致含量/%
CaO	C	62～67	Al_2O_3	A	4～7
SiO_2	S	20～24	Fe_2O_3	F	2.5～6

CaO 为水泥的主要成分，但当生料中 CaO 的含量过多时，水泥中存在非化合状态的游离 CaO，在水泥的煅烧温度下，这部分游离 CaO 结构致密，水化极慢，且会在水泥硬化后逐渐消解，体积膨胀，使水泥的拉伸强度下降，严重时会破坏水泥的结构，使水泥的体积安定性不良；而 CaO 过少时，则使水泥早期强度低。SiO_2 保证水泥熟料中的 CaO 以化合物状态存在，当 SiO_2 多而 CaO 少时，水泥水化硬化速度慢，早期强度低，而后期强度有显著提高，并能提高水泥的抗腐蚀性能；当 CaO 少而 SiO_2 太多时，则水泥熟料中的 Al_2O_3 和 Fe_2O_3 含量相对减少，使熟料煅烧困难，也影响水泥产量和窑的使用寿命。Fe_2O_3 和 Al_2O_3 可降低水泥的烧成温度，但影响水泥的强度。Al_2O_3 的含量增加时，可使水泥水化硬化速度加快，但强度低，抗硫酸盐腐蚀性能差。Fe_2O_3 多而 Al_2O_3 少时，水泥抗硫酸盐腐蚀性能较好，但水泥煅烧时容易引起窑的结圈。

（2）硅酸盐水泥的熟化过程　生产硅酸盐水泥的主要原料是石灰质原料（主要提供 CaO）和黏土质原料（主要提供 SiO_2、Fe_2O_3 和 Al_2O_3），如果这两种原料按一定配比组合仍满足不了形成矿物的化学组成的要求，则需要加入校正原料。

生料的高温煅烧是水泥生产中最重要的工艺过程，使之形成能在空气中或水中硬化的化合物——熟料。该工艺过程主要经过干燥、预热、分解、熟料烧成及冷却等几个阶段。下面重点讨论水泥熟料的形成过程。

① 蒸发自由水。入窑生料中都含有一定的水分，干法窑生料水分一般不超过 1%，立窑和立波尔窑生料含水分 12%～15%，湿法窑的料浆水分通常为 30%～40%。生料入窑后，物料温度逐渐升高，当温度升高到 100～150℃时，生料中的水分全部被排出，这一过程称为干燥过程。100℃时水的蒸发潜热为 2.257×10^6 J/kg，即当湿法生产料浆的水分为 35% 左右时，每生产 1kg 熟料用于蒸发水分的热量高达 2100kJ，占总耗热量的 35% 以上。因而降低料浆水分或过滤成料块可以降低熟料热耗，增加窑的产量。

② 脱除结晶水。黏土矿物中的水有两种：一种以 OH^- 状态存在于晶体结构中，称为结晶水或晶体配位水；另一种以 H_2O 状态吸附在晶层结构间，称为晶层间水或层间吸附水。伊利石的层间水在 100℃ 左右即可脱除，而结晶水则须升温至 400～600℃ 才能脱去。

生料干燥后，继续加热，当温度升到 500℃ 时，黏土中的主要组成矿物高岭土发生脱水分解反应，其反应式为

$$Al_2O_3 \cdot 2SiO_2 \cdot 2H_2O \longrightarrow Al_2O_3 \cdot 2SiO_2 + 2H_2O$$

高岭土进行脱水分解反应失去化学结合水的同时，本身晶体结构也受到破坏，生成无定形偏高岭土（无水硅铝酸盐）。因此，高岭土脱水后的活性较高。

蒙脱石和伊利石脱水后，其晶体结构并没有被破坏，因而它们的活性较高岭土差。

③ 碳酸盐分解。脱水后，温度继续升至 600℃ 左右时，生料中的碳酸盐开始分解，主要包括石灰石中的 $CaCO_3$ 和原料中的夹杂物 $MgCO_3$ 等。

碳酸盐的分解有几个特点：a. 反应可逆；b. 是强吸热反应；c. 反应速率受温度影响大。

$CaCO_3$ 的分解是由表及里进行的，颗粒表面达到分解温度后首先排出 CO_2 变为 CaO，因此，$CaCO_3$ 的分解速度或分解时间与颗粒尺寸、结构致密程度有关。

$CaCO_3$ 的分解大致有以下五个过程：两个传热过程——热气流向颗粒表面传热和热量以传导方式由表面向分解面传热；一个化学反应过程——分解面上 $CaCO_3$ 分解放出 CO_2；两个传质过程——分解放出的 CO_2 气体穿过分解层向表面扩散和表面 CO_2 向大气中扩散。

这五个过程中，传热和传质皆为物理传递过程，仅有一个化学反应过程。因为各个过程的阻力不同，所以 $CaCO_3$ 的分解速度受控于其中最慢的一个过程。在一般回转窑内，由于物料在窑内呈堆积状态，传热面积非常小，传热系数也很低，所以 $CaCO_3$ 的分解速度主要取决于传热过程。采用立窑和立波尔窑生产时，生料成球，由于球径较大，故传热速度慢，传质阻力很大，所以 $CaCO_3$ 的分解速度取决于传热和传质过程。采用新型干法生产时，由于生料能够悬浮在气流中，传热面积大，传热系数高，传质阻力小，所以 $CaCO_3$ 的分解速度取决于化学反应速率。

影响碳酸钙分解反应的因素大致有：a. 石灰石的物理结构；b. 生料细度；c. 反应条件；d. 生料悬浮分散程度；e. 黏土质组分的性质。

④ 固相反应。在水泥形成的过程中，从 $CaCO_3$ 开始分解起，物料中便出现了性质活泼的游离氧化钙，它与生料中的 SiO_2、Fe_2O_3 和 Al_2O_3 等通过质点的相互扩散而进行固相反应，形成熟料矿物。固相反应过程比较复杂，其过程大致如下：

a. 约 800℃ 时，$CaO \cdot Al_2O_3$（CA）、$CaO \cdot Fe_2O_3$（CF）、$2CaO \cdot SiO_2$（C_2S）开始生成。

$$Al_2O_3 + CaO \longrightarrow CaO \cdot Al_2O_3$$
$$Fe_2O_3 + CaO \longrightarrow CaO \cdot Fe_2O_3$$
$$SiO_2 + 2CaO \longrightarrow 2CaO \cdot SiO_2$$

b. 800～900℃时，逐渐形成 $12CaO \cdot 7Al_2O_3$（$C_{12}A_7$）、$2CaO \cdot Fe_2O_3$（C_2F）。

$$7(CaO \cdot Al_2O_3) + 5CaO \longrightarrow 12CaO \cdot 7Al_2O_3$$
$$CaO \cdot Fe_2O_3 + CaO \longrightarrow 2CaO \cdot Fe_2O_3$$

c. 900～1100℃时，$2CaO \cdot Al_2O_3 \cdot SiO_2$（$C_2AS$）形成又分解，开始形成 $3CaO \cdot Al_2O_3$（C_3A）和 $4CaO \cdot Al_2O_3 \cdot Fe_2O_3$（$C_4AF$），所有 $CaCO_3$ 均分解，游离 CaO 达到最大值。

$$2CaO + Al_2O_3 + SiO_2 \longrightarrow 2CaO \cdot Al_2O_3 \cdot SiO_2$$
$$12CaO \cdot 7Al_2O_3 + 9CaO \longrightarrow 7(3CaO \cdot Al_2O_3)$$
$$7(2CaO \cdot Fe_2O_3) + 2CaO + 12CaO \cdot 7Al_2O_3 \longrightarrow 7(4CaO \cdot Al_2O_3 \cdot Fe_2O_3)$$

d. 1100～1200℃时大量形成 C_3A 和 C_4AF，C_2S 含量达到最大值。

可见，水泥熟料矿物 C_3A 和 C_4AF 及 C_2S 的形成是一个复杂的多级反应，反应交叉进行。水泥熟料矿物的固相反应是一个放热过程，当采用普通原料时，固相反应的放热量为 420～500J/g。

⑤ 熟料的烧结反应。物料温度升高到其最低共熔温度（1250～1280℃）后，开始出现以 Al_2O_3、Fe_2O_3 和 CaO 为主体的液相，液相的组分中还有 MgO 和碱等。在高温液相的作用下，物料逐渐由疏松状转变为色泽灰黑、结构致密的熟料，并且体积也有一定程度的收缩。同时，硅酸二钙和游离氧化钙逐步溶解于液相中，以 Ca^{2+} 的形式扩散并与硅酸根离子、硅酸二钙反应，从而形成硅酸盐水泥的主要矿物组分硅酸三钙。

10.1.3　建筑玻璃

建筑玻璃主要是硅酸盐玻璃，其主要成分为 SiO_2、Na_2O 和 CaO，约占95%，还有少量 Al_2O_3 和 MgO 等，全称为钠钙硅酸盐玻璃。建筑用窗玻璃的化学成分为：SiO_2 71%～73%；Na_2O 15%～16%；CaO 8%～9%；MgO 2%～3%；Al_2O_3 1.5%～2%；Fe_2O_3 0.05%～0.08%。

建筑玻璃的主要原料为石英砂（SiO_2）、石灰石（$CaCO_3$）、纯碱（Na_2CO_3）、长石等，此外还有少量辅助原料，使玻璃获得某种必要性质或加速玻璃熔制过程，如助熔剂、澄清剂、脱色剂等。各种原料具体情况如表 10-3 所示。

表 10-3　玻璃原料矿物及质量要求

原料作用	原料矿物	质 量 要 求
引入 SiO_2	石英砂	$SiO_2 > 90\%$、$Fe_2O_3 < 0.2\%$
	岩砂	$SiO_2 > 95\%$、$Fe_2O_3 < 0.3\%$
引入 Na_2O	纯碱	$Na_2CO_3 > 98\%$、$NaCl < 1\%$、$Na_2SO_4 < 0.1\%$、$Fe_2O_3 < 0.1\%$
	芒硝	$Na_2SO_4 > 85\%$、$NaCl < 2\%$、$CaSO_4 < 4\%$、$Fe_2O_3 < 0.3\%$、$H_2O < 5\%$
引入 Al_2O_3	长石	$Al_2O_3 > 16\%$、$Fe_2O_3 < 0.3\%$、R_2O[①] $> 12\%$
	高岭土	$Al_2O_3 > 25\%$、$Fe_2O_3 < 0.4\%$
引入 CaO	石灰石、方解石	$CaO \geqslant 50\%$、$Fe_2O_3 < 0.15\%$
引入 MgO	白云石	$MgO \geqslant 20\%$、$CaO \leqslant 32\%$、$Fe_2O_3 < 0.15\%$

① 碱含量，氧化钾和氧化钠的合称。

10.1.4 混凝土

由胶结材料（如水泥、石灰、石膏类无机胶结材料，沥青、树脂等有机胶结材料或无机有机复合材料）、颗粒状骨料以及必要时加入的由化学外加剂和矿物掺合料组分合理配合而成的混合料，加水拌和硬化后形成的具有堆积结构的材料称为混凝土。

（1）混凝土的组成　水泥混凝土的组成及各组分材料的大致比例如表 10-4 所示。

表 10-4　混凝土组成及各组分材料体积比

组成成分	水泥	水	砂	石	空气
占混凝土总体积/%	10～15	15～20	21～33	35～48	1～3
	22～35		66～78		1～3

此外，常在混凝土中加入各种外加剂以改善混凝土性能。

（2）混凝土的特性

① 可根据不同要求配制各种不同性质的混凝土。

② 混凝土在凝结前具有良好的塑性，因此可浇制各种形状和大小的构件和预制件。

③ 混凝土与钢筋有牢固的黏结力，能制作钢筋混凝土的结构和构件，大大增强混凝土制品的拉伸强度。

④ 混凝土制品经硬化后抗压强度高，耐久性好。

⑤ 混凝土组成材料中砂、石等占很大部分，成本低。

所以，混凝土是一种重要的建筑材料，在建筑、道路、桥梁、水利、海洋等工程中应用广泛，在国家基本建设中占有非常重要的地位。

10.2　典型固体废物制备建筑材料

10.2.1　尾矿

尾矿是一种具有很大开发利用价值的二次资源，尾矿的综合利用与资源化是矿业发展的必由之路，也是保持矿业可持续发展的基础。

尾矿的资源化途径主要包括两方面：一是尾矿作为二次资源再选，再回收有用的矿物；二是尾矿的直接利用，指未经过再选的尾矿按其成分归为某一类或者某几类非金属矿来进行利用。尾矿利用的这两个途径是密切相关的，矿山可根据自身条件进行选择，也可二者结合共同开发，如先回收尾矿中的有价组分，再将余下的尾矿直接利用，从而实现尾矿整体的综合利用。

尾矿的资源化途径有：从尾矿中回收有用金属和矿物、尾矿生产建筑材料、用尾矿回填矿山采空区等。此外，尾矿还可当作微量元素肥料使用，或用作土壤改良剂等。本节重点介绍尾矿在建筑材料中的应用。

10.2.1.1　利用尾矿生产墙体材料

目前应用尾矿生产的墙体材料类型有蒸养砖、免蒸砖、承重砌块、加气混凝土砌块等。

（1）利用尾矿生产蒸养砖　尾矿生产蒸养砖的反应机理是：尾矿粉、生石灰、水混合搅拌，生石灰遇水消解成 $Ca(OH)_2$，蒸压处理时，$Ca(OH)_2$ 在高压饱和蒸汽条件下与 SiO_2 进行硬化反应，生成含水硅酸即硬硅酸钙及透闪石，使尾矿产生硬度。

西华山钨矿利用尾矿制作灰砂砖，其强度比红砖高出一倍以上，达到当时遵循的《蒸压灰砂砖》（JC 153—75）的技术指标。其生产工艺是：原料处理（尾矿砂去杂、生石灰破碎、细磨），配料，加水搅拌，入仓消解，压制成型，饱和蒸汽养护，成品堆放。

为了保证灰砂砖的质量，对原材料和制作工艺要有严格的要求。尾矿砂中 SiO_2 含量不得低于 65%，以保证砖的强度；水溶性钾钠氧化物的含量不得高于 2%，且不得含有杂物和成团的泥土。对砂子粒度的要求为 0.5～1.2mm 的占 65% 以上，大于 1.2mm 的砂子只能占 5% 以下，粒度小于 0.15mm 的特别细的砂子只能占 30% 以下。石灰中有效 CaO 含量越高，产品质量就越好。CaO 含量必须大于 60%，而 MgO 含量要小于 5%。已加工好的石灰粉应保存在密封的储仓中，保留期最长不得超过 7d。为保证消化良好，石灰应磨细至 160 目。石灰混合后的消解时间应在 30min 以内，消解温度应在 55℃以上。

（2）利用尾矿生产免蒸砖　一般工艺过程是：以细尾料为主要原料，配入少量的骨料、钙质胶凝材料及外加剂，加入适量的水，均匀搅拌后在压力机上模压成型，脱模后标准养护，即成尾矿免烧砖成品。

（3）利用尾矿砂生产承重砌块　歪头山矿以尾矿砂代替石英砂生产承重砌块取得很好的效果，该产品经国家权威部门检测，完全达到当时遵循的 GB 8239—1997 标准，强度等级为 MU10.0。该矿还与美国合作建设了年产 10 万立方米的承重砌块工厂。

10.2.1.2　利用尾矿生产水泥

利用尾矿生产水泥，除处理尾矿外，还有以下目的：一是利用尾矿砂中含铁量高的特点，以尾矿砂替代常用水泥配方使用的铁粉；二是用尾矿替代水泥原料的主要成分。我国一些矿山利用当地的尾矿（如铜尾矿、铅锌尾矿、金尾矿、铁尾矿、钼铁尾矿等）为原料生产水泥取得了很好的效果。

如利用铅锌尾矿不仅可以代替部分水泥原料，而且还能起到矿化作用，能够有效提高熟料产量和质量以及降低煤耗。铅锌尾矿的主要成分是 SiO_2、Al_2O_3、Fe_2O_3、CaO，此外还有一些 Ba、Ti、Mn 等微量元素。掺加铅锌尾矿煅烧水泥，主要是利用尾矿中的微量元素改善熟料煅烧过程中硅酸盐矿物及熔剂矿物的形成条件，从而降低液相产生的温度。

10.2.1.3　利用尾矿生产微晶玻璃

微晶玻璃作为一种新型微晶材料，以其优异的耐高温、耐腐蚀、高强度、高硬度、高绝缘性、低介电损耗、化学稳定性在国防、航空航天、电子、生物医学、建材等领域获得了广泛的应用。

尾矿中含有制备微晶玻璃所需的 CaO、MgO、Al_2O_3、SiO_2 等基本成分，因此，利用尾矿制备各种性能的微晶玻璃，不仅能够实现资源的充分和有效利用，而且可解决尾矿堆存所带来的环境和经济成本等问题，实现经济、环境和社会的多重效益。

尾矿微晶玻璃制备技术有两种。

（1）熔融法　熔融法制备微晶玻璃是传统的方法，将配合料在高温下熔制为玻璃后直接成型为所需形状的产品，经退火后在一定温度下进行核化和晶化，以获得晶粒细小且结构均匀致密的微晶玻璃制品。

熔融法的优点：①可采用任何一种玻璃成型方法，如压延、压制、吹制、拉制等；②制品无气孔，致密度高；③玻璃组成范围宽。

熔融法存在的问题主要有：①熔制温度过高，能耗大；②热处理条件难以控制。

（2）烧结法 烧结法是将熔制玻璃粒料与晶化分两次完成。首先将配合料经高温熔制为玻璃，再以水淬冷，使其粉碎为细小颗粒，成型后采用与陶瓷烧结类似的方法，让玻璃粉在半熔融状态下致密化并成核析晶。

烧结法的优点：①该法制备微晶玻璃不需经过玻璃成型阶段；②由于晶化与小块玻璃的黏结同时进行，因此不易炸裂，产品成品率高、节能，可方便地生产出异型板材和各种曲面板，并具有类似天然石材的花纹；③由于颗粒细小，表面积增加，比熔融法制得的玻璃更易于晶化，可不加或少加晶核剂。

相对于熔融法，烧结法的缺点是产品中存在气孔，导致成品率降低。

10.2.2 煤矸石

煤矸石是采煤和洗煤过程中排出的固体废物，是在成煤过程中与煤层伴生的一种含碳量较低、比煤坚硬的黑灰色岩石。一般每采 1t 原煤排出矸石 0.2t 左右。

煤矸石是由碳质页岩、碳质砂岩、砂岩、页岩、黏土等组成的混合物，发热量一般为 4.19～12.6MJ/kg。不同地区的煤矸石由不同种类的矿物组成，其含量相差悬殊。一般煤矸石的矿物组成为石英、蒙脱石、长石、伊利石、石灰石、硫化铁、氧化铝等。煤矸石的化学成分复杂，所包含的元素可多达数十种。氧化硅和氧化铝是主要成分，另外含有数量不等的氧化铁、氧化钙、氧化镁、氧化钠、氧化钾、磷和硫的氧化物（P_2O_5、SO_3）以及微量的稀有金属元素（钛、钒、镓等），此外，煤矸石的烧失量一般大于 10%。其化学组成如表 10-5 所示。

表 10-5 煤矸石的化学组成

成分	SiO_2	Al_2O_3	Fe_2O_3	CaO	MgO	TiO_2	P_2O_5	K_2O+Na_2O	V_2O_5
含量/%	51～65	16～36	2.28～14.63	0.42～2.32	0.44～2.41	0.90～4	0.078～0.24	1.45～3.9	0.008～0.01

煤矸石是我国排放量最大的工业固体废物之一。煤矸石长期存放，不仅占用大量土地，而且其中硫化物的逸出或浸没还会污染大气、土壤和水质。煤矸石自燃时，排放大量的有害气体，污染大气环境。大力开展煤矸石综合利用可以增加企业的经济效益，改善煤炭产业的产品结构。因此，煤矸石的多用途研究始终是固废资源化利用的重点研究内容之一。

利用煤矸石生产建筑材料及制品前，应对所用煤矸石的化学成分、矿物成分、发热量、物理性能等指标进行综合评价，并做小试；原料成分复杂、波动大时，应进行半工业性试验。

煤矸石建材及制品，应以发展高掺量煤矸石烧结制品为主，积极发展煤矸石承重、非承重烧结空心砖、轻骨料等新型建材，逐步替代黏土；鼓励煤矸石建材及制品向多功能、多品种、高档次方向发展。

利用煤矸石为原料生产的建材产品，如烧结砖、水泥、轻集料等，产品质量应符合《煤矸石利用技术导则》（GB/T 29163—2012）。

10.2.2.1 煤矸石制烧结砖

煤矸石烧结砖用煤矸石代替黏土作原料，经过粉碎、成型、干燥、焙烧等工序而成。其工艺流程如图 10-1 所示。

煤矸石烧结砖质量较好，颜色均匀，其抗压强度一般为 9.8～14.7MPa，抗折强度为

2.5～5MPa，抗冻、耐火、耐酸、耐碱等性能较好，可用来代替黏土砖。利用煤矸石代替黏土制砖可化害为利，变废为宝，节约能源，节省土地，改善环境，创造利润，具有一定的环保、经济和社会效益。

（1）破碎工艺　煤矸石的破碎工艺一般采用二级破碎或三级破碎工艺。对煤矸石物料粒度的控制范围是大于 3mm 的颗粒不能超过 5%，1mm 以下的细颗粒应在 65% 以上。

（2）成型工艺　煤矸石砖的成型一般采用塑性挤出成型方式。采用物料在挤泥机内连续挤压的方法，将无定型的松散泥料压成紧密的且具有一定断面形状的泥条，然后经切坯机切成一定尺寸的砖坯。

（3）干燥工艺　塑性挤出成型的砖坯，水分含量一般为 15%～20%，必须经过干燥后才能入窑焙烧。一般利用余热进行人工干燥。干燥收缩率一般在 2%～3% 范围内。

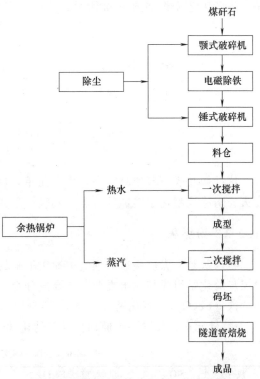

图 10-1　煤矸石烧结砖生产工艺流程图

（4）焙烧工艺　焙烧是煤矸石烧结砖生产中一个既复杂又关键的工序。煤矸石的烧结温度范围一般为 900～1100℃，焙烧窑用轮窑、隧道窑比较适宜。由于煤矸石中有 10% 左右的炭及部分挥发物，故焙烧过程无须加热。

10.2.2.2　煤矸石生产轻骨料

用煤矸石生产轻骨料的工艺可以分为两类：一类是用烧结机生产烧结型的煤矸石多孔烧结料；另一类是用回转窑生产膨胀型的煤矸石陶粒。煤矸石中的含碳量对轻骨料的质量和成本有很大影响。对于用烧结机的工艺，含碳量在 10% 左右，可以生产出合格的陶粒，并能降低燃料和生产成本。而使用回转窑的工艺，对煤矸石含碳要求严格，含碳量过高，使陶粒的膨胀不易控制。

目前国内生产煤矸石轻骨料多采用回转窑法。煤矸石陶粒所用原料为煤矸石和绿页岩。绿页岩是露天矿剥离出来的废石，磨细后塑性较大，主要用来做煤矸石陶粒的胶结料。其原料配比是绿页岩：煤矸石＝2：1，或者绿页岩：沸腾炉渣＝（1～2）：1。生料球在回转窑内焙烧，焙烧温度为 1200～1300℃。

煤矸石陶粒是大有发展前途的轻骨料，它不仅为处理煤炭工业废料、减少环境污染找到了新途径，还为发展优质、轻质建筑材料提供了新资源，是煤矸石综合利用的一条重要途径。

10.2.2.3　生产微孔吸声砖

用煤矸石可以生产微孔吸声砖，其生产工艺是：将粉碎后的各种干料同白云石、半水石膏混合，然后将混合物料与硫酸溶液混合，约 15s 后，将配制好的泥浆注入模；白云石和硫酸发生化学反应产生气泡，使泥浆膨胀，并充满模具；最后将浇注料经干燥、焙烧制成成品。生产工艺流程如图 10-2 所示。

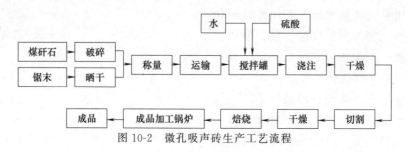

图 10-2　微孔吸声砖生产工艺流程

这种微孔吸声砖取材容易，生产简单，施工方便，价格便宜，具有隔热、保温、防潮、防火、防冻及耐化学腐蚀等特点，其吸声系数及其他性能均能达到吸声材料的要求。

10.2.3　粉煤灰

粉煤灰是从煤燃烧后的烟气中捕集下来的细灰，是一种具有火山灰质活性的混合材料。粉煤灰的化学组成与黏土类似，主要成分为二氧化硅（SiO_2）、三氧化二铝（Al_2O_3）、三氧化二铁（Fe_2O_3）、氧化钙（CaO）和未燃炭，其余为少量 K、P、S、Mg 等化合物和 Cu、Zn 等微量元素。我国一般低钙粉煤灰的化学组成如表 10-6 所示。

表 10-6　我国一般低钙粉煤灰的化学组成

成分	SiO_2	Al_2O_3	Fe_2O_3	CaO	MgO	SO_3	K_2O+Na_2O	烧失量
含量/%	40~60	7~35	2~15	1~10	0.5~2	0.1~2	0.5~4	1~26

粉煤灰的矿物组成十分复杂，主要有无定形相和结晶相两类。无定形相主要为玻璃体，占粉煤灰总量的 50%~80%，此外，未燃尽的炭粒也属于无定形相。结晶相主要有莫来石、云母、长石、石英、磁铁矿、赤铁矿和少量钙长石、方镁石、硫酸盐矿物、石膏、金红石、方解石等。但结晶相往往被玻璃相包裹，因此，粉煤灰中以单体存在的结晶相较为少见，单独从粉煤灰中提纯结晶相非常困难。

粉煤灰是灰色或黑色的粉状物，含大量水的粉煤灰为黑色。粉煤灰具有多孔结构，内表面积较大，多半呈玻璃状，其常用物理性质有密度、堆密度、孔隙率和细度等。粉煤灰的活性是指当粉煤灰与石灰、水泥熟料等碱性物质混合加水后所显示的凝结硬化性能。

粉煤灰的活性物质含有较多的活性氧化物（SiO_2、Al_2O_3），它们能与氢氧化钙在常温下发生化学反应，生成较硬的水化硅酸钙和水化铝酸钙。因此当粉煤灰与石灰、水泥熟料等碱性物质混合加水拌和成胶泥状态后，能凝结、硬化并具有一定的强度。粉煤灰的活性不仅取决于它的化学组成，而且与它的物相组成和结构特征有关，高温熔融并经过骤冷的粉煤灰含有大量表面光滑的玻璃微珠，这些玻璃微珠含有较高的化学内能，是粉煤灰具有活性的主要矿物相。玻璃微珠中活性 SiO_2 和活性 Al_2O_3 含量越多，活性越高。

10.2.3.1　代替黏土原料生产水泥

由硅酸盐熟料和粉煤灰加入适量石膏磨细制成的水硬性胶凝材料，称为粉煤灰硅酸盐水泥，简称煤灰水泥。粉煤灰的化学组成与黏土类似，可用它代替黏土配制水泥生料。水泥工业采用粉煤灰配料可利用其中未燃尽的炭。如果粉煤灰中含 10% 的未燃尽炭，则每采用 10 万吨粉煤灰，相当于节约了 1 万吨燃料。另外，粉煤灰在熟料烧成窑的预热分解带中不需要消耗大量的热量，很快会生成液相，从而可以加速熟料矿物的形成。试验表明，采用粉煤灰代替黏土原料生产水泥，可以增加水泥窑的产量，降低燃料消耗量的 16%～17%。

10.2.3.2　作水泥混合材料

粉煤灰是一种人工火山灰质材料，它本身加水虽不硬化，但能与石灰、水泥熟料等碱性激发剂发生化学反应，生成具有水硬性胶凝性能的化合物，因此可用作水泥的活性混合材料。许多国家都制定了用作混合材料的粉煤灰的品质标准。在配制粉煤灰水泥时，对于粉煤灰掺量的选择应根据粉煤灰细度、质量情况进行，以控制在 20%～40% 为宜。一般，当粉煤灰掺量超过 40% 时，水泥的标准稠度需水量显著增大，凝结时间较长，早期强度过低，影响粉煤灰水泥的质量与使用效果。用粉煤灰作混合材料时，其与水泥熟料的混合方法有两种，既可将粗粉煤灰预先磨细，再与波特兰水泥混合，也可将粗粉煤灰与熟料、石膏一起粉磨。矿渣煤灰硅酸盐水泥是将符合质量要求的粉煤灰和粒化高炉渣两种活性混合材料按一定比例混合加入水泥熟料中，并加入适量石膏共同磨制而成，这种水泥的后期强度、干燥收缩、抗硫酸盐等性能均比矿渣水泥和粉煤灰水泥优越。

10.2.3.3　生产低温合成水泥

我国科技工作者研究出一种利用粉煤灰和生石灰生产低温合成水泥的生产工艺。其生产原理是将配合料先蒸汽养护（常压水热合成）生成水化物，然后经脱水和低温固相反应形成水泥矿物。低温合成水泥在煅烧过程中未产生液相，物相未被烧结。其生产工艺过程如下。

① 将石灰与少量晶种粉磨后与一定比例的粉煤灰混合均匀。配合料中石灰的加入量以石灰和粉煤灰中所含的有效氧化钙计算，以 (22±2)% 为宜。配合料中有效氧化钙含量过低，形成的水泥矿物相应减少，水泥强度下降；有效氧化钙含量过高，不能完全化合，形成游离氧化钙过多，对水泥强度不利。在配合料中加入少量晶种，在蒸汽养护过程中可促使水化物的生成和改变水化物的生成条件，对提高水泥的强度有一定作用，晶种可以采用蒸汽硅酸盐碎砖或低温合成水泥生产过程中的蒸汽物料，加入量为 2% 左右。

② 将石灰、粉煤灰混合料加水成型，进行蒸汽养护。蒸汽养护是低温合成水泥的关键工序之一，在蒸汽养护过程中，生成一定量的水化物，以保证在低温煅烧时形成水泥矿物，一般蒸汽养护时间以 7～8h 为宜。

③ 将蒸汽养护料在适宜温度下煅烧，并在该温度下保持一定时间。燃烧温度以 700～800℃ 为宜，煅烧时间随蒸汽物料的形状、尺寸、含碳量以及煅烧设备而异。

④ 将煅烧好的物料加入适量石膏，共同研磨成水泥。

低温合成水泥具有块硬、强度大的特点，可制成喷射水泥等特种水泥，也可制作用于一般建筑工程的水泥。

10.2.3.4　制作无熟料水泥

用粉煤灰制作的无熟料水泥包括石灰粉煤灰水泥和纯粉煤灰水泥。

石灰粉煤灰水泥是将干燥的粉煤灰掺入 10%～30% 的生石灰或消石灰和少量石膏混合粉磨，或分别磨细后再混合均匀制成的水硬性胶凝材料。其主要用于制造大型墙板、砌块和水泥瓦等，适用于农田水利基本建设和低层的民用建筑工程，如基础垫层、砌筑砂浆等。

纯粉煤灰水泥是指在燃煤发电的火力发电厂中，采用炉内增钙的方法获得的一种具有水硬性能的胶凝材料。该水泥可用于配制砂浆和混凝土，适用于地上、地下的一般民用、工业建筑和农村基本建设工程；该水泥耐蚀性、抗渗性较好，因而也可用于一些小型水利工程。

10.2.3.5 蒸制粉煤灰砖

蒸制粉煤灰砖是以电厂粉煤灰和生石灰或其他碱性激发剂为主要原料，也可掺入适量的石膏，并加入一定量的煤渣或水淬矿渣等骨料，经加工、搅拌、消化、轮碾、压制成型、常压或高压养护后制成的一种墙体材料。

蒸压粉煤灰砖所用的原材料主要是粉煤灰、胶结料（包括生石灰、水泥、电石渣、硫脲渣等）、骨料（包括炉渣、石屑、砂等）。

经过多年的生产实践，各地生产企业均总结研制出了适应当地原料生产条件的成功配方（表10-7），现将配方数据归纳在一起，供广大读者参考。

表 10-7　蒸压粉煤灰砖配方　　　　　　　　　　单位：%

粉煤灰	胶结料				骨料			总水分
	水泥	生石灰	电石渣	硫脲渣	砂	炉渣	石屑	
50～60	8～12	10～15	12～17	14～20	25～30	27～32	28～33	11～13

注：1. 表中数据为干基数量百分比。
2. 表中各种胶结料、骨料均为单独使用时的百分比，如需2种以上混合使用，可通过试验确定。
3. 总水分是指各种物料加水混合后的含水率，适用于千吨以上压力的多次排气压砖机。

10.2.3.6 蒸汽加压混凝土

粉煤灰蒸汽加压混凝土是一种以粉煤灰为主要原料，采用特殊化学发气方法形成的内部多孔的蒸压多孔硅酸盐混凝土，产品包括砌块（GB/T 11968—2020）和板材（GB/T 15762—2020）两类，具有质轻、保温、防火、便于施工、耐久性好等特点，因此得到了社会的认可并广泛推广应用。尤其近年来，全球都在倡导建设低碳、绿色环保、可持续发展的人类生存环境，为其普遍应用及技术的发展开辟了广阔的前景。

粉煤灰蒸汽加压混凝土与普通的水泥混凝土在结构和形成机理方面是不同的。前者主要由氧化钙（石灰）和硅质骨料表面发生化学反应生成的水化硅酸钙和托勃莫来石结晶等将骨料残余物胶结起来，并与铝粉反应生成的气孔一起形成一个整体，而后者则是由水泥水化生成的水化产物（凝胶），并主要依靠物理吸附力将骨料胶结成整体。因而其材料性能也有显著的差别，主要表现在多孔性、力学性能、变形性能、吸水导湿性、热工性能、声学性能、耐热与耐火性能、透气性等诸多方面。

粉煤灰蒸汽加压混凝土按组成材料可分为石灰-粉煤灰蒸汽加压混凝土和水泥-石灰-粉煤灰蒸汽加压混凝土两种体系。

原材料包括以下几个方面。

（1）基本材料

① 石灰。石灰是生产蒸汽加压混凝土的主要钙质材料，其作用包括三个方面：a. 提供有效氧化钙，并在水热条件下与粉煤灰中的活性物质（SiO_2、Al_2O_3）作用，生成水化硅酸钙和水化硅铝酸钙，从而使制品获得强度；b. 提高蒸汽加压混凝土料浆的碱度，提供铝粉发气条件，促使铝粉进行发气反应；c. 石灰水化时放出大量的热，提高料浆的温度，并且在坯体硬化阶段促使坯体中的胶凝材料进一步凝结硬化。

石灰应满足《硅酸盐建筑制品用生石灰》（JC/T 621—2021）中"Ⅲ级"的要求，即满足 A(CaO+MgO)、MgO、未消化残渣、消化速度、消化温度、细度等指标。

② 粉煤灰。细度、烧失量、二氧化硅含量、三氧化硫含量符合《硅酸盐建筑制品用粉煤灰》（JC/T 409—2016）中规定的技术指标要求。

③ 水泥。单独采用水泥作为钙质材料时，水泥必须能够提供足够的氧化钙，从而参加生成水化硅酸钙的反应，并要保证蒸汽加压混凝土坯体能够及时稠化和硬化，因此需要选用强度等级较高的无混合材料的硅酸盐水泥或只掺少量混合材料的普通硅酸盐水泥；如果水泥和石灰混合使用，且以石灰为主时，水泥主要起调节料浆稠度与黏度和可塑性、加速坯体硬化、促进蒸养过程水热反应等作用，除可使用硅酸盐水泥外，也可采用强度等级较低的水泥。

（2）发气材料　发气材料在蒸汽加压混凝土中的作用是在料浆中进行化学反应，放出气体并在料浆中形成尺寸适当、大小均匀的球形气泡，并能保持稳定而不变形破裂。因此，除了选用适宜的发气材料（发气剂）外，还要添加对气泡起稳定作用的材料（稳泡剂）。发气剂和稳泡剂的种类都有很多。由于金属铝的发气反应比较容易控制，发气量大，比较经济，因此目前国内外都以铝粉膏（JC/T 407—2008）为发泡剂。凡能降低固-液-气相表面张力、提高气泡膜的强度的物质均可起到成泡稳泡的作用，都可作为稳泡剂。表 10-8 是各种发气剂、稳泡剂的归类表。

表 10-8　各种发气剂与稳泡剂

发气剂	金属发气剂	纯金属制剂	铝、镁、锌粉
			铝粉膏
		合金制品	铝合金
			硅铁合金
	非金属发气剂	流体	双氧水
		固体	碳化钙
			碳酸钠加盐酸
稳泡剂	化学合成物		拉开粉、洗衣粉、肥皂粉
			可溶油、净洗剂
	植物制剂		皂荚粉、茶籽饼等
			皂素粉、其他制成品

（3）调节材料　为了使蒸汽加压混凝土料浆发气膨胀和料浆稠化相适应，使浇注稳定并获得性能良好的坯体；为了加速坯体硬化，提高制品强度；为了避免制品在蒸汽加压养护过程中产生裂缝，都需要在蒸汽加压混凝土中加入适当的调节材料。

根据起作用的不同阶段，可将调节材料分为发气过程调节材料和蒸汽加压养护过程调节材料两类。前者以石膏、烧碱、水玻璃为主，后者以菱苦土最为常用。

（4）结构材料　用蒸汽加压混凝土生产板材时，需要使用钢筋（GB/T 1499）作为结构材料，以便使板材能够承受弯曲荷载产生的拉应力。但由于自身的多孔性和低碱度，蒸汽加压混凝土不能有效地保护内部的钢筋不发生锈蚀；相反，由于蒸汽加压混凝土在蒸汽加压养护工艺和使用过程中容易吸潮，钢筋在蒸汽加压混凝土中更容易被锈蚀。所以，钢筋必须进行特殊的防锈处理，方法通常是在钢筋表面浸涂防锈剂。

世界各国所用的防腐剂大多是涂料类，大体可分为水性涂料、油性涂料、无溶剂涂料三种类型。

从尽可能兼顾生产工艺和制品的强度、碳化、收缩等性能的角度出发，国内的科研和生产单位倾向于认为蒸汽加压混凝土的最佳配合比是：水泥 10%～20%；石灰 20%～24%（其中有效氧化钙 14%～17%）；石膏 3%～5%；水料比 0.6；粉煤灰细度 180 目；筛余量 15%～25%。

10.2.4　高炉渣

高炉渣是冶炼生铁时从高炉中排出的一种废渣，是由脉石、灰分、助熔剂和其他不能进入生铁中的杂质所组成的易熔混合物，主要的化学成分是 SiO_2、Al_2O_3、CaO，三者含量占 90% 以上，因此高炉渣属于硅酸盐质材料。此外还有 MgO、MnO_2、Fe_2O_3 等，各种氧化物成分以各种形式的硅酸盐矿物形式存在。

由于炼铁原料品种和成分的变化以及操作等工艺因素的影响，高炉渣的组成和性质也不尽相同。高炉渣化学成分中的碱性氧化物含量之和与酸性氧化物含量之和的比值称为高炉渣的碱度（以 M_0 表示），即

$$M_0 = \frac{[CaO] + [MgO]}{[SiO_2] + [Al_2O_3]}$$

碱度（M_0）比较直观地反映了高炉渣中碱性氧化物和酸性氧化物含量的关系。$M_0 > 1$ 为碱性高炉渣，$M_0 < 1$ 为酸性高炉渣。碱性高炉渣和酸性高炉渣的矿物组成差异很大。

高炉渣属于硅酸盐质材料，又是在 1400～1600℃ 高温下形成的熔融体，因而便于加工成多品种的建筑材料。在利用高炉渣之前需要进行加工处理，用途不同，加工处理的方法也不相同。国内通常把高炉渣加工成水渣、矿渣碎石、膨胀矿渣和矿渣珠等形式加以利用。

10.2.4.1　水渣

高炉渣水淬处理工艺就是将热熔状态的高炉渣置于水中急速冷却的处理方法，水淬处理后的高炉渣可变为粒状矿渣（水渣）。

（1）生产矿渣水泥　水渣具有潜在的水硬胶凝性能，在水泥熟料、石灰、石膏等激发剂作用下可显示出水硬胶凝性能，是优质的水泥原料。水渣既可作为水泥混合料使用，也可制成无熟料水泥。

① 矿渣硅酸盐水泥。将硅酸盐水泥熟料与粒化高炉渣加入 3%～5% 的石膏混合磨细或者分别磨细后再混合均匀而制成的一种水泥。高炉渣的掺入量对水泥的抗压强度影响不大，而对抗拉强度的影响更小，这对提高水泥质量、降低水泥生产的成本是十分有利的。

② 石膏矿渣水泥。将干燥的水渣和石膏、硅酸盐水泥熟料或石灰按照一定的比例混合磨细或者分别磨细后再混合均匀所得到的一种水硬性胶凝材料。这种石膏矿渣水泥成本较低（水渣配入量高达 80%），具有较好的抗硫酸盐侵蚀和抗渗透性，适用于混凝土的水工建筑物和各种预制砌块。

③ 石灰矿渣水泥。将干燥的粒化高炉渣、生石灰或消石灰以及 5% 以下的天然石膏按适当的比例混合磨细而成的一种水硬性胶凝材料。石灰矿渣水泥可用于蒸汽养护的各种混凝土预制品，水中、地下、路面等的无钢筋混凝土，以及工业与民用建筑砂浆。

（2）作混凝土掺合料　粒化高炉渣是一种活性材料，经过超细粉磨后，其活性显著提高。用作混凝土掺合料可等量取代 20%～50% 的水泥，可配制成高性能混凝土。由于矿渣的磨细度很高，其活性在碱性条件下得到了充分的发挥，使混凝土和水泥的多项性能得到了极大的提高和改善。

（3）生产矿渣砖　用水渣加入一定量的水泥等胶凝材料经过搅拌、成型和蒸汽养护而成的砖叫作矿渣砖，其中水渣含量在 85%～90%。其生产工艺流程如下：原料过滤→搅拌→混料→称料→入模→出坯→蒸汽养护→成品。

矿渣砖的性能如下：

① 规格：240mm×115mm×53mm。

② 抗压强度：10～20MPa。

③ 抗折强度：2.4～3.0MPa。

④ 容重：2000～2100kg/m^3。

⑤ 吸水率：7％～10％。

⑥ 热导率：2.09～2.508kJ/(m·h·℃)。

⑦ 磨损系数：0.94。

⑧ 抗冻性：经过 25 次冻融循环，强度合格。

⑨ 适用范围：适用于地下和水下建筑，不适宜用于 250℃ 以上部位。

10.2.4.2　矿渣碎石

矿渣碎石是高炉渣在指定的渣坑或渣场自然冷却或淋水冷却形成较为致密的矿渣后，再经过挖掘、破碎、磁选和筛分而得到的一种碎石材料。矿渣碎石的用途很广，用量也很大，主要用于公路、机场、地基工程、铁道道砟、混凝土骨料和沥青路面等。

矿渣碎石配制的混凝土具有与普通混凝土相近的力学性能，配制方法也与普通混凝土相似（只是用水量稍高），而且还有良好的保温、隔热、抗渗和耐久性能。矿渣碎石混凝土的应用范围较广，可以作预制、现浇和泵送混凝土的骨料。

10.2.4.3　膨胀矿渣和矿渣珠

膨胀矿渣是用适量冷却水急冷高炉熔渣而形成的一种多孔轻质矿渣。膨胀矿渣主要用作混凝土轻骨料，也用作防火墙隔热材料，用膨胀矿渣制成的轻质混凝土不仅可以用于建筑物的围护结构，而且可以用于承重结构。

矿渣珠可以用于轻混凝土制品及结构，如用于制作砌块、楼板、预制墙板及其他轻质混凝土制品。直径小于 3mm 的矿渣珠与水渣的用途相同，可供水泥厂作矿渣水泥的掺合料用，也可以作为公路路基材料和混凝土细骨料使用。

矿渣珠还可用于生产建材玻璃，在玻璃配料中引入部分精选高炉渣具有以下优点：加速玻璃的熔制过程，降低熔化温度，从而减少能源的消耗；改善玻璃质量，明显减少玻璃的缺陷；降低产品成本；减少对环境的污染。

10.2.5　钢渣

钢渣是炼钢过程中金属料（铁水、废钢等）中的碳、硅、硫、磷等杂质被氧化剂氧化而成的氧化物再与造渣剂和炉衬发生物理化学反应而形成的产物的总称。钢渣是炼钢过程中排出的废渣，是炼钢过程中的必然副产物。

根据炼钢所用炉型的不同，钢渣分为转炉渣和电炉渣。钢渣的形成温度在 1500～1700℃，高温下呈液体状态，缓慢冷却后呈块状或粉状；转炉渣一般为深灰、深褐色；电炉渣多为白色。

钢渣由钙、铁、硅、镁、铝、锰、磷等的氧化物组成，其中钙、铁、硅氧化物占绝大部分。各种成分的含量根据炉型、钢种的不同而异，有时相差悬殊。

钢渣的主要矿物组成为硅酸三钙（$3CaO·SiO_2$）、硅酸二钙（$2CaO·SiO_2$）、钙镁橄榄石（$CaO·MgO·SiO_2$）、钙镁蔷薇辉石（$3CaO·MgO·2SiO_2$）、铁酸二钙（$2CaO·Fe_2O_3$）、RO（R 代表镁、铁、锰，RO 代表 MgO、FeO、MnO 形成的固溶体）、游离石灰

(f-CaO) 等。钢渣的矿物组成主要取决于其化学组成，特别是与其碱度有关。钢渣化学成分中的碱性氧化物含量之和与酸性氧化物含量之和的比值称为钢渣的碱度（以 M_0 表示），即：

$$M_0 = \frac{[CaO]}{[SiO_2] + [P_2O_5]}$$

碱度（M_0）比较直观地反映了钢渣中碱性氧化物和酸性氧化物含量的关系。根据碱度的高低，可将钢渣分为：低碱度渣（$M_0 = 1.3 \sim 1.8$）、中碱度渣（$M_0 = 1.8 \sim 2.5$）和高碱度渣（$M_0 > 2.5$）。

钢渣的利用途径大致可分为内循环和外循环两种。内循环指钢渣在钢铁企业内部利用，作为烧结矿的原料和炼钢的返回料。外循环主要是指钢渣用于建筑建材行业。

本节仅介绍钢渣在建筑建材行业的应用。钢渣在此行业中的利用受制约的主要因素是钢渣的体积不稳定。钢渣中存在 f-CaO、f-MgO，它们在高于水泥熟料烧成的温度下形成，结构致密，水化很慢，f-CaO 遇水后水化形成 $Ca(OH)_2$，体积膨胀 98%，f-MgO 遇水后水化形成 $Mg(OH)_2$，体积膨胀 148%，因而容易在硬化的水泥浆体中发生膨胀，导致掺有钢筋的混凝土工程、道路、建材制品开裂。因此钢渣在利用之前必须进行有效的处理，使 f-CaO、f-MgO 充分消解才能使用。

10.2.5.1 生产水泥

钢渣中含有和水泥类似的硅酸三钙、硅酸二钙及铁铝酸盐等活性矿物，具有水硬胶凝性，因此可成为生产无熟料或少熟料水泥的原料，也可作为水泥掺合料。用钢渣生产的水泥适于蒸汽养护，具有后期强度高、耐腐蚀、微膨胀、耐磨性能好、水化热低等特点，并且还具有生产简便、投资少、设备少、节省能源、成本低等优越性。其缺点是早期强度低、性能不稳定，限制了它的推广和应用。

日本研究用钢渣生产铁酸盐水泥，该水泥的抗压强度和其他主要性能几乎与硅酸盐水泥一样。铁酸盐水泥早期强度高，水化热低。铁酸盐水泥中掺入石膏后，可生成大量硫酸铁盐，能有效地减少水泥石干缩并提高其抗海水腐蚀的性能。

10.2.5.2 作混凝土掺合料

钢渣通过磨细到一定细度，比表面积大于 $400m^2/kg$ 时，可以最大限度地清除金属铁，通过超细粉磨使物料晶体结构发生重组，颗粒表面状况发生变化，表面能提高。机械激发钢渣的活性，可发挥水硬胶凝材料的特性，消除钢渣水泥生产中的易磨性差异问题。

钢渣微粉和高炉渣微粉复合时有优势叠加的效果。钢渣中的 f-CaO 和活性矿物遇水后生成 $Ca(OH)_2$，提高了混凝土体系的液相碱度，可以充当高炉渣微粉的碱性激发剂。因此，废钢渣和高炉渣复合粉可以取长补短，使性能更完善。

10.2.5.3 代替碎石和细骨料

钢渣代替碎石和细骨料具有材料性能好、强度高、自然级配好的特点，并且对开发利用陈年旧渣有一定的意义。

钢渣的力学性能比天然石料好。在使用钢渣作为碎石或骨料时，钢渣的稳定性是影响工程质量的关键。目前尚无彻底解决钢渣膨胀性的有效措施，各国普遍认为钢渣使用前应经陈化期，在自然条件下停放半年至一年，使其在风吹雨淋作用下，自然风化膨胀，体积达到稳定后再予以使用。存放的方法也很讲究，如果堆存高度太高，钢渣内部受不到风雨作用，即使停放很长时间，也达不到预期目的，所以一般是尽量使钢渣堆铺展开，使表面积大些为好。

钢渣碎石的硬度和颗粒形状都适合道路材料的要求。我国将钢渣经过稳定化处理后作道路垫层和基层，并制定了相应的行业标准《工程回填用钢渣》（YB/T 801—2008）和《道路用钢渣》（GB/T 25824—2010）。一般认为，钢渣用于修筑道路基层时，以使用掺入粉煤灰、石灰、土等外掺剂的混合料为宜。

钢渣基层混合料施工方便，强度增长快，养护期短，可加快施工进度。钢渣还可以用于沥青混凝土路面。钢渣在沥青混凝土中有很高的耐磨性、防滑性和稳定性，是公路建造中有价值的材料。钢渣内所含的氧化钙能防止沥青与钢渣剥离。

10.2.6 电石渣

电石渣是用电石（CaC_2）制取乙炔时产生的废渣。电石渣的成分和性质与消化石灰相似，$Ca(OH)_2$ 含量通常达 60%～80%（干基）。我国多采用湿法工艺制取乙炔，电石渣的含水率很高，需经沉淀浓缩才能利用。电石渣颜色发青，有气味，不宜直接用于民用建筑。电石渣的物理性能和主要成分分别如表 10-9 和表 10-10 所示。

表 10-9　电石渣的物理性能

原始成分/%	密度/(g/cm³)	颗粒组成/%			
		>0.1mm	0.1～0.05mm	0.05～0.01mm	<0.01mm
85～95	2.22～2.26	3～8	8～20	65～80	6～12

表 10-10　电石渣的主要成分

成分	CaO	MgO	Al_2O_3	Fe_2O_3	SiO_2	烧失量
含量/%	63.93	1.27	0.50	0.96	7.90	24.30

电石渣的利用途径较多：一是代替石灰石作水泥原料；二是代替石灰硅酸盐砌块、蒸压粉煤灰砖、炉渣砖、灰砂砖的钙质原料，但长期使用的企业很少；三是代替石灰配制石灰砂浆，但由于有气味，在民用建筑中很少使用；四是代替石灰用于铺路，但受使用运输半径的限制，应用并不广泛。总之，电石渣产生量不大，在建材工业中只有少数地区小批量利用。本节只介绍电石渣制水泥。

（1）物料配比　由于电石渣的含水率较高，配料前要进行两次脱水。一次脱水在浓缩池，使含水率降到 60% 左右；二次脱水在熟料库内完成，在熟料库停留 24h 以上，可使含水率降到 50%～55%，再进行配料。

电石渣较石灰石中的 SiO_2 含量低，在生产中用河砂进行校正。水泥生料的配比为：电石渣：黏土：河砂：铁粉＝80：10：7：3。

（2）生产工艺过程　电石渣制水泥的生产工艺和一般湿法生产水泥类似，如图 10-3 所示。它可分为三个阶段，即生料制备、熟料煅烧和水泥磨制。

① 生料制备。电石渣用泥浆泵送至水泥厂后先筛去杂质，然后送至直径 18m 的浓缩池浓缩至含水率 60% 左右。浓缩后的电石渣送至 3 个 φ6m×13m 的贮库。电石渣在贮库内沉降 24h 左右后，含水率降至 55% 左右。黏土、河砂和铁粉在贮库内分别制成浆状。电石渣浆、黏土浆、河砂浆和铁粉浆分别从库底按一定比例放入生料库，并用压缩空气搅拌均匀。

② 熟料煅烧。含水 50%～52% 的生料泥浆用泵送入回转窑的勺式喂料机。生料在窑内

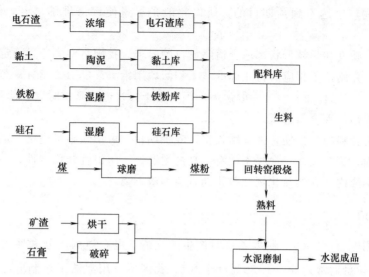

图 10-3 电石渣生产水泥工艺流程

经干燥、预热、分解、放热反应和冷却烧成熟料。

③ 水泥磨制。经破碎的熟料、煤矸石混合材和石膏分别按 81%～87%、10%～15%、3%～4%的比例喂入水泥磨中进行粉磨，粉磨后经筛选、包装然后入库。

（3）生产工艺控制指标　工艺过程控制指标如表 10-11 所示。

表 10-11　工艺过程控制指标

序号	工艺项目	单位	指标	备注
1	生料配比			根据 5、6、7 的率值要求及生产水泥的品种,可适当调整配料比例
	电石渣	%	82	
	黏土	%	10	
	铁粉	%	4	
	硅石	%	4	
2	生料浆含水	%	50～52	
3	煅烧温度	℃	1370～1450	
4	炉尾温度	℃	115±10	
5	熟料游离 CaO	%	<1.0	
6	熟料饱和比		0.90±0.02	形成硅酸三钙、硅酸二钙和铁铝酸四钙时,氯化钙与各酸性氧化物质量比
7	熟料硅酸率		2.5±0.1	熟料中氧化硅含量与氧化铝、氧化铁含量之和的比值
8	熟料铝氧率		1.20±0.1	熟料中氧化铝与氧化铁含量的比值
9	熟料平均标号		575	

10.2.7　氨碱废渣

碱渣是一种水分和氯化物含量较高的胶状物质。采用传统的水泥生产工艺处理碱渣势必造成能耗高、生料制备阶段很难混合均匀、很难除尽氯根等问题。选择适宜的煅烧温度,采用半湿法直接混料,并使残渣中的氯化物同生料中的相关组分（CaO、SiO_2、Al_2O_3、Fe_2O_3）形成一定分子结构的矿相组分,再经复配、球磨可得到类似于水泥的残渣建筑胶凝材料。

（1）工艺流程　将煤灰、石灰石、煤矸石等辅料按比例混合干燥、粉碎后与碱渣进行混合，经磨细、制段后，送至煅烧炉烧成水泥熟料，再经粗磨、细磨制成残渣建筑胶凝材料。

工艺流程如图 10-4 所示。

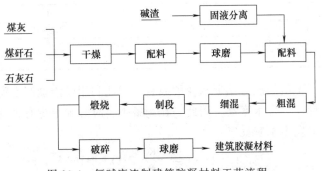

图 10-4　氨碱废渣制建筑胶凝材料工艺流程

（2）残渣建筑胶凝材料性能

① 残渣建筑胶凝材料主要化学组成如表 10-12 所示。

表 10-12　残渣建筑胶凝材料主要化学组成（质量分数）　　　　单位：％

CaO	SiO$_2$	Fe$_2$O$_3$	MgO	Cl$^-$	Na$_2$O	烧失量
55.74	9.34	5.03	4.06	1.61	0.16	3.70

② 残渣建筑胶凝材料物理性能如表 10-13 所示。

表 10-13　残渣建筑胶凝材料物理性能

细度	稠度 /%	凝结时间/min		抗折强度/MPa			抗压强度/kPa			安定性
4900 孔/cm^2 筛		初凝	终凝	3d	7d	28d	3d	7d	28d	
余量≤6.8%	26.4	35	80	4.1	5.2	6.6	21.4	32.4	43.8	合格

（3）工艺控制条件

① 生料制备：氯根 2%～8%；Al$_2$O$_3$ 4%～8%；酸碱比 $K=1.6$～2.0；Fe$_2$O$_3$ 2%～4%；CaO 30%～40%；碱渣含水（50±1）%；SiO$_2$ 8%～12%；料段尺寸 ϕ15mm×20mm。

② 熟料制备：煅烧温度（1000±100）℃；产品中 Cl$^-$ 小于 1.6%。

（4）处理效果　碱渣胶凝材料具有超过一般水泥指标的优良性能，可用于制作新型建材，特别是制作质轻、保暖、强度和价格适中的加气砌块制品。同时，在免烧砖和保温砖方面也有较大用量，可代替部分水泥作砌筑砂浆和素混凝土制品，具有早凝、快硬、强度高等特性。也可作黏合剂用于各种装修工程，如黏结大理石、马赛克砖、地板砖等，具有施工方便、固化快和黏着力大的特点。

此材料中含有一定量的 Cl$^-$，使水泥具有较好的早强效果，但对水泥构件中的钢筋有锈蚀作用，不适合用于钢筋混凝土及其制品。

10.2.8　纯碱废渣

天津碱厂（现天津渤化永利化工前身）氨碱法制纯碱，每生产 1t 碱排出 10m^3 的废液，其中含固渣 500～700kg。一个年产纯碱 45 万吨的装置，每年排渣约 30 万吨。

（1）碱渣的化学成分及性质　碱渣是白色膏状物质，表面有裂缝，稳定性差，含水 60%～63%，主要成分为 CaO，还有 SiO$_2$、NaCl、CaCl$_2$ 等物质，具有强烈的吸水性。主要化学成分如表 10-14 所示。

表 10-14　碱渣主要化学成分（质量分数）　　　　　　单位：%

化学成分	SiO$_2$	Fe$_2$O$_3$	Al$_2$O$_3$	CaO	MgO	Cl$^-$	烧失量
平均	10.17	1.13	1.70	40.83	4.86	11.69	30
最大	24.90	1.96	5.03	43.98	7.75	19.87	31
最小	6.36	0.36	0.38	34.97	2.50	7.36	29

（2）反应原理　碱渣的成分接近水泥的原料，因此利用碱渣烧制水泥比较合适。但碱渣氯化物、碱金属含量高，含水率高，因此，在制备生料时必须减少有害杂质，烧成时将氯脱除。氯化物在高温下发生水解反应：

$$CaCl_2 + H_2O \underset{1atm❶}{\overset{1000K}{\rightleftharpoons}} CaO + 2HCl \uparrow$$

在 SiO$_2$ 存在条件下，CaCl$_2$ 与之反应，平衡向生成 HCl 的方向进行，使氯得以脱除，总的反应为：

$$CaCl_2 + SiO_2 + H_2O \rightleftharpoons CaSiO_3 + 2HCl \uparrow$$

升温脱除碱金属，并利用机械方法脱去水分，以制得产品质量合格的水泥。

（3）工艺流程　纯碱废渣制水泥工艺流程如图 10-5 所示。

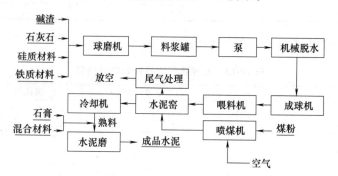

图 10-5　纯碱废渣制水泥工艺流程

原料碱渣、石灰石、硅质材料及铁质材料按比例混合制成料浆，经机械脱水成球后，经计量送至回转水泥窑煅烧成熟料，水泥熟料经冷却、粉碎后加入石膏及混合材料，经水泥磨研磨至一定粒度后送至水泥库包装成水泥产品。

煅烧所需热量由喷煤机喷入回转窑内的粉煤燃烧供给。

回转窑排出的尾气含有氯化氢，用水吸收后回收盐酸。

（4）工艺控制指标

① 原料配比。生料碱渣占 40%～60%（干基），生料中碱渣＋石灰石占 66%～93%，KH（石灰饱和系数）、n（硅率）、p（铝率）三个率值按熟料要求调整。

② 料浆。细度 4900 孔/cm^3，筛余＜10%，水分＜70%。

③ 熟料。密度 1400g/L，游离氧化钙 f_{CaO} ＜1%，总氯离子含量 T_{Cl^-} ＜0.5%。

（5）处理效果　与普通硅酸盐水泥生产装置相比，碱渣水泥生产工艺及设备复杂，投资费用高，成本也略高，但只要在大规模生产中采用先进设备进行优化设计，并加强管理，碱渣水泥成本仍有希望接近普通硅酸盐水泥水平。由于碱渣水泥属于废渣综合利用，按国家规

❶ 1atm＝101325Pa。

定的投资优惠政策以及产品在一定时期享受的免税条件，碱渣水泥仍有一定的竞争能力。

10.2.9　硼泥

硼泥是化工厂利用天然的硼镁矿经化学处理提取硼后剩余的多种化合物的混合物。硼泥的化学组成主要是碳酸盐（特别是碱式碳酸盐），外形呈浅黄色的土块状。硼泥呈碱性，硼砂泥的 pH 值约为 9，硼酸泥的 pH 值约为 7。硼泥中化学成分的含量随着矿石产地和生产工艺的不同而波动，但其基本组成不变。

全国每年排放大量硼泥，由于硼泥为碱性，所以对农田、地下水、大气都有不同程度的危害。硼泥有多种利用途径。对于硼泥的利用应因自然条件的不同，因地制宜加以选择。本节仅介绍硼泥在建材领域的应用。

硼泥与黄土、炉灰按 1∶2∶0.3 混合后可作为烧砖的原料。由于硼泥较细，掺入硼泥后制成的砖坯表面光洁，粘接紧密，砖坯不易断裂。硼是一种典型的化学稳定剂，因此掺入硼泥制成的砖抗粉化、抗潮湿、抗冻性能较一般黏土砖为优。

硼泥也可用于制作陶粒，因为硼泥中含有大量的碳酸镁，在煅烧时比黄土更具有膨胀性，制成的陶粒强度增加，而质量却减小。用硼泥制陶粒的生产工艺简单，是一种很有前途的利用途径。

硼泥还可用于配制砌筑砂浆。用硼泥代替石灰膏和部分黄沙后，可使砌体强度明显提高，和易性改善，而且软化系数和抗冻融循环性能均能满足砌筑要求。用硼泥配制砌筑砂浆的配比为水泥∶硼泥∶黄沙＝1∶2.13∶6.19。

以硼泥为原料可以制备胶凝材料，其方法是焙烧硼泥，通过热分解使硼泥中的碳酸镁分解为氧化镁，再利用氧化镁与氯化镁（也可采用化工废料卤液）反应生成碱式盐，而碱式盐逐渐凝固、硬化，随着时间的增长其强度逐渐增加。化学反应式如下：

$$MgO + MgCl_2 + H_2O \longrightarrow Mg_2(OH)_2Cl_2$$

这种胶凝材料具有类似镁氧水泥的性质，可以用于制砖、花盆、隔声保温板以及陶粒等。

10.2.10　铬渣

铬盐生产的固体废物主要是指在重铬酸钠生产过程中，铬铁矿经过焙烧，用水浸取重铬酸钠后的残渣，通称铬渣。

铬渣是有剧毒、危险性质的废渣，其外观有黄、黑等颜色。铬渣中常含有钙、镁、铁、铝等氧化物、三氧化二铬、水溶性铬酸钠（Na_2CrO_4）、酸溶性铬酸钙（$CaCrO_4$）等。铬的毒性主要是 Cr(Ⅵ) 带来的，Cr(Ⅵ) 毒性来源于其强氧化性引起的对有机体的腐蚀与破坏。

由于所用原料、生产工艺及配方不同，铬渣的产生量和组成也不同。国内铬渣的组成如表 10-15 所示。

表 10-15　铬渣的组成

组成	Cr_2O_3	CaO	MgO	Al_2O_3	SiO_2	水溶性 Cr(Ⅵ)	酸溶性 Cr(Ⅵ)
质量分数/%	2.5~4.0	29~36	20~33	5~8	8~11	0.28~1.34	0.9~1.4

10.2.10.1　用铬渣作水泥矿化剂

目前国内铬渣的处理和利用方法有很多，如干法解毒、湿法解毒、制钙镁磷肥、生产玻璃着色剂、制钙铁粉等。但这些方法都不同程度地存在解毒不彻底、成本过高或铬渣使用量小等问题。用铬渣作水泥矿化剂是一种有前景的生产工艺。

（1）工艺原理 表 10-16 为某厂铬渣与硅酸盐水泥熟料的主要成分和含量。由表 10-16 可知，铬渣中含有熟料的四种主要成分：CaO、SiO_2、Al_2O_3、Fe_2O_3。这四种成分在水泥熟料中以硅酸二钙、硅酸三钙、铝酸三钙和铁铝酸四钙等矿物形式存在，在铬渣中主要以硅酸二钙和铁铝酸四钙的形式存在。

表 10-16 铬渣与硅酸盐水泥熟料的主要成分和含量（质量分数） 单位：%

成分	CaO	SiO₂	Al₂O₃	Fe₂O₃	MgO	Cr₂O₃	水溶性 Cr(Ⅵ)
铬渣	31~35	6~8	7~9	10~13	20~23	3~5	0.28~0.5
水泥熟料	62~76	20~24	4~7	2.5~6.0	1.5	—	—

在立窑生产水泥过程中，由于焙烧始终保持在不完全燃烧状态而产生 CO，形成还原环境，铬渣中的 Cr(Ⅵ) 被还原为 Cr(Ⅲ)，达到了解毒的目的。其化学反应为

$$2Na_2CrO_4 + 3CO \Longleftrightarrow Cr_2O_3 + 2Na_2O + 3CO_2 \uparrow$$

$$2CaCrO_4 + 3CO \Longleftrightarrow Cr_2O_3 + 2CaO + 3CO_2 \uparrow$$

由于铬渣中会有水泥熟料的成分，同时在立窑生产过程中对 Cr(Ⅵ) 进行解毒，因此用铬渣作水泥矿化剂理论上是可行的。

（2）生产控制条件 用铬渣作水泥矿化剂的控制参数如下。铬渣的掺加量为 1.5%~3.5%，适宜的掺合量为 2.0%；熟料的配热量为 (3975±210) kJ/kg；温度控制为 1300~1400℃；熟料三率值为石灰饱和系数 0.94±0.02，硅率 2.0±0.1，铝率 1.3±0.1；黑生料细度（通过 0.08mm 方孔筛）控制在 7.0%~8.0%，采用成球焙烧工艺，球径 5~8mm，水分 12%~14%；采用浅暗火或暗火，大风量操作方式；立窑湿料层厚度为 300~400mm。

（3）产品质量 用铬渣作水泥矿化剂在立窑水泥生产过程中可将 Cr(Ⅵ) 还原为 Cr(Ⅲ)，还原率 96.4%，达到解毒目的。检测表明，该水泥所有技术指标均符合并优于国家标准《通用硅酸盐水泥》（GB 175—2007）。水泥中以铬渣为矿化剂，给生料中带入硅酸二钙和铁铝酸四钙两种矿物，起到晶种作用；另外，铬渣带入的 MgO 起到助熔作用，有利于产品质量和生产过程。

10.2.10.2 用铬渣作水泥早强剂

此法由黑龙江低温建筑科学研究所（黑龙江省寒地建筑科学研究院前身）开发。该方法是将造纸废液（碱法或酸法造纸）和化工生产中的副产物硫酸与铬盐生产过程中的铬渣，经过配位反应，生成改性铁铬盐，使铬渣中 Cr(Ⅵ) 还原为 Cr(Ⅲ)，达到无毒化，其解毒作用优于 Na_2S 或 $FeSO_4$ 等湿法解毒。经过处理后的铬渣用于研制水泥早强剂。早强剂对混凝有早强、减水、防冻作用。

（1）配位法铬渣解毒机理

① 酸性造纸废液配位解毒机理。在酸性介质中，重铬酸根发生如下反应：

$$Cr_2O_7^{2-} + 6Fe^{2+} + 14H^+ \longrightarrow 2Cr^{3+} + 6Fe^{3+} + 7H_2O$$

此法主要是利用铬渣中的重铬酸根与木质素磺酸盐以及 $FeSO_4$，经过配位反应生成改性铁铬盐，在铁铬盐中铁主要为三价铁，没有六价铬的存在。

② 碱性造纸废液配位解毒机理。在碱性介质中，铬酸根可发生如下反应：

$$CrO_4^{2-} + 3Fe^{2+} + 8H_2O \longrightarrow Cr(OH)_3 \downarrow + 3Fe(OH)_3 \downarrow + 4H^+$$

由于体系中含有大量碱木素，在上述反应中，一旦有三价铬产生，就可与碱木素进行配位，实现无毒化。

（2）工艺流程　配位法工艺流程如下：铬渣＋造纸废液＋硫酸铁→混匀→粉碎→配位反应→喷雾干燥→产品。

为了使反应进行彻底，并适应喷雾干燥工艺，要求铬渣粉碎粒度必须达到 0.088～0.104mm，筛余量不得超过 15%。配位反应用蒸汽加热，控制反应温度在 90℃以上，配位反应时间 1h。反应完成后送去喷雾干燥，得到成品水泥早强剂。

对处理后的铬渣进行酸、碱性介质中六价铬检测试验、常温或低温稳定性试验，均证明造纸废液和硫酸铁与铬渣发生了配位反应，从而达到无害化处理目的，技术可行。

10.2.10.3　铬渣制铸石

将铬渣、硅砂和粉煤灰等按辉绿岩铸石成分进行配料，在 1500℃的炉中熔融，然后在 1300℃下浇注成型并退火冷却，制得铸石成品。该法解毒彻底，效果较好。另外，可用铬渣生产铸石的结晶剂、催化剂、燃煤固硫剂和耐火材料等。

（1）工艺过程　铬渣制铸石工艺流程见图 10-6。

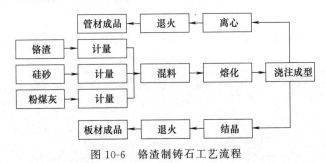

图 10-6　铬渣制铸石工艺流程

（2）原料组成及配方　两种不同原料的化学组成及配方见表 10-17 和表 10-18。

表 10-17　原料化学组成（质量分数）　　　　　单位：%

成分原料	SiO_2	Al_2O_3	CaO	MgO	Fe_2O_3+FeO
铬渣	9.47	4.82	29.24	30.19	8.46
粉煤灰	55.60	26.06	0.73	1.68	12.98
铝渣	13.86	43.23	2.22	1.06	0.75
砂子	84.25	6.89	1.08	0.39	0.62

表 10-18　原料配方及化学组成（质量分数）　　　　　单位：%

原料	配方	SiO_2	Al_2O_3	CaO	MgO	Fe_2O_3+FeO	水分	干质百分比
铬渣	29.5	2.5	1.27	7.73	7.96	2.24	10	23.5
粉煤灰	31.5	13.56	6.4	0.17	0.41	3.16	22.5	24.4
铝渣	9.0	0.62	1.95	0.09	0.04	0.03	50	4.5
砂子	30	22.7	1.85	0.27	0.11	0.15	10	27
含水炉料成分		39.38	11.47	8.28	8.48	5.42	17.60	82.40
干基炉料成分		47.80	13.95	10.03	10.3	6.59		
成品计算成分		53.59	14.99	11.09	10.68	7.53		

（3）工艺控制条件　熔化温度 1520～1550℃；结晶时间 30min；浇注温度 1250℃；退火起点温度 700℃；结晶温度 880～920℃；成品率 70%～80%。

（4）处理效果　中国科学院地质研究所对铬渣铸石产品的晶格常数测试表明：铬渣中可

溶性 Cr(Ⅵ) 在高温下分解，被还原为 Cr(Ⅲ)（Cr_2O_3），并与铬浆中的铁结合形成铬铁矿。铬渣铸石的冲击强度高于一般辉绿岩铸石，也就是说其质量优于辉绿岩铸石。

 思考题

1. 简述无机建筑材料的基本化学反应。

2. 无机胶凝材料一般分为哪两类？分别试举几例，并简述其化学组成。

3. 一般硅酸盐水泥的生产工艺是怎样的？简述原料的主要化学成分及熟料的矿物组成。

4. 试列出你所知道的固体废物，可以按照自己的理解进行分类。哪些可以用来制备建筑材料？想想为什么其他的不可以。

5. 简述几种典型固体废物制备建筑材料的原理及工艺流程。你觉得工艺流程中有哪些地方可以改进？最好就如何改进谈谈自己的设想。

第11章

危险废物的处理与处置

危险废物是一类危害性极大的固体废物。由于危险废物种类的复杂性，对其处理处置的方式一直是全球环境保护的重点和难点。本章对危险废物进行了较为全面的介绍，主要内容包括危险废物的定义、来源及分类、鉴别和管理等基本概述以及危险废物的处理处置方式，同时举例说明了典型危险废物的处理处置方法。

11.1 危险废物概述

11.1.1 危险废物的定义

对于危险废物（hazardous waste）的定义，不同的国家和组织有不同的表述，国际上尚未形成统一的意见。危险废物的特性主要有毒性、易燃性、腐蚀性、反应性、浸出毒性和传染性等，依据这些特性，世界各国制定了各自的鉴别标准和危险废物名录。

美国在《资源保护和回收法》中将危险废物定义为：危险废物是固体废物，由于不适当的处理、贮存、运输、处置或管理，能引起或明显地影响各种疾病和死亡，或对人体健康或环境造成显著的威胁。

德国《循环经济与废弃物管理法》定义：危险废物是需要进行特殊监督管理的、不能与生活垃圾一同处理的废物。

日本《废弃物处理法》定义：特别管理废弃物（即危险废物）为废弃物当中具有爆炸性、毒性、感染性以及其他对人体健康和生活环境产生危害的特性并经过政令确定的物质。

《中华人民共和国固体废物污染环境防治法》中将危险废物定义为：列入国家危险废物名录或者根据国家规定的危险废物鉴别标准和鉴别方法认定的具有危险特性的固体废物。

11.1.2 危险废物的来源及分类

危险废物的来源范围非常广，主要包括工业生产、居民生活、商业机构、农业生产、医疗服务、环保设施运行等过程。工业生产如煤炭采选、黑色金属冶炼、化工产品制造以及机械、电气、电子设备制造等；居民生活如废弃的家用洗涤剂、个人护理用品、涂料、电池、

二维码11-1
微课：危险废物
收集

225

家用电器等；商业机构产生的危险废物如打印店的油墨、干洗店的溶剂、冲印店的药剂、汽车修理店的清洁剂及颜料，商店的颜料和稀释剂等；农业生产中产生的危险废物主要是杀虫剂、除草剂等农药；医疗垃圾因其极大的传染性被列为危险废物的一种，主要包括手术过程中产生的人体组织器官残余物、一次性医疗用品、过期药品、废显影液以及与病人接触过的物品等；专门处理工业废水（或与生活污水合并处理）的处理设施产生的污泥，可能具有危险特性，应按《国家危险废物名录（2025 年版）》、《危险废物鉴别标准　通则》（GB 5085.7—2019）和《危险废物鉴别技术规范》（HJ 298—2019）的规定，对污泥进行危险特性鉴别。

按照物理形态的不同，危险废物可以分为固态危险废物、液态危险废物、气态危险废物、污泥状危险废物、泥浆状危险废物、桶装危险废物等；按照危险废物的热能特性，可分为可燃危险废物和不可燃危险废物；按照危险废物的物质成分，危险废物又可分为无机危险废物、油类危险废物、有机危险废物、其他危险废物等。

11.1.3　危险废物的鉴别

对危险废物的管理、处理与处置，首先要明确该种废物是否属于危险废物，其次要明确危险废物的性质与组成。危险废物的鉴别方法主要有两种：一是危险特性鉴别法；二是危险废物名录法。

11.1.3.1　危险特性鉴别法

根据危险废物的定义，某种废物只要具备一种或一种以上的危险特性就属于危险废物。所谓危险特性鉴别法，就是按照一定的标准通过测试废物的性质来判别该废物是否属于危险废物。

对危险废物进行鉴定，必须有统一的标准、方法和规范，为此，国家有关部门先后制定颁布了一系列有关废物鉴别的标准、方法和技术规范。我国目前出台的危险废物鉴别标准有反应性鉴别、易燃性鉴别、浸出毒性鉴别、急性毒性初筛、腐蚀性鉴别等。

（1）反应性鉴别　该标准适用于任何生产、生活和其他活动中产生的固体废物的反应性鉴别。此项标准中规定符合下列任何条件之一的固体废物均属于反应性危险废物。

① 具有爆炸性质。

② 与水或酸接触产生易燃气体或有毒气体。

③ 废弃氧化剂或有机过氧化物。

（2）易燃性鉴别　该标准中规定符合下列任何条件之一的固体废物，属于易燃性危险废物。

① 液态易燃性危险废物。闪点温度低于 60℃（闭杯试验）的液体、液体混合物或含有固体物质的液体。

② 固态易燃性危险废物。在标准温度和压力（25℃，101.3kPa）下因摩擦或自发性燃烧而起火，经点燃后能剧烈而持续地燃烧并产生危害的固态废物。

③ 气态易燃性危险废物。

（3）浸出毒性鉴别　该项标准适用范围扩展到任何过程产生的危险废物，在类别上包括无机元素及化合物、有机农药类、非挥发性有机化合物和挥发性有机化合物，具体项目包括 50 项。

固态的危险废物过水浸渍，有害物质迁移转化，污染环境。浸出的有害物质的毒性称为浸出毒性。浸出液中任何一种有害成分的浓度超过表 11-1 所列的浓度值，则该废物是具有浸出毒性特征的危险废物。

（4）急性毒性初筛 该标准适用于任何生产、生活和其他活动中产生的固体危险废物的急性毒性鉴别。按照《危险废物鉴别标准 急性毒性初筛》（GB 5085.2—2007）进行试验。

符合下列条件之一的固体废物属于危险废物。①经口摄取：固体 $LD_{50} \leqslant 200$ mg/kg，液体 $LD_{50} \leqslant 500$ mg/kg；②经皮肤接触：$LD_{50} \leqslant 1000$ mg/kg；③蒸气、烟雾或粉尘吸入：$LC_{50} \leqslant 10$ mg/L。

（5）腐蚀性鉴别 该标准适用于任何生产、生活和其他活动中产生的固体危险废物的腐蚀性鉴别。按照《危险废物鉴别标准 腐蚀性鉴别》（GB 5085.1—2007）进行试验。

符合下列条件之一的固体废物属于危险废物。①按照 GB/T 15555.12—1995 的规定制备的浸出液，pH≥12.5，或者 pH≤2.0；②在 55℃条件下，对 GB/T 699 中规定的 20 号钢材的腐蚀速率≥6.35mm/a。

11.1.3.2 危险废物名录法

危险废物名录制度是世界各国危险废物污染防治普遍实行的危险废物污染控制法律制度，也是我国实施危险废物污染防治的基本制度，是国家对危险废物实行分类管理和控制的法律原则体现。名录制度比较正规、简便，种类较为具体，范围较明确，有较高的可靠性，使用较为方便。

表 11-1 浸出毒性鉴别标准值

序号	危害成分项目	浸出液中危害成分浓度限值/(mg/L)	分 析 方 法
		无机元素及化合物	
1	铜（以总铜计）	100	电感耦合等离子体原子发射光谱法、电感耦合等离子体质谱法、石墨炉原子吸收光谱法、火焰原子吸收光谱法
2	锌（以总锌计）	100	电感耦合等离子体原子发射光谱法、电感耦合等离子体质谱法、石墨炉原子吸收光谱法、火焰原子吸收光谱法
3	镉（以总镉计）	1	电感耦合等离子体原子发射光谱法、电感耦合等离子体质谱法、石墨炉原子吸收光谱法、火焰原子吸收光谱法
4	铅（以总铅计）	5	电感耦合等离子体原子发射光谱法、电感耦合等离子体质谱法、石墨炉原子吸收光谱法、火焰原子吸收光谱法
5	总铬	15	电感耦合等离子体原子发射光谱法、电感耦合等离子体质谱法、石墨炉原子吸收光谱法、火焰原子吸收光谱法
6	铬（六价）	5	二苯碳酰二肼分光光度法
7	烷基汞	不得检出①	气相色谱法
8	汞（以总汞计）	0.1	电感耦合等离子体质谱法
9	铍（以总铍计）	0.02	电感耦合等离子体原子发射光谱法、电感耦合等离子体质谱法、石墨炉原子吸收光谱法、火焰原子吸收光谱法
10	钡（以总钡计）	100	电感耦合等离子体原子发射光谱法、电感耦合等离子体质谱法、石墨炉原子吸收光谱法、火焰原子吸收光谱法
11	镍（以总镍计）	5	电感耦合等离子体原子发射光谱法、电感耦合等离子体质谱法、石墨炉原子吸收光谱法、火焰原子吸收光谱法
12	总银	5	电感耦合等离子体原子发射光谱法、电感耦合等离子体质谱法、石墨炉原子吸收光谱法、火焰原子吸收光谱法
13	砷（以总砷计）	5	石墨炉原子吸收光谱法、原子荧光法
14	硒（以总硒计）	1	电感耦合等离子体质谱法、石墨炉原子吸收光谱法、原子荧光法
15	无机氟化物（不包括氟化钙）	100	离子色谱法
16	氰化物（以 CN⁻ 计）	5	离子色谱法

续表

序号	危害成分项目	浸出液中危害成分浓度限值/(mg/L)	分 析 方 法
有机农药类			
17	滴滴涕	0.1	气相色谱法
18	六六六	0.5	气相色谱法
19	乐果	8	气相色谱法
20	对硫磷	0.3	气相色谱法
21	甲基对硫磷	0.2	气相色谱法
22	马拉硫磷	5	气相色谱法
23	氯丹	2	气相色谱法
24	六氯苯	5	气相色谱法
25	毒杀芬	3	气相色谱法
26	灭蚁灵	0.05	气相色谱法
非挥发性有机化合物			
27	硝基苯	20	高效液相色谱法
28	二硝基苯	20	气相色谱/质谱法
29	对硝基氯苯	5	高效液相色谱/热喷雾/质谱或紫外法
30	2,4-二硝基氯苯	5	高效液相色谱/热喷雾/质谱或紫外法
31	五氯酚及五氯酚钠(以五氯酚计)	50	高效液相色谱/热喷雾/质谱或紫外法
32	苯酚	3	气相色谱/质谱法
33	2,4-二氯苯酚	6	气相色谱/质谱法
34	2,4,6-三氯苯酚	6	气相色谱/质谱法
35	苯并[a]芘	0.0003	气相色谱/质谱法、热提取气相色谱质谱法
36	邻苯二甲酸二丁酯	2	气相色谱/质谱法
37	邻苯二甲酸二辛酯	3	高效液相色谱/热喷雾/质谱或紫外法
38	多氯联苯	0.002	气相色谱法
挥发性有机化合物			
39	苯	1	气相色谱/质谱法、气相色谱法、平衡顶空法
40	甲苯	1	气相色谱/质谱法、气相色谱法、平衡顶空法
41	乙苯	4	气相色谱法
42	二甲苯	4	气相色谱/质谱法、气相色谱法
43	氯苯	2	气相色谱/质谱法、气相色谱法
44	1,2-二氯苯	4	气相色谱/质谱法、气相色谱法
45	1,4-二氯苯	4	气相色谱/质谱法、气相色谱法
46	丙烯腈	20	气相色谱/质谱法
47	三氯甲烷	3	平衡顶空法
48	四氯化碳	0.3	平衡顶空法
49	三氯乙烯	3	平衡顶空法
50	四氯乙烯	1	平衡顶空法

① "不得检出"指甲基汞<10ng/L,乙基汞<20ng/L。

根据《中华人民共和国固体废物污染环境防治法》,生态环境部、国家发展和改革委员会、公安部、交通运输部、国家卫生健康委员会修订发布了《国家危险废物名录（2025年版)》(部分内容见表11-2),是危险废物环境管理的重要基础和关键依据。

凡是列入《国家危险废物名录》(以下简称《名录》)中的废物均为危险废物,必须纳入危险废物管理体系进行统一管理。与2016年版、2021年版《名录》相比,2025年版《名录》主要是针对《名录》使用过程中发现的新问题、社会反映较为集中的问题进行修订,幅度较小,更具有时效性。动态更新《名录》既是贯彻落实习近平总书记关于精准治污、科学治污、依法治污的重要指示精神的具体行动,又是推进生态发展、绿色转型进程中依法加强危险废物污染防治的具体举措。

表 11-2 《国家危险废物名录（2025 年版）》中的内容摘录

编号	废物类别	行业来源
HW01	医疗废物	卫生
HW02	医药废物	化学药品原料药制造,化学药品制剂制造,兽用药品制造,生物药品制品制造
HW03	废药物、药品	非特定行业
HW04	农药废物	农药制造,非特定行业
HW05	木材防腐剂废物	木材加工,专用化学产品制造,非特定行业
HW06	废有机溶剂与含有机溶剂废物	非特定行业
HW07	热处理含氰废物	金属表面处理及热处理加工
HW08	废矿物油与含矿物油废物	石油开采,天然气开采,精炼石油产品制造,电子元件及专用材料制造,橡胶制品业,非特定行业
HW09	油/水、烃/水混合物或乳化液	非特定行业
HW10	多氯(溴)联苯类废物	非特定行业
HW11	精(蒸)馏残渣	精炼石油产品制造,煤炭加工,燃气生产和供应业,基础化学原料制造,石墨及其他非金属矿物制品制造,环境治理业,非特定行业
HW12	染料、涂料废物	涂料、油墨、颜料及类似产品制造,非特定行业
HW13	有机树脂类废物	合成材料制造,非特定行业
HW14	新化学物质废物	非特定行业
HW15	爆炸性废物	炸药、火工及焰火产品制造
HW16	感光材料废物	专用化学产品制造,印刷,电子元件及电子专用材料制造,影视节目制作,摄影扩印服务,非特定行业
HW17	表面处理废物	金属表面处理及热处理加工
HW18	焚烧处置残渣	环境治理业
HW19	含金属羰基化合物废物	非特定行业
HW20	含铍废物	基础化学原料制造
HW21	含铬废物	毛皮鞣制及制品加工,基础化学原料制造,铁合金冶炼,金属表面处理及热处理加工,电子元件及电子专用材料制造
HW22	含铜废物	玻璃制造,电子元件及电子专用材料制造
HW23	含锌废物	金属表面处理及热处理加工,电池制造,炼钢,非特定行业
HW24	含砷废物	基础化学原料制造
HW25	含硒废物	基础化学原料制造
HW26	含镉废物	电池制造
HW27	含锑废物	基础化学原料制造
HW28	含碲废物	基础化学原料制造
HW29	含汞废物	天然气开采,常用有色金属矿采选,贵金属冶炼,印刷,基础化学原料制造,合成材料制造,常用有色金属冶炼,电池制造,照明器具制造,通用仪器仪表制造,非特定行业
HW30	含铊废物	基础化学原料制造
HW31	含铅废物	玻璃制造,电子元件及电子专用材料制造,电池制造,工艺美术及礼仪用品制造,非特定行业
HW32	无机氟化物废物	非特定行业
HW33	无机氰化物废物	贵金属矿采选,金属表面处理及热处理加工,非特定行业
HW34	废酸	精炼石油产品制造,涂料、油墨、颜料及类似产品制造,基础化学原料制造,钢压延加工,金属表面处理及热处理加工,电子元件及电子专用材料制造,非特定行业
HW35	废碱	精炼石油产品制造,基础化学原料制造,毛皮鞣制及制品加工,纸浆制造,非特定行业
HW36	石棉废物	石棉及其他非金属矿采选,基础化学原料制造,石膏、水泥制品及类似制品制造,耐火材料制品制造,汽车零部件及配件制造,船舶及相关装置制造,非特定行业
HW37	有机磷化合物废物	基础化学原料制造,非特定行业
HW38	有机氰化物废物	基础化学原料制造

续表

编号	废物类别	行业来源
HW39	含酚废物	基础化学原料制造
HW40	含醚废物	基础化学原料制造
HW45	含有机卤化物废物	基础化学原料制造
HW46	含镍废物	基础化学原料制造,电池制造,非特定行业
HW47	含钡废物	基础化学原料制造,金属表面处理及热处理加工
HW48	有色金属采选和冶炼废物	常用有色金属矿采选,常用有色金属冶炼,稀有稀土金属冶炼
HW49	其他废物	石墨及其他非金属矿物制品制造,环境治理业,非特定行业
HW50	废催化剂	精炼石油产品制造,基础化学原料制造,农药制造,化学药品原料药制造,兽用药品制造,生物药品制品制造,环境治理业,非特定行业

列入《名录》的废物分为两类:一类不需要鉴别,按危险废物管理;另一类需要依据标准进一步鉴别,按照有关标准管理。

不在《名录》中,但经鉴别具有危险特性的,也属于危险废物。应当根据其主要有害成分和危险特性对照《名录》中已有的废物代码进行归类。这种鉴别归类方式更加科学,也便于危险废物后续的高效利用处置和精细化管理。

11.1.4　危险废物的管理

我国的危险废物管理已经基本形成了完善的法律法规体系,主要包括宪法、环境保护基本法、固体废物污染环境防治专项法、部门规章、地方性法规、环境标准和技术导则及其规范性文件和司法解释等。与法律相比,制度是在运行程序层次上规范危险废物的管理工作。为此,我国建立了危险废物的专用制度,包括:①危险废物名录制度;②危险废物统一鉴别标准、鉴别方法和识别标志制度;③危险废物申报登记制度;④危险废物产生者处置、强制处置、代行处置和集中处置制度;⑤危险废物排污收费制度;⑥收集、贮存、处置危险废物经营许可证制度;⑦危险废物转移联单制度等。

危险废物的管理应遵循"3R"原则、全过程管理原则以及集中处置原则。集中处置就是从我国实际情况出发,原则上以省为单位统筹规划建设危险废物集中处置设施,接纳辖区内生活、科研、教学及产生量较少的企业的危险废物。

11.2　危险废物的处理与处置技术

危险废物的处理与处置,是指通过改变危险废物的特性,减少已产生危险废物的数量,缩小危险废物的体积,便于运输与贮存,最后通过一系列物理、化学或生物工艺,达到减少或消除危险废物中有害成分的目的。

二维码11-2
微课:危险废物
运输

二维码11-3
微课:电子废弃物
处理

11.2.1　物理处理技术

(1) 溶剂萃取技术　液液萃取,即溶液与对杂质有高亲和力的另一种互不相溶的液体相接触,使其中某种成分分离出来的过程。许多金属加工厂、石油提炼厂等产生油性污泥,可以用溶剂萃取方法提取油。

(2) 蒸馏技术　蒸馏是将挥发性物质从固液混合物中分离出来的重要手段。例如,含有挥发性有机成分或含有能被蒸馏的有机成分的电镀废液，含酚的水溶液废物，含亚甲基氯化物的聚氨酯废液，乙基苯-苯乙烯混合物，含酮、乙醇及芳香化合物的废溶剂、废润滑油等等，都可以通过蒸馏方法得到有效去除或回收。

（3）沉降技术　沉降是依靠重力从废水中去除密度大于水的悬浮固体的过程，沉降法设备简单，操作方便，应用较为广泛。

（4）破碎与分选技术　破碎的目的是把废物破碎成小块或粉状小颗粒，以利于分选有用或有毒有害的物质。

11.2.2　化学处理技术

化学处理法是通过化学反应将危险废物转变成对环境不产生危害性或具有较小危害性的物质。常用的化学处理技术包括化学氧化、沉淀及絮凝、化学还原、中和等。

（1）化学氧化　氧化是一个化学反应过程，通过氧化剂氧化可处理危险废物。例如，可在碱性溶液中用氯或次氯酸盐氧化氰化物，将其转化成无毒物质。

（2）沉淀及絮凝　沉淀是把溶液中的某种或所有物质转变成固相。沉淀过程是以改变影响无机类物质溶解度的化学平衡关系为基础的。絮凝是指将悬浮于液态中的微小、不沉降的微粒凝聚成较大、更易沉降的颗粒。典型的用于絮凝过程的化学品有明矾、石灰、各种铁盐（三氯化铁、硫酸亚铁）以及通常称为"聚合电解质"的有机絮凝剂。

（3）化学还原　还原是利用还原剂对待还原物质进行还原的过程。危险废物中的铬酸可通过还原方法变成毒性较低的三价铬形态。

（4）中和　中和是把酸性或碱性溶液的 pH 调至接近中性。

11.2.3　危险废物的固化/稳定化

固化/稳定化技术是一种将废物与能团聚成固体的物质混合，从而将废物捕获或固定在这个固体结构上的技术。常用的固化/稳定化技术包括水泥固化、石灰固化、塑性材料固化、熔融固化（玻璃化技术）、自胶结固化技术和药剂稳定化等。

（1）水泥固化/稳定化技术　水泥是常用的危险废物稳定剂之一，将废物和水泥混合，经水化反应后形成坚硬的水泥固化体，从而达到降低废物中危险成分浸出的目的。水泥固化技术已被广泛用于处理含各类重金属（如 Cd、Cr、Cu、Pb、Ni 和 Zn）的危险废物，并取得了较成熟的经验。

（2）石灰固化技术　石灰固化是指以石灰、粉煤灰、水泥窑灰以及熔矿炉炉渣等具有火山灰反应的物质为固化基材而进行的危险废物固化/稳定化的操作。在适当的催化环境下进行火山灰反应，将废物中的重金属成分吸附于所产生的胶体结晶中。

（3）塑性材料固化　属于有机性固化/稳定化处理技术，根据使用材料性能的不同可以分为热固性塑料包容和热塑性材料包容两种方法。热固性塑料是指在加热时会从液体变为固体并硬化的材料，而且在加热和冷却后仍保持其固体状态，主要用于放射性废物的处理；热塑性材料是指在加热和冷却时能反复软化和硬化的有机塑料。

（4）熔融固化技术（玻璃化技术）　该技术是将待处理的危险废物与细小的玻璃质，如玻璃屑、玻璃粉混合，经混合造粒成形后，在 1000～1100℃高温熔融下形成玻璃固化体，借助玻璃体的致密结构，确保固化体的永久稳定。

（5）自胶结固化技术　自胶结固化是利用废物自身的胶结特性来达到固化目的的方法。

该技术主要用来处理含有大量硫酸钙和亚硫酸钙的废物，如磷石膏、烟道气脱硫废渣等。

（6）药剂稳定化技术 是在废物中加入某种化学药剂，使废物中的有害成分与其发生作用产生变化，然后再引入稳定的晶格结构中进行固化，有害成分的浸出毒性将大大降低。

11.2.4 危险废物的焚烧

焚烧是指在高温和有氧条件下对危险废物进行氧化分解或降解的过程。通过高温氧化反应过程，有机物被氧化分解，细菌、病毒能在高温条件下被杀死，危险废物中的有毒有害成分可以得到氧化处理。经过焚烧后，危险废物的体积或质量减量化明显。

常见焚烧尾气中的污染物或有害物质有如下几类：①烟气中的烟尘颗粒物；②酸性气体HCl、HF、SO_x、NO_x 等；③CO 和碳氢化合物等；④重金属（如 Hg、Cd、Pb、As、Ni、Cr 等）及其化合物；⑤有机毒物，如二噁英、呋喃、苯酚等物质。

危险废物焚烧后排放大量烟气，其中常常含有烟尘、酸性气体、有机有毒气体、无机有害污染物以及重金属气体等，危害极大。因此，必须对焚烧烟气进行严格的监测、分析，并净化处理。

11.2.5 危险废物的安全填埋

安全填埋是危险废物处置的最终处置技术，具有一次性投资小、运行费用低、节省能耗等优势。安全填埋场的填埋工艺必须根据安全填埋场的地质、地貌特点，充分考虑填埋危险废物的特性、日填埋量和填埋年限，做好防渗工程，最大限度地减少渗滤液等污染源的产生，高效利用填埋区域的有效容积并满足《危险废物填埋污染控制标准》要求。

现阶段，危险废物的处理处置技术还有地表处理法、海洋处理法、土地耕作法、远洋焚烧法等。

二维码11-4
微课：废有机溶剂
处理技术

11.3 几种典型危险废物的处理处置方法

11.3.1 废有机溶剂处理技术

化工、科研、建筑、制药等行业均会产生大量的废有机溶剂，废有机溶剂大多具有易燃性、腐蚀性、易挥发性和反应性等特性，被列为危险废物。这些有机溶剂中有一部分具有较高的回收利用价值，如三氯乙烯、二氯甲烷、异丙醇等，这些都是优良的溶剂，常用于金属表面的除油和金属配件的表面处理。为了节约资源、保护环境，需要对有机溶剂进行资源化利用与处理。通常采用的技术有蒸馏、萃取、吸附、焚烧以及超临界水氧化技术。

（1）蒸馏法回收废有机溶剂 有机溶剂具有易挥发特性，因此可以根据废有机溶剂有机组分沸点的不同，对其采用蒸馏的方法进行回收。废有机溶剂蒸馏回收流程见图 11-1。

蒸馏前先根据废液的密度分类，先加工密度高的废液，由高到低运行，蒸馏温

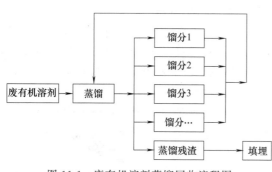

图 11-1 废有机溶剂蒸馏回收流程图

度应参考纯物质的沸点，如三氯乙烯的沸点 86.7℃，蒸馏温度一般控制在 85～95℃ 之间。由于废液中含有油类物质，加热过程要缓慢升温，同时观察蒸馏釜中物料变化，防止暴沸。蒸气经冷凝器冷却后进入接收容器。蒸馏后的残液要进行焚烧处理，以避免二次污染。

（2）萃取法回收废有机溶剂　萃取法是利用物质在两种互不相溶的溶剂中溶解度或分配系数的不同，使溶质物质从一种溶剂中转移到另外一种溶剂中的方法。溶剂萃取的最终结果使原溶液被分为两部分：萃取过的液体和含溶剂的液体。一般萃取包括三个步骤。

① 萃取。废水和溶剂充分接触使溶质转移到溶剂中。萃取器是一种混合澄清装置，废水和溶剂在萃取器中经搅拌充分混合，澄清后分离成两个液相。

② 溶剂回收。萃取过程产生的两个液相中都含有萃取剂，需进一步处理以去除或回收溶剂和溶质。如果溶剂损失较多，萃取残液中的溶剂就需要回收。

③ 反萃。可以对萃取液或含有溶质的溶剂进行处理，以回收溶剂并去除溶质。具体方法有二次萃取、蒸馏等。例如二次萃取，有时用氢氧化钠溶液萃取轻质油中的（苯）酚，该轻质油常用于焦化厂废水的一次脱酚溶剂。

（3）活性炭吸附法回收卤代烃类及酚、酮、酯、醇类有机溶剂　活性炭吸附法主要用于以下有机溶剂的回收：①脂肪族与芳香族的碳氢化合物，C 原子数在 C_4～C_{14} 间；②大多数的卤素族溶剂，包括四氯化碳、二氯乙烯、三氯乙烯等；③大多数的酮（丙酮、甲基酮）和一些酯（乙酸乙酯、乙酸丁酯）；④醇类（乙醇、丙醇、丁醇）。

活性炭吸附法主要由吸附和脱附再生两部分组成。吸附的原理是吸附剂具有较大的比表面积，对有机物进行吸附，此过程多为物理吸附，吸附达到饱和后再用适当的方法脱附，使活性炭得到再生。

（4）焚烧处置技术　焚烧法是指将废有机溶剂在高温下进行氧化分解，使有机物转化为水、二氧化碳等无害物质。焚烧法主要用于处理难生化处理、浓度高、毒性大、成分复杂的废有机溶剂。一般废有机溶剂焚烧处理工艺流程包括预处理、高温焚烧、余热回收及烟气处理等。有机物在高温下分解为无毒、无害的小分子物质，同时，焚烧产生的热量可以用于发电，既保护环境又节约资源。

焚烧废有机溶剂时，应根据其物化性质采用不同的焚烧工艺。对于不含卤素的废有机溶剂，其燃烧产物清洁，可以直接排入大气，燃烧产生的热量可以通过锅炉回收；对于含卤素的废有机溶剂，应该根据卤素的含量、热值来决定是否需要添加辅助燃料；对于含高浓度无机盐或有机盐的废有机溶剂，由于这种废液燃烧后会产生熔融盐，因此比较适合焚烧此种废液的炉型是圆形立式焚烧炉。

（5）超临界水氧化技术　超临界水是指当气压和温度达到一定值时，因高温而膨胀的水的密度和因高压而被压缩的水蒸气的密度正好相同时的水。这种看似气体的液体有很多特性，比如具有极强的氧化能力和很强的催化能力。超临界水氧化（super critical water oxidation，简称 SCWO）法的反应机理是利用超临界水作为介质和反应物来氧化分解有机物，其主要优势是能在很短的时间内，以高于 99% 的去除效率将难降解的有机物氧化成 CO_2、N_2 和水等无毒小分子物质。此外，反应器体积小，结构简单。

SCWO 技术面临的主要问题为腐蚀问题。在 SCWO 环境中，高浓度溶解氧、高温高压条件、反应中产生的活性自由基、极端的 pH 以及某些种类的无机离子都对反应器有加速腐蚀作用。目前主要通过研究新型的耐压耐腐蚀材料来优化反应器。

11.3.2 医疗废物的处理与处置

医疗废物是指医疗卫生机构在医疗、预防、保健以及其他相关活动中产生的具有直接或者间接感染性、毒性以及其他危害性的废物。联合国环境规划署制定的《控制危险废物越境转移及其处置的巴塞尔公约》，将"从医院、医疗中心和诊所的医疗服务中产生的临床废物"列为危险废物，其危险特性等级为 6.2 级。

医疗废物来源广泛，来自医疗、卫生、科研、制药等多个领域，以医疗、卫生领域为主。根据国家卫生健康委和生态环境部制定的《医疗废物分类目录（2021 年版）》，医疗废物分为感染性废物、损伤性废物、病理性废物、药物性废物、化学性废物 5 类。

感染性废物——携带病原微生物具有引发感染性疾病传播危险的医疗废物。

损伤性废物——能够刺伤或者割伤人体的废弃的医用锐器。

病理性废物——诊疗过程中产生的人体废弃物和医学实验动物尸体等。

药物性废物——过期、淘汰、变质或者被污染的废弃的药物，包括：废弃的一般性药物；废弃的细胞毒性药物和遗传毒性药物；废弃的疫苗及血液制品。

化学性废物——具有毒性、腐蚀性、易燃性、反应性的废弃的化学物品，包括：列入《国家危险废物名录》中的废弃危险化学品，如甲醛、二甲苯等；非特定行业来源的危险废物，如含汞血压计、含汞体温计，废弃的牙科汞合金材料及其残余物等。

（1）医疗废物机械处理　医疗废物机械处理是利用机械设备使医疗废物在多种机械力的作用下进行破碎、毁形，形成混合均匀、便于处理的废物。机械处理一般采用破碎机、切碎机、粉碎机、锤磨机、混合机、搅拌机等，利用其物理作用力把医疗废物破碎成小颗粒，以便后续进一步处理，其目的是达到减容减量化。机械处理法本身无法达到杀灭医疗废物中病原微生物的目的，但作为一种辅助处置方法，提高了其他方法的处置效率。

（2）医疗废物化学处理　化学处理是应用消毒剂如二氧化氯溶液、次氯酸钠（NaClO）、过氧酸、戊二醛、氢氧化钠（NaOH）、臭氧、生石灰（CaO）等通过氧化、还原、中和等化学反应来杀灭医疗废物中的细菌、病毒等病原微生物，实现医疗废物的无害化处理。化学处理可处置如下废弃物：实验室的培养物与垃圾（化学品除外）、锐器，人或动物身上的体液、血液，隔离区垃圾，外科室垃圾和辅料（如纱布、绷带、织制品等）。避免挥发性及半挥发性有机物质、化疗产生的垃圾、有毒化学药物、放射性物质混入待处理废物中。化学法处理废弃物过程中，要使化学试剂与废弃物进行充分的接触，保证适当药剂浓度和足够的消毒时间，以确保消毒的彻底完成。根据消毒剂中是否含氯元素，分为含氯处理法和无氯处理法。NaClO 是最常用的消毒剂，也是医疗废物处理中的首选消毒剂，但大量使用含氯消毒剂会产生一些有毒副产物，形成二次污染。无氯处理采用无氯消毒剂（如气态臭氧、液态的 NaOH 或 KOH、固态的 CaO），其处理工艺大不相同。

化学处理法方便快捷，适用于场所消毒和临时少量的医疗废物处理。但是，在集中处置医疗废物时，化学消毒剂与废弃物要有一个充分接触和渗透的过程，实施起来有一定的难度。同时在处置过程中可能会产生一些有毒废液（特别是含氯处理法）和废气需进一步处理。化学处理后的医疗废物没有达到减容减量化，还需送至安全填埋场或垃圾焚烧炉进行最终处置。在医疗废物集中处理上很少提倡采用化学处理法。

（3）医疗废物生物处理　利用细菌或其他微生物的氧化和细胞合成、分解代谢来稳定、去除医疗废物中的病菌、病原体等有害物质的方法称为生物处理。通常是把微生物放到医疗废物中，通过调控微生物生长的环境来调节微生物的优势种群，从而加速生物自然降解过程，最终把医疗废物中的有机质分解成二氧化碳和水。按照是否需要氧气可分为好氧处理和厌氧处理。好氧处理过程主要控制因素包括：通风量、微生物的养分、微生物浓度、pH、温度、接触时间和方式、医疗废物进料方式、二者的混合程度等。厌氧处理的控制因素与好氧处理的区别是不需氧或只需少量氧，但它不能分解长链和芳香族的碳氢化合物。生物处理过程中碳是所有微生物必不可少的营养物质。

生物处理技术主要用来处理含水量高的有机废物，在工业废水的处理中是一种较成熟和经济的方法。微生物依靠酶催化有机物分解反应，而酶要有水才能保持活性，所以水是生物法处理过程中必不可少的介质。生物处理医疗废物还有许多技术问题有待解决，目前工业应用不多。

（4）医疗废物微波处理　微波是指频率为 300MHz～300GHz 的电磁波，微波的基本性质通常呈现为穿透、反射、吸收三个特性。对于玻璃、塑料和瓷器，微波几乎是穿透而不被吸收；水和食物等会吸收微波而使自身发热；金属类物体则会反射微波。微波透入介质时，由于介质损耗引起介质温度的升高，使介质材料内部、外部几乎同时加热升温，形成体热源状态，大大缩短了常规加热中的热传导时间，且在条件为介质损耗因数与介质温度呈负相关关系时，物料内外加热均匀一致。

物质吸收微波的能力主要由其介质损耗因数决定。介质损耗因数大的物质对微波的吸收能力就强，介质损耗因数小的物质吸收微波的能力也弱。由于各物质的介质损耗因数存在差异，微波加热就表现出选择性加热的特点。物质不同，产生的热效果也不同。水分子属于极性分子，介电常数较大，其介质损耗因数也很大，对微波具有较强的吸收能力。而蛋白质、碳水化合物等的介电常数相对较小，其对微波的吸收能力比水小得多。因此，对于医疗废物，含水量对微波加热效果影响很大。

微波引起的高强度振动产生了分子间的摩擦热，使水分蒸发且加热了废弃物，同时导致微生物细胞中的蛋白质变质，杀灭了废弃物中的细菌、病毒等。在微波处置过程中，微生物的死亡不是因为微波场，而是因为蒸发热，如果系统中没有水，微波的消毒杀菌效果会显著下降。微波处置系统的主体设备是一个内部装有产生微波的磁电管的处理仓。医疗废物装入给料斗，经内置切碎机破碎进入主体仓处理，仓内的温度为 95～100℃。微波处理是一种便捷的处理技术，但不能使废弃物减容减量化，并可能有臭味气体排出。

（5）医疗废物热处理　通过外部热源来杀灭医疗废物中的细菌和病原体的方法为热处理法。根据处理温度的高低可分为低热、中热和高热处理法。低热处理的操作温度在 93～177℃之间，不会使废弃物发生化学热裂解或燃烧反应，而仅仅是杀灭细菌。中热处理的操作温度在 177～370℃之间，医疗废物中的有机质可能发生化学热裂解反应。高热处理是利用电阻丝、天然气燃烧或等离子体等产生的高温来处理医疗废物，操作温度超过 540℃，高的甚至可达 10000℃。在高温、高热的环境下，医疗废物中的有机与无机物质都迅速发生了物理、化学变化，医疗废物减容、减量高达 90%～95%。下面介绍两种比较有代表性的热处理法。

① 高温灭菌法。高温灭菌是用蒸汽杀菌，从而达到医疗废物无害化的目的。高温灭菌属于中、低热处理法。高温灭菌一般由高温灭菌器来完成。高温灭菌器由一个金属容器和蒸汽套层组成，可以承受较高的蒸汽压力，并且减少了蒸汽在内仓壁面的冷凝。蒸汽进入内仓

和套层，与废弃物进行充分的接触。为了提高消毒效果，废物一般需进行破碎预处理。在处理过程前还要求把仓内的空气排除干净，因此需要额外的抽气装置。高温灭菌法可有效地杀灭医疗废物中的各种细菌、病毒，并避免形成二噁英等有害焚烧副产品，但不能使废弃物减容减量，反而会因为注入蒸汽冷凝有一定增重。高温灭菌法适合处理小批量的医疗废物。

② 等离子体法。等离子体法是一种新型的高热处理技术。在等离子体状态下，气体被电离，呈现出高度激发的不稳定态，具有导电性，但因其电阻很大，能把电能迅速转换成热能，产生 1650℃以上的高温。医疗废物中的有机物在高温条件下迅速被氧化和分解，形成 CO_2 和水，高温条件也抑制了二噁英等还原性物质的形成，同时反应后剩下的残渣呈熔融态，使有害物质固定。等离子体法处理的优点是减量化非常明显，但其缺点是投资成本高、能耗大，目前还没有大规模地应用。

(6) 医疗废物的焚烧处理法 焚烧能瞬间杀灭医疗废物中所有的有害微生物，同时能够做到医疗废物的减量化、稳定化、无害化，并回收能量。从商业应用来看，焚烧处理法也是医疗废物处理中采用最普遍的方法。

在焚烧过程中可燃物基本上氧化成 CO_2、水和灰，废物中所含的硫、氮、金属、卤素和其他元素杂质转化成各种最终产物。焚烧处理法要由焚烧设备来完成，要求对焚烧炉进行"3T+E"控制模式，即足够的温度、停留时间和良好的混合，同时还要保证一定的过剩空气系数。对于焚烧产生的尾气，着重从三个方面进行控制：一是粉尘的控制；二是酸性气体控制，如 HCl 和 HF 等的控制；三是对二噁英和呋喃等的控制，目前工程上采用较多的是烟道内喷射活性炭再在后部进行脱除的方式。

和一般的生活垃圾焚烧相比，由于医疗废物的特性不同，因此应该采用合适的方式焚烧医疗废物。医疗废物成分复杂，可能含有一定数量的医疗器械，还可能含有挥发性有机物。对医疗废物的焚烧，目前采用直接焚烧的方式比较少，更多的是采用二段焚烧，即医疗废物首先进入一燃室，在供氧充足的状况下进行焚烧，产生的烟气再进入二燃室内进一步高温焚烧，焚烧炉燃烧室内的温度应控制在 850℃以上，炉内停留时间超过 1s。高温焚烧能使一燃室出来的烟气中的少量未燃尽有机物完全分解、燃烧。根据医疗废物热值的不同，要求各燃烧室内安装一台或多台燃烧器，保证焚烧炉的正常运行。这种焚烧方法原理简单、技术成熟、易于控制，过去经常被使用。但在焚烧过程中，从一燃室带出大量的烟尘进入二燃室，造成焚烧过程污染比较严重，同时需要在二燃室中进行补燃，运行能耗相对较高，而且这些焚烧炉因处理量少、间歇运行，大多无尾部烟气处理系统和控制系统，很难满足环保要求。

热解/气化-焚烧方法应用于处理医疗废物能达到良好的效果。其处理过程为：医疗废物首先进入一个热解/气化炉中，炉内温度控制在 100~600℃，在无氧或缺氧（一般为理论空气量的 40%~60%）的工况下医疗废物中的有机物质和挥发物被热解、气化，形成的可燃气体进入第二段高温焚烧炉进行高温焚烧。高温焚烧炉的热量比较好控制，能保持在 850℃以上，烟气炉内停留时间超过 1s，能彻底控制有机物和二噁英的形成。而在热解/气化炉中剩下的炉渣，则通过冷却后排出。在热解/气化炉中可以通过内热和外热两种方式提供反应所需的热能，内热式一般是在炉内加辅助燃烧器或通入高温气体，外热式是用电加热或高温气体与炉子外表面进行热交换来实现，工业应用以内热式为主。在二燃室中配有辅助燃烧器，当炉子启动和热解/气化炉产生气体的热值较低时，可以维持炉内高温。热解/气化-焚烧法的优点是热解/气化炉中无机物大部分停留在里面，没有进入二燃室，能耗低，同时烟气中的飞灰少，有利于控制二噁英等有害气体的生成。但该系统反应机理较为复杂，要求有先进的控制系统，保证配风和温度随物料物性的变化而进行调节。

在 2019—2022 年，医疗废物暴增，为我国医疗废物处理处置与应急处置工作带来巨大压力。在国家及时发布的多项医疗废物处置政策的支持下，各地切实做到了医疗机构及设施环境监管和服务全覆盖，医疗废物、废水及时收集转运和处理处置全落实。面对机遇和挑战，我国医疗废物处置产业得到蓬勃发展，处理处置水平得到稳健提升。生态环境部发布的《2022 年全国大、中城市固体废物污染环境防治年报》显示，2022 年，244 个大、中城市医疗废物产生量高达 62.2 万吨，都得到了及时妥善处置。以医疗口罩为例，我国大多数地区对于废弃的医用口罩都采取了统一杀菌消毒再进行焚烧的方法。如北京，密闭运输车将废弃口罩运至医疗废物处理厂后，废弃口罩和其他医疗废物通过自动进料系统进入回转窑，其两级燃烧室分别燃烧固体和气体。一燃室专门用于焚烧固体垃圾，温度控制在 1000℃ 以上，燃烧产生的热解气和烟气进入二燃室进行再次充分焚烧，温度控制在 850℃ 以上，烟气停留时间不少于 2s，使有毒有害气体彻底分解。此外，还要经过余热锅炉、急冷脱酸、活性炭吸附、布袋除尘等系统处理，确保无有害气体外泄。

（7）医疗废物的安全填埋处置　安全填埋是一种改进的卫生填埋方法，也称安全化学填埋。医疗废物一般经过焚烧、高温处置后，再将处理残渣送到安全填埋场处置。

（8）案例——欧洲医疗废物无害化处理技术　欧洲采用的医疗废物无害化处理技术主要有联合焚烧、高温蒸汽灭菌、焚烧-高温蒸汽灭菌和微波高效消毒灭菌等技术。

二维码11-6
微课：医疗废物
无害化处理案例

① 联合焚烧。对于医疗废物，高温焚烧是最合适的处理技术之一，它可以有效地断裂有机化合物的化学键，消灭病原体，这种方法在很多国家都已经得到了广泛应用。大多数焚烧炉都配置有热量回收设备，燃烧所释放的热量可用于发电、供暖等。医疗废物具有较大的危险性和传染性，不能与城市废物倾倒在同一废物贮存容器里，需要采用两个单独的废物装载和焚烧设备分别处理，所排放的烟气可采用一个烟气处理系统进行处理，这种医疗废物和城市废物联合处理的方法叫作联合焚烧处理法。德国奥格斯堡市、比勒费尔德市分别建有处理量 1400t/a、300t/a 的医疗废物和城市废物联合焚烧处理厂，其处理流程如图 11-2 所示。

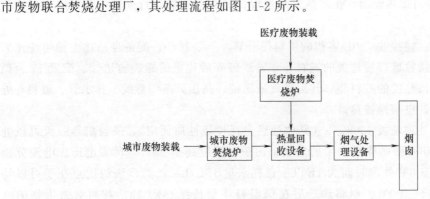

图 11-2　联合焚烧处理系统流程图

② 高温蒸汽灭菌。高温蒸汽灭菌是一种有效的湿法热处理消毒过程，其原理是在高温高压条件下，饱和蒸汽穿透医疗废物的内部，将微生物的蛋白质凝固变性，有效地杀死医疗废物中的潜在病原菌，处理后的废物经过粉碎压缩后可与生活垃圾混合，进行填埋或者焚烧。目前挪威、瑞典、丹麦、西班牙、葡萄牙、德国、法国和英国等发达国家正在将灭菌技

术作为处理医疗废物的首推技术。

在我国，江西鹏琨环保科技有限公司的医疗废物处置技术的设计理念广受好评：将医疗废物在液态水及蒸汽渗透的状态下进行高温处理（155℃），使其在破碎中充分暴露在高温、干热的空气中，实现对病毒、细菌的消灭。采取这种独特的消毒灭菌模式，无须应用高压技术，便可获取理想的效果。江西省生态环境厅将该工艺技术评为优秀项目并作为示范工程向全省推广应用。2020 年该技术再次被中国环境保护产业协会认定为重点环保实用技术。

③ 焚烧-高温蒸汽灭菌。废物焚烧处理与蒸汽灭菌法相结合的新型处理技术是处理医疗废物最有效的方法之一，其处理原理是将热回收过程中产生的蒸汽用于压热器处理医疗废物，经过处理的无菌化医疗废物和城市废物一起在焚烧炉中进行处理，再回收利用产生的热量。

该方法主要分为 5 个步骤：a. 收集和运输危险性医疗废物到压热器；b. 使用压热器对医疗废物进行蒸汽无菌化处理；c. 将处理过的医疗废物装入城市焚烧炉的废物贮存罐内；d. 焚烧废物并进行热回收；e. 烟气处理和残留物处理。处理流程见图 11-3。

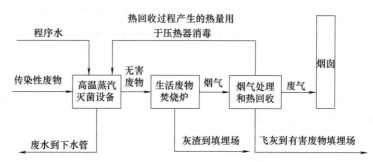

图 11-3　焚烧-高温蒸汽灭菌的处理流程

④ 威胜微波高效消毒灭菌技术系统（ECOSTERIL）。法国威胜环保集团利用微波热对医疗垃圾进行灭菌，该处理流程主要分为两步：a. 机械处理，以缩小体积、便于装卸；b. 热能处理，即均匀加热废物，在隔热贮罐里保持高温对废物进行灭菌，在双层皮螺旋管中冷却废物。

全套设备包括：能接收 750L 容积的供料提升箕斗、装料斗、配备自动化上油可快速装卸的刀式破碎机、接收破碎后垃圾的进料斗、输送破碎后垃圾的螺旋输送管、配置 12 台微波炉的热窝、可保持热度的贮料斗、转运螺旋输送带、高压灭菌消毒线、排水管、装料斗处配置空气抽滤系统、电脑操控箱。

该设备最多可处理垃圾 250kg/h（具体处理量视垃圾性质而定），一台机器一天可以处理相当于 3000～4000 张病床所产生的垃圾；出炉时温度高于 98℃，所需电压、电流分别为 380V、225A；100℃处理时间为 1h 以上；耗水量 15L/h。此类方法的优点在于可以均匀快速地加热材料至 100℃。材料热透后在保温料斗里持续热解 1h，其间对微生物的杀灭继续进行。为监控温度，螺旋带上设置了温度控制器，可放缓或加速加热以保证温度稳定。

针对医院面临的贮存与处理医疗废物的严重问题，ECOSTERIL 是取代目前在欧洲各国日益受到限制的焚烧技术的高效方案。在进入 ECOSTERIL 后，被磨碎和被强烈微波以超过 100℃热处理后又冷却的垃圾变成无害废物，可与正常的生活垃圾一起处置。

11.3.3 废轮胎处理技术

二维码11-7 微课：
废轮胎处理技术

随着人们生活水平的逐步提高和物流业的高速发展，我国的私家车保有量和货车的数量逐年提高，为此我国每年有数亿条废旧轮胎待处理。2023 年，我国橡胶轮胎外胎产量近 10 亿条，较上年同期增长 15.3%。轮胎主要由橡胶、炭黑、金属、纺织物以及多种有机、无机助剂（包括增塑剂、防老剂、硫黄和氧化锌等）组成，其中橡胶占轮胎质量的 45%～48%。

轮胎中含有的铜化合物、锌化合物、镉和铅及其化合物、硬脂酸以及有机卤化物（氯丁橡胶）等，属于《控制危险废物越境转移及其处置的巴塞尔公约》所控制的物质，这些物质以化合物或合金元素的形式存在于轮胎内，因此，废轮胎属于危险废物。

废轮胎具有很强的抗热、抗机械和抗降解性，数十年都不会自然消除，不仅占用大量土地、滋生蚊虫、传染疾病，而且容易引起火灾，因此，对废旧轮胎的处理势在必行。

（1）废轮胎的直接利用 轮胎翻修是最有效的直接利用方式，经过一次翻修的轮胎寿命一般为新轮胎的 60%～90%，在使用保养良好的情况下，一条轮胎可多次翻修，这样总的轮胎寿命往往可达新胎的 1～2 倍，而所耗原材料仅为新胎的 15%～30%，所以世界各国都普遍重视轮胎翻修工作。目前世界上最先进的翻胎技术为预硫化翻胎法，即把已经硫化成型的胎面用胶黏合到经过打磨处理的胎体上，装上充气内胎和包封套，进入大型硫化罐，在较低温度和压力下硫化，该技术一次可生产多条翻新轮胎。

（2）废轮胎的间接利用 间接利用是将废轮胎通过物理或化学方法加工制成一系列产品加以利用，主要有生产胶粉、再生胶以及热分解回收化学品和燃烧利用等方式。

① 制胶粉。将废旧橡胶加工成胶粉利用是很早以前就采用的方式，目前生产精细胶粉已成为废旧橡胶再利用的主导方向，胶粉的主要生产方法有常温粉碎法、低温粉碎法、湿法或溶液粉碎法三种。在粉碎前要先进行非橡胶成分的去除与分离，大型制品还要进行切胶、洗涤等处理。

常温粉碎法是指在常温下用辊筒或其他设备的剪切作用对废旧橡胶进行粉碎的一种方法，主要包括废轮胎连续粉碎法、挤出粉碎法、高压粉碎法和常温浸混粉碎法。低温粉碎法是废橡胶在经低温作用脆化后进行机械粉碎的方法，相比常温法可以制得粒径更小的胶粉，根据其制冷方式的不同，主要分为液氮制冷的低温粉碎法和利用空气制冷的低温粉碎法。湿法或溶液粉碎法包括 RAPRA 法（英国橡胶和塑料研究协会法）、光液压效应粉碎法、高压水冲击粉碎法和常温助剂法等。

② 生产再生胶以及胶粉改性。目前胶粉主要应用在两个方面：一是橡胶工业，用于直接成型或与新胶料并用；二是非橡胶工业，主要掺入塑料、沥青等材料中用于改性。未经改性的胶粉表面呈惰性，是一种由橡胶、炭黑、软化剂及硫化促进剂等多种材料组成的含交联结构的材料，与主体材料的表面性质不同，所以相容性一般较差，如果直接或过多地填充容易导致材料性能下降，因此对胶粉进行表面改性是很有必要的。生产再生胶的方法主要有微波脱硫、超声波脱硫和生物脱硫技术等。

③ 废旧轮胎的热分解。废旧轮胎通过热分解可以回收液体燃料和化学品（炭黑），废旧轮胎的热分解主要包括热解和催化降解。已有的热解技术主要包括常压惰性气体热解、真空热解和熔融盐热解，这些方法都存在处理温度高、加热时间长、产品杂质多等缺点。催化降解采用路易斯酸熔融盐作催化剂，反应速率快，产品质量较热解好。除了上述两种热分解工

艺，近年来还有将废旧橡胶与固体燃料共同处理的方法。该方法不仅适用于橡胶，也适用于塑料等其他高分子材料，可以直接应用固体燃料的处理设备，其操作温度（500℃左右）低于热分解工艺（900℃）。

④ 废旧轮胎作燃料利用。废旧轮胎是一种高热值材料，其燃烧热约为 33MJ/kg，与优质煤相当，可以代替煤作燃料使用。将废旧轮胎作为燃料，以前采取的是直接燃烧的方法，会对大气造成污染。目前废轮胎燃烧主要用于焙烧水泥、火力发电以及参与制成垃圾衍生燃料（RDF）。焙烧水泥是对废旧轮胎利用率较高的一种回收方式。在水泥焙烧过程中，钢丝变成氧化铁，硫黄变成石膏，所有燃料残渣都成了水泥的组成原料，既不影响水泥质量，又不会产生黑烟、臭气，无二次污染。

（3）案例——美国 Porous Pave 公司利用废轮胎生产透水性路面铺装材料　在 2016 年举办的国际绿色建筑博览会上，美国 Porous Pave 公司宣布成功将超过 750lb（1lb＝0.453kg，下同）的回收橡胶用于生产透水铺面材料。这是一种环保型绿色建筑用产品，是高度多孔、耐用和灵活的路面铺装材料，由细切的废轮胎胶条、碎花岗岩石骨料和液态黏合剂混合压制而成，其形状和尺寸类似于普通马路人行道上铺设的瓷砖。这种路面铺装材料中的胶料是废轮胎经切碎加工成的 3.2～6.4mm（即 1/8～1/4in）的胶条。

这种路面铺装材料可用于城市休闲或旅游景观的路面装饰，既可以渗透雨水，又便于行人或游客的通行。用这种材料铺装的路面，除了每块砖的接缝处不透水之外，整个路面都是多孔的，孔隙度高达 29％，每平方米每小时的最大雨水渗透量可达 230～250t［即 5800～6300gal/(h·ft²)］，此外，路面不会冻结、升沉、裂纹或崩溃。由于含有橡胶，这种铺装材料富有弹性，且具有防滑功能，可铺设在坡度达 30°的坡地上，可染成永久性和耐褪色的各种颜色。

11.3.4　垃圾焚烧渣和飞灰的固化技术

二维码11-8　微课：
垃圾焚烧渣和飞灰
处理

（1）焚烧渣和飞灰的水泥固定　垃圾焚烧厂的焚烧渣和飞灰通过排渣和烟气净化系统收集得到，其质量占焚烧垃圾总量的 3％～5％。垃圾焚烧炉的焚烧温度一般不是很高，产生的飞灰中可能还含有一定量的未燃尽的可燃物，同时垃圾中含有的重金属和产生的二噁英类物质等在灰渣中形成。垃圾焚烧渣和飞灰被列为危险废物。

在焚烧过程中，垃圾中的重金属经历高温蒸发、氧化还原反应、颗粒的夹带和扬析、冷凝、团聚富集、烟气净化、颗粒的捕集等过程在焚烧炉内迁移，各种重金属的熔沸点等影响其迁移过程。在焚烧炉中，重金属的化学价态也在发生变化，常以多种形态出现。在环境领域比较关注的重金属元素有 Hg、Cd、Pb、Cr、As 等，此外还有 Zn、Cu、Ni、Co、Sn 等，它们也有较大的毒性。

水泥作为无机黏结剂，水化后可形成坚硬的水泥块，能将砂石、有害成分等牢固地黏结在一起，通过物理包容和化学固化可将重金属固化于硬化水泥浆体内，从而降低其渗透性，达到稳定化、无害化的目的。

水泥固化的实际过程十分复杂，一般认为其作用机理是利用水泥中的粉末状硅酸钙水化胶体对有毒物质的吸附及水泥中水化物能与有害物质形成固溶体的特点，将其束缚在水泥硬化组织内。通过固化包容可减少有害废物的表面积，降低其渗透性，达到稳定化、无害化的目的。可以用作固化剂的水泥品种很多，通常有普通硅酸盐水泥、矿渣硅酸盐水泥、火山灰质硅酸盐水泥、矾土水泥和沸石水泥。具体可根据固化处理废物的种类和性质、对固化剂的性能要求选择水泥的品种。

水泥固化的缺点是使固体废物的体积增加倍数较大，一般增容比达 1.5～2，且抗浸出性能不如沥青固化好，但水泥固化技术较为成熟，经济上具有一定优势，水泥固化技术已被广泛用于处理含各类重金属的危险废物。

① 水泥固化的工艺过程。水泥固化工艺较为简单，通常是把危险废物、水泥和其他添加剂一起与水混合，经过一定养护时间而形成坚硬的固化体。通常有外部混合工艺、容器内混合工艺和注入工艺三种。

a. 外部混合工艺。将飞灰、水泥、添加剂和水在单独的混合器中进行混合，经过充分搅拌后再注入处置容器中。该方法需要设备较少，可以充分利用处置容器的容积，但搅拌混合以后的混合器需要洗涤，不但耗费人力，还会产生洗涤废水。焚烧飞灰外部混合水泥固化的工艺流程见图 11-4。

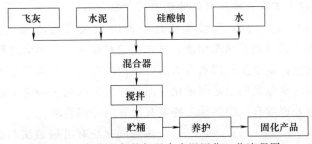

图 11-4　焚烧飞灰外部混合水泥固化工艺流程图

b. 容器内混合工艺。在最终处置使用的容器内直接混合，一般用可移动的搅拌装置混合，优点是不产生废水，防止二次污染。但处置所用的容器体积有限，充分搅拌困难，占用总体积大，大规模应用时操作控制比较困难。该法适合处置危害大、数量不大的废物。焚烧飞灰内部混合水泥固化工艺流程见图 11-5。

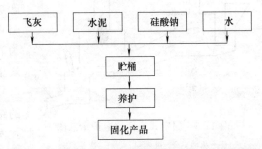

图 11-5　焚烧飞灰内部混合水泥固化工艺流程图

c. 注入工艺。注入工艺是先把废物放入桶内，然后注入制备好的水泥浆料，如果需要处理液体废物，也可同时注入。对于粒度较大或粒度不均匀，同时不便进行搅拌的固体废物，可以采用该工艺。为了使废物和水泥浆料混合均匀，可以将容器密闭后放置在以滚动或摆动方式运动的台架上。有时在搅拌过程中可能产生气体或放热，所以一般容器内不装满。

② 水泥固化的影响因素。

a. pH。pH 显著影响金属离子的溶解度。当 pH 较高时，许多金属离子容易形成氢氧化物沉淀和碳酸盐沉淀。但有时 pH 过高，会形成带负电荷的羟基配合物，溶解度反而升高。例如，pH<9 时铜主要以 $Cu(OH)_2$ 沉淀的形式存在，当 pH>9 时则形成 $Cu(OH)_3^-$ 和 $Cu(OH)_4^{2-}$ 配合物；又如，Pb 当 pH>9.3 时，Zn 当 pH>9.2 时，Cd 当 pH>11.1 时，Ni 当 pH>10.2 时，都会形成金属配合物，导致溶解度升高。

b. 水、水泥和废物的量比。水分过少，无法保证水泥的充分水化作用；水分过多，则会出现泌水现象，降低固化块的强度。水泥与废物之间的量比一般通过应用试验确定，准确计算有时很困难，主要是因为废物中往往存在妨碍水化作用的成分，它们的干扰程度是难以估计的。

c. 凝固时间。为确保工艺过程所需要的时间，如输送、装桶或者浇注时间，在配方和条件控制方面，必须适当控制初凝和终凝的时间。通常设置的初凝时间大于 2h，终凝时间在 48h 以内。凝固时间的控制通过控制加入促凝剂（偏铝酸钠、氯化钙、氢氧化铁等无机盐）、缓凝剂（有机物、泥沙、硼酸钠等）的量来实现。

d. 其他添加剂。加入其他成分的目的是促进固化体固化。例如，过多的硫酸盐会由于生成水化硫酸铝钙而导致固化体的膨胀和碳裂，若加入适当数量的沸石或蛭石，即可消耗一定的硫酸或硫酸盐。为减小有害物质的浸出速率，也需要加入某些添加剂，例如，可加入少量硫化物以有效地固定重金属离子等。

e. 固化块的成型工艺。其主要目的是达到预定的机械强度。对最终的稳定化产物进行填埋或贮存时，强度要求一般不高，但当准备利用废物处理后的固化块作为建筑材料时，通常强度达到 10MPa 以上才符合建筑材料的要求。

（2）垃圾焚烧渣和飞灰的熔融/玻璃固化处理　垃圾焚烧渣和飞灰加热到熔融温度（1200～1600℃），淬火后形成玻璃态物质，可作为建材使用。在熔融过程中，飞灰中的有机物热分解、燃烧、气化，而重金属因密度大沉在熔炉的底部，从而被分离。高温烧结和玻璃体的致密结晶结构确保重金属的稳定固定化，而易挥发金属则在烟尘中被分离。由于高温的处理，焚烧灰渣熔融处理对有机物包括二噁英有很好的分解效果。

熔融固化法有电熔融法和燃烧熔融法两大类，分别使用电力式熔融炉和燃烧熔融炉。电力式熔融炉又可分为电弧熔融炉、等离子体熔融炉、电阻式熔融炉、感应式熔融炉。燃烧熔融炉又可分为表面熔融炉、内部熔融炉、旋风式熔融炉、焦炭熔融炉、回转式熔融炉。主要介绍以下几种。

① 表面熔融炉。图 11-6 为固定式表面熔融炉的结构示意图。整个炉子由灰渣斗、主燃烧室、二次燃烧室和熔融渣沉降室组成。主燃烧室中的温度可达 1400～1450℃，灰渣在高温下由表及里逐渐熔化。二次燃烧室不供给燃料，只供给助燃空气，其作用主要是使烟气中的可燃物在排放之前完全燃烧。此外，为了保证熔融渣沉降室的温度，保持熔融渣的良好流动性能，在熔融渣沉降室的上部安置有一个辅助燃烧器。灰渣经此熔融炉处理后，99.8%以上的二噁英类毒性物质被高温分解掉，减容率达 40%～60%。

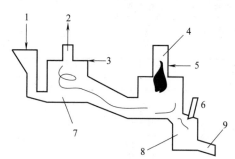

图 11-6　固定式表面熔融炉示意图

1—灰渣；2—排烟口；3—二次空气；
4—主燃烧气；5——次空气；
6—辅助燃烧器；7—二次燃烧室；
8—熔融渣沉降室；9—排渣口

图 11-7 为回转式表面熔融炉的结构示意图。整个炉子由灰渣斗、可上下移动的内筒与可回转的外筒组成的主燃烧室、二次燃烧室、熔融渣排放口组成。灰渣熔融后，减容率达 50%左右，二噁英类毒性物质的高温分解率达 99.9%以上。

② 电弧熔融炉。图 11-8 为电弧熔融炉的结构示意图。该炉主要由石墨电极及其供电系统、灰渣及石灰供给装置、熔融渣排放口等组成。整个炉膛为还原性气氛，灰渣及石灰在高温电弧的加热下被熔融，炉内渣温可达 1400℃以上。为了保证熔融渣的顺利排出，在出渣口处安装有辅助电极及其供电设备。经该炉处理后，灰渣中二噁英类毒性物质的高温分解率

达 99.9%以上。

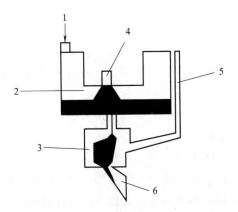

图 11-7　回转式表面熔融炉示意图

1—灰渣；2—主燃烧室；3—二次燃烧室；
4—燃烧器；5—烟气排放装置；6—排渣口

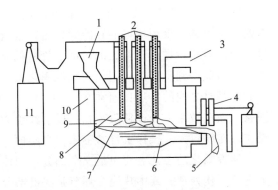

图 11-8　电弧熔融炉示意图

1—灰渣斗；2—石墨电极；3—烟气排放口；
4—辅助电极及供电设备；5—熔融渣排放口；
6—金属层；7—熔融渣层；8—炉膛；
9—灰渣；10—炉墙；11—供电设备

③ 等离子体熔融炉。等离子体熔融炉的结构如图 11-9 所示。该炉主要由等离子体发生装置、灰渣及石灰供给装置、氮气供给装置、烟气排放装置、熔融渣排放口等组成。整个炉膛气氛为还原性气氛，灰渣及石灰在高温等离子体的加热下被熔融，炉内渣温可达 1500℃以上，并可连续出渣。经该炉处理后，灰渣中二噁英类毒性物质的高温分解率达 99.9%以上。

垃圾焚烧灰渣熔融炉不仅可以单独运用于对垃圾焚烧厂灰渣的无害化处理，而且可以与气化炉结合在一起形成气化熔融处理系统，也可以结合陶瓷、玻璃制造行业其他设备组成资源化利用系统。

熔融炉型应该根据各炉型的特点和不同工艺要求进行选择。一般说来，对于具有发电设备的大型焚烧处理厂，多选择电力式熔融炉；对于没有发电设备的焚烧设备，选用燃烧熔融炉比较适合。

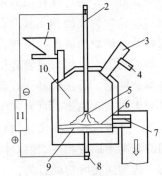

图 11-9　石墨电极等离子体
熔融炉示意图

1—灰渣斗；2—负电极；3—排烟口；
4—冷却空气；5—高温等离子体；
6—熔融渣；7—熔融渣出口；8—正电极；
9—熔融金属；10—炉膛；11—直流电源

(3) 塑性材料固化法处理垃圾焚烧渣和飞灰　塑性材料固化法是用塑料固化废物的方法，一般可分为热固性塑料固化和热塑性塑料固化两种方法。

① 热固性塑料固化。热固性塑料固化采用热固性塑料。热固性塑料在加热时会从液体变成固体，并成为被硬化的材料，再次加热这种材料也不会重新液化或软化。热固性塑料固化是使用热固性有机单体（如脲甲醛、聚酯和聚丁二烯、酚醛树脂或环氧树脂）和废物充分混合，在助凝剂和催化剂的作用下产生海绵状的聚合物质，在废物颗粒的周围形成一层不透水的保护膜，对固体废物进行包裹。一般情况下废物与包封材料之间不发生化学反应，所以包封的效果取决于废物颗粒度、含水量以及进行聚合的条件。

该法的主要优点是引入较低密度的物质，所需要的添加剂数量较少。缺点是操作过程复杂,热固性材料自身价格高昂,操作中有机物的挥发容易引起燃烧起火,所以通常不能在现场大规模应用。

② 热塑性塑料固化。热塑性材料固化采用热塑性塑料。可以使用的热塑性物质有沥青、石蜡、聚乙烯、聚丙烯等。在冷却以后,废物被热塑性物质所包容,包容后的废物可以在经过一定的包装后进行处置。沥青由于价格低廉,具有化学惰性,不溶于水,对废物的包容效果好,因此得到了广泛应用。与水泥固化工艺相比,其污染物的浸出率低。沥青固化的废物与固化基材之间的质量比通常在(1∶1)~(2∶1)之间,所以固化产物的增容较小。在一些国家,该法被用来处理危险废物和放射性废物的混合废物。该法的主要缺点是在高温下进行操作,能耗较大,操作上常常带来很多不便,有时会产生大量的挥发性物质。

沥青固化的工艺主要包括三个部分:固体废物的预处理、废物与沥青的热混合以及二次蒸气的净化处理。其中热混合环节是关键部分。可以把加热的沥青与废物直接搅拌混合,而对于含水量高的废物,则通常需要在混合前先脱水。混合的温度应该控制在150~230℃,处于沥青的熔点和闪点之间,温度过高时可能发生火灾。热混合容器中必须有搅拌装置,否则容易引起局部过热并发生燃烧事故,热混合容器同时要求具有蒸发功能。该方法包括间歇式工艺和连续操作工艺。间歇式设备具有结构简单的优点,但生产能力低下,而且由于物料停留时间较长,沥青容易老化。间歇式工艺二次污染比较严重。在20世纪70年代以后,逐渐采用连续式操作设备。对于水分含量很小或完全干燥的固体废物,可以采用螺杆挤压机使其与沥青混合,通过螺杆的螺旋状旋转同时达到搅拌物料和推送物料前进的双重目的。

(4) 垃圾焚烧渣和飞灰的石灰固化处理 石灰固化是指利用石灰、垃圾焚烧飞灰和水泥窑灰以及熔矿炉炉渣等物质进行的固化处理。石灰中的钙与废物中的硅铝酸根可能产生硅酸钙、铝酸钙的水化物,或者硅铝酸钙。石灰固化处理得到的固化体,其强度不如水泥固化,较少单独使用。石灰与凝硬性物料相互作用能产生黏结性物质,可以更好地包裹废物。天然材料如火山灰、黏土、页岩和废油页岩,人造凝硬性物料如烧过的纱网、烧结过的砂浆和粉煤灰等,都可以作为凝硬性物料。凝硬性物料在反应中有着与沸石类化合物相似的反应,即它们的碱离子成分相互交换,同时凝硬性反应也类似水泥的水化作用,生成硅酸三钙的新水合物,达到固化废物的目的。

11.3.5 新能源汽车动力锂电池的处理处置方法

2020年11月,国务院办公厅印发《新能源汽车产业发展规划(2021—2035年)》,要求深入实施发展新能源汽车国家战略,推动我国新能源汽车产业高质量可持续发展,加快建设汽车强国。国家统计局发布的《中华人民共和国2022年国民经济和社会发展统计公报》显示:我国2022年全年新能源汽车产量700.3万辆,比上一年增长90.5%。截至2023年7月,我国新能源汽车产量达到2000万辆。普及新能源汽车的使用,对减少交通领域污染物排放、促进高质量碳达峰、降低石油进口依赖、支撑建设全球汽车强国等有着重要意义。大部分新能源汽车电池的使用寿命是10~20年,故有关新能源汽车电池的处理处置值得关注。

现在的新能源汽车电池主要可以分为铅酸电池、镍氢电池、锰酸锂电池、磷酸铁锂电池和三元锂电池这五类。目前大多数新能源汽车所使用的都是动力锂电池,电池在报废时一般还有80%左右的储能能力,将其直接拆解耗时耗力,不利于资源最大化利用。虽然这些电池不能再用于新能源汽车上,但是在一些低要求的场景可以被二次利用。例如,欧洲的一些车企将淘汰下来的旧电池重新用于城市电网和公共设施上。此外,这些旧电池还可成为高压储能系统的一部分，能够同时并入电网，与风能发电站、太阳能路灯等组成配套设施，为工厂以及周边小镇进行区域供电，大大提高了电池的利用率。日本的一些车企则是对废旧汽车电池进行改造，一部分用于家庭备用电池，而不符合二次利用条件的废旧电池则需要进行拆解，开展下一步的回收工作。废旧电池回收处理工艺主要包括预处理、二次处理与深度处理三个环节。废旧电池回收后仍有部分电量，所以要对其进行预处理，主要进行深度放电、破碎、物理分选；二次处理过程包括正负极活性材料与基底的完全分离，常用热处理法、有机溶剂溶解法、碱液溶解法以及电解法等工艺；深度处理包括浸出、分离提纯过程，提取出有价值的金属材料。废弃动力锂电池的基本处理流程如图11-10所示。

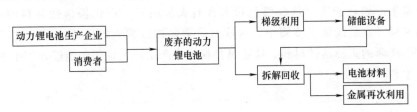

图 11-10　废弃动力锂电池的基本处理流程

目前废旧锂动力电池的回收处理方法主要分为干法回收、湿法回收两大类。

（1）干法回收　指不借助溶液，实现对废旧锂动力电池中材料以及金属的回收。目前干法回收可以分为物理分选法和高温热解法。

物理分选法是指将电池拆解分离，对电极活性物、集流体和电池外壳等电池组分经破碎、过筛、磁选分离、精细粉碎和分类等物理分离过程，从而得到有价值、高含量的物质的回收方法。即首先进行废旧电池的粉碎处理，较重的铜、铝沉落在粉碎筒底部，通过铜铝排料设备排出，破碎后的粉料通过粉料输送泵输送，通过气流分级机、旋风收集器以及脉冲除尘器进行分级处理，将粉料分级成杂质粗颗粒、合格品以及超细粉，为后续化学浸出过程做准备。物理分选法的操作较简单，但不易完全分离锂离子电池，并且在筛分和磁选时，容易存在机械夹带损失，难以实现金属的完全分离回收。

高温热解法是指将经过物理破碎等初步分离处理的锂电池材料进行高温焙烧分解，将有机黏合剂去除，从而分离锂电池组成材料的回收方法。该方法同时还可以使锂电池中的金属及其化合物氧化还原并分解，以蒸气形式挥发后再用冷凝等方法收集。该方法技术工艺简单，操作方便，在高温环境下反应速率快，效率高，能够有效去除黏合剂；并且对原料的组分要求不高，比较适合处理大量或较复杂的电池。但是该方法对设备要求较高，在处理过程中，电池的有机物分解会产生有害气体，对环境不友好，需要增加净化回收设备，吸收净化有害气体，防止产生二次污染，因此该方法的处理成本较高。

（2）湿法回收　湿法回收工艺是将废弃电池破碎后溶解，然后利用合适的化学试剂选择性分离，浸出溶液中的金属元素，产出高品位的钴金属或碳酸锂等，直接进行回收。湿法回收处理比较适合回收化学组成相对单一的废旧锂电池，其设备投资成本较低，适合中小规模废旧锂电池的回收，因此该方法目前使用也比较广泛。其中，废旧锂离子电池正极材料多为金属氧化物，可通过酸、碱浸出分离，将有价金属物质提取出来。湿法回收工艺也可联合高温冶金工艺一起使用，是一种很成熟的处理方法。

而深度处理锂离子电池材料镍、钴、锰和锂等金属氧化物，回收有价金属，常用到湿法冶炼工艺。一般工艺流程为高温热解除去有机成分及负极碳材料，然后通过试剂浸出各有价金属离子，最后除杂提取得到各目标金属元素。在湿法冶炼中，废旧锂离子电池材料浸出后，其镍、钴、锰、锂、铝等有价金属元素通常均以离子态存在于浸出液中，需逐步选择性分离、提取、回收。

（3）案例——欧洲首座全自动化大型电池回收再生产一体化工厂　2023年6月，巴斯夫联合多家合作伙伴宣布位于德国施瓦茨海德的首家世界级电池回收工厂及高性能正极材料工厂投产，这是欧洲首个全自动化大型电池回收再生产一体化工厂项目。电池回收的第一步是分离出锂、镍、钴和锰等金属材料的黑色混合物。这些黑色混合物将被送往巴斯夫的商业湿法冶炼厂用于电池回收。报废的电池和电池生产过程中的废料在新回收装置中通过机械处理方式被用来生产黑色粉末。这些黑色粉末含有大量用于生产正极活性材料的重要金属：锂、镍、钴和锰。在后续加工步骤中，这些有价金属被以领先的可持续的方式进行化学回收，并用于生产新的正极活性材料。这座黑色粉末生产工厂预计每年能够处理1.5万吨报废电动汽车电池和生产废料。

 思考题

1. 简述危险废物的危害。
2. 阐述危险废物的鉴别方法。
3. 危险废物的处理技术有哪些？
4. 简述废有机溶剂处理的主要方法。
5. 简述医疗废物的分类及其安全处置方法。

参 考 文 献

[1] 芈振明，高忠爱，祁梦兰，等．固体废物的处理与处置[M]．修订版．北京：高等教育出版社，1993.

[2] 韩宝平．固体废物处理与利用[M]．北京：煤炭工业出版社，2002.

[3] 赵由才．固体废物污染控制与资源化[M]．北京：化学工业出版社，2002.

[4] 何艳明，聂永丰．我国危险废物管理现状及发展趋势[J]．环境污染治理技术与设备，2002，3（6）：90-93.

[5] 徐晓军，管锡君，羊依金．固体废物污染控制原理与资源化技术[M]．北京：冶金工业出版社，2007.

[6] 王琪，黄启飞，段华波，等．中国危险废物管理制度与政策[J]．中国水泥，2006（3）：22-25.

[7] 牛冬杰，孙晓杰，赵由才．工业固体废物处理与资源化[M]．北京：冶金工业出版社，2007.

[8] 李秀金．固体废物工程[M]．北京：中国环境科学出版社，2003.

[9] 孙永宁，葛继，关航健．现代破碎理论与国内破碎设备的发展[J]．江苏冶金，2007，35（5）：5-8.

[10] 何亚群，段晨龙，王海锋，等．电子废弃物资源化处理[M]．北京：化学工业出版社，2006.

[11] 庄伟强．固体废物处理与利用[M]．2版．北京：化学工业出版社，2009.

[12] 边炳鑫，张鸿波，赵由才．固体废物预处理与分选技术[M]．北京：化学工业出版社，2005.

[13] 李国学．固体废物处理与资源化[M]．北京：中国环境科学出版社，2005.

[14] 聂永丰．三废处理工程技术手册[M]．北京：化学工业出版社，2000.

[15] 宁平．固体废物处理与处置[M]．北京：高等教育出版社，2007.

[16] 李敏．城市生活垃圾的焚烧特性及污染物的排放治理[D]．武汉：华中科技大学，2003.

[17] 李培生，孙路石，向军，等．固体废物的焚烧和热解[M]．北京：中国环境科学出版社，2006.

[18] 上海统计出版局．上海市统计年鉴[M]．北京：中国统计出版社，2000.

[19] 徐蕾．固体废物污染控制[M]．武汉：武汉工业大学出版社，1998.

[20] 樊爱萍．城市垃圾及废塑料的热解处理[J]．科技情报开发与经济，2004，14（7）：138-139.

[21] 曾其良，王述洋，徐凯宏．典型生物质快速热解工艺流程及其性能评价[J]．森林工程，2008，24（3）：47-50.

[22] 冀星，钱家麟，王剑秋，等．我国废塑料油化技术的应用现状与前景[J]．化工环保，2000，20（6）：18-22.

[23] 苟进胜，郭婷婷，常建民．包装废塑料热解特性实验研究[J]．包装工程，2008，29（12）：62-63.

[24] 席国喜，杨文洁，路迈西．废旧轮胎回收利用新进展[J]．化工文摘，2008（4）：48-52，55.

[25] 柴琳，阳永荣，陈伯川．固体废弃物轮胎的热解技术[J]．环境污染与防治，2002，24（1）：42-45.

[26] 陈春云．城市生活垃圾分类处理方案[J]．农机化研究，2001（4）：89-92.

[27] 王洪涛，陆文静．农村固体废物处理处置与资源化技术[M]．北京：中国环境科学出版社，2006.

[28] 杨玉楠，熊运实，杨军，等．固体废物的处理处置工程与管理[M]．北京：科学出版社，2004.

[29] 李传统，Herbell J D．现代固体废物综合处理技术[M]．南京：东南大学出版社，2008.

[30] 杨国清．固体废物处理工程[M]．北京：科学出版社，2000.

[31] 李颖．城市生活垃圾卫生填埋场设计指南[M]．北京：中国环境科学出版社，2005.

[32] 张自杰，林荣忱，金儒霖．排水工程：下册[M]．4版．北京：中国建筑工业出版社，2000.

[33] 赵由才，牛冬杰，柴晓利，等．固体废物处理与资源化[M]．北京：化学工业出版社，2006.

[34] 刘瑞强，熊振湖，郭淼，等．垃圾卫生填埋场防渗层的设计[J]．环境卫生工程，2002，10（2）：62-64，67.

[35] 程天，赵新泽，熊辉．垃圾卫生填埋场防渗及水收集系统设计[J]．环境保护，2003（5）：12-14.

[36] 郑胜全，陈增丰．水平防渗系统卫生填埋场的填埋作业工艺[J]．环境卫生工程，2005，13（6）：27-29.

[37] 杨红薇，刘丹，徐创军．城市垃圾卫生填埋场渗滤液处理措施可行性论证中应注意的几个问题[J]．四川环境，2007，26（3）：110-113.

[38] 周蔚然．城市垃圾卫生填埋场渗滤液处理工艺[J]．当代化工，2007，36（4）：414-416.

[39] 席磊，陈旭东．垃圾卫生填埋场的填埋气和渗滤液处理及综合利用[J]．中国给水排水，2008，24（14）：55-60.

[40] 尹学英．某垃圾卫生填埋场渗滤液处理工程实例及技术探讨[J]．环境科技，2009，22（3）：44-46.

[41] 吴文萍，胡小龙．生活垃圾卫生填埋场渗滤液的控制和管理[J]．能源环境保护，2008，22（3）：37-39.

[42] 郭永龙．论城市生活垃圾卫生填埋场的环境影响评价[J]．环境保护，2001（1）：28-30.

[43] 姚庆．卫生填埋场防渗系统设计与材料选用[J]．中国建筑防水，2003（3）：15-18.

[44] 徐瑛，陈友治，吴力立．建筑材料化学[M]．北京：化学工业出版社，2005.

［45］　孙胜龙．环境材料［M］．北京：化学工业出版社，2002.

［46］　刘维平．资源循环利用［M］．北京：化学工业出版社，2009.

［47］　洪紫萍，王贵公．生态材料导论［M］．北京：化学工业出版社，2001.

［48］　钱汉卿，许怡珊．化学工业固体废物资源化技术与应用［M］．北京：中国石化出版社，2007.

［49］　陈津，王克勤．冶金环境工程［M］．长沙：中南大学出版社，2009.

［50］　孟繁杓，陈咏祯．有色金属工业固体废物的处理与利用［M］．北京：冶金工业出版社，1991.

［51］　高杉晋吾．工业固体废物［M］．周北海，译．北京：中国环境科学出版社，1999.

［52］　李金惠，杨连威．危险废物处理技术［M］．北京：中国环境科学出版社，2006.

［53］　国家环境保护总局污染控制司，国家环境保护总局危险废物管理培训与技术转让中心．危险废物管理政策与处理处置技术［M］．北京：中国环境科学出版社，2006.

［54］　黄万金，栾键，李元宁．危险废物水泥固化处理技术工程实例［J］．环境卫生工程，2009，17（2）：23-25.

［55］　金卯刀．谈废旧家电材料的再生利用：日本东滨废品再生利用中心案例［J］．家电科技，2002（8）：30-33.

［56］　陈梅兰，赖红武．废旧家电处置的绿色工程［J］．轻工机械，2004（2）：115-117.

［57］　刘育，夏北成．废旧家电的环境污染问题与对策［J］．安全与环境学报，2003，3（1）：44-46.

［58］　殷进．废弃印刷电路板破碎解离与气流分选研究［D］．上海：同济大学，2006.

［59］　温俊明，池涌，蒋旭光，等．国内外废旧家电回收处理的进展与对策［J］．科技通报，2004，20（2）：133-137.

［60］　林锋．我国危险废物鉴别体系研究［J］．污染防治技术，2016，29（2）：77-79.

［61］　申华杰．危险废物处理与处置现状综述［J］．资源节约与环保，2016（8）：141.

［62］　芦军．危险废物处理处置技术简述［J］．资源节约与环保，2016（12）：125.

［63］　蒋学先．浅论我国危险废物处理处置技术现状［J］．金属材料与冶金工程，2009，37（4）：57-60.

［64］　崔灵丰，涂勇，朱化军，等．江苏省废有机溶剂回收利用行业现状分析［J］．化工设计通讯，2016，42（3）：72-74.

［65］　钱伯章．Porous Pave公司成功使用大量回收橡胶用于其透水铺面材料［J］．世界橡胶工业，2016，43（9）：52.

［66］　张泽玉，王婷．欧洲医疗废物的无害化处理技术［J］．上海节能，2015（1）：35-39.

［67］　邓琪，黄启飞，王琪，等．青岛市废有机溶剂现状分析与评价［J］．再生资源与循环经济，2010，3（3）：35-39.

［68］　孙英杰，赵由才．危险废物处理技术［M］．北京：化学工业出版社，2006.

［69］　张云超，王毅，李师．疫情常态化下废弃口罩的回收利用研究进展［J］．化学推进剂与高分子材料，2023，21（3）：17-23.

［70］　昝文宇，马北越，刘国强．动力锂电池回收利用现状与展望［J］．稀有金属与硬质合金，2020，48（5）：5-9.

［71］　王天雅，宋端梅，贺文智，等．废弃动力锂电池回收再利用技术及经济效益分析［J］．上海节能，2019（10）：814-820.

［72］　佚名．巴斯夫计划在德国施瓦茨海德新建电池回收试验装置［J］．上海塑料，2021，49（5）：48.